Die Reform

und

Vereinheitlichung des Seerechts

durch Rückkehr zum

allgemeinen Frachtrecht

von

Dr. iur. C. Gütschow

HAMBURG
L. FRIEDERICHSEN & Co.
(DR. L. UND R. FRIEDERICHSEN)
1911

Druck von J. J. Augustin in Glückstadt.

Abkürzungen.

B. G. B. = Bürgerliches Gesetzbuch.
B. Sch. G. = Binnen-Schiffahrtsgesetz.
E. G. = Einführungsgesetz.
H. G. = Handelsgericht.
H. G. B. = Handelsgesetzbuch.
H. G. Z. = Handelsgerichts-Zeitung.
L. G. = Landgericht.
O. L. G. = Oberlandesgericht.
R. G. = Reichsgericht.
R.O.H.G. = Reichs-Oberhandelsgericht.
S. C. A. = Sea Carriage Act.
Y. A. R. = York-Antwerp Rules.
hg. = große Haverei.

Inhalt.

I. Die Aufgabe.

In seiner Rede, mit der der Präsident des Hanseatischen Oberlandesgerichts, Dr. Sieveking im September 1909 die Bremer Tagung des Comité Maritime International eröffnete, knüpfte er an an den Ausspruch, den vor zwanzig Jahren der Staatssekretär Blaine bei der Washingtoner Konferenz zur Festsetzung internationaler Ausweichregeln getan hatte: The law of the Ocean must be one. Er ergänzte diesen Ausspruch dahin: The law of the Ocean can be one, und er forderte die Versammlung, und namentlich die Jüngeren in ihr, auf, dieses Panier hochzuhalten, in dessen Dienst er, so lange er noch Kraft zum Arbeiten habe, seine Arbeitskraft, seinen Enthusiasmus und sein Herz zu stellen gelobte.

Es war gewissermaßen das Testament dieses weit über die Grenzen seiner Vaterstadt und seines Vaterlandes hochgeschätzten Vorkämpfers der Vereinheitlichung des Seerechts. Zwei Monate später setzte der Tod seinem Wirken ein Ziel. Wir Jüngeren können das Andenken des hervorragenden Mannes nicht besser ehren, als indem wir der Aufforderung, die er an uns richtete, zu entsprechen versuchen.

The law of the Ocean must and can be one! Daß das Recht, das den Verkehr auf dem völkerverbindenden Meere regelt, einheitlich sein muß, daß dies einem mit der Intensität dieses Verkehres immer mehr sich fühlbar machenden Bedürfnisse entspricht, das ist allgemein anerkannt, das bedarf keiner Ausführung. Aber kann es auch einheitlich sein? Ist die Einheitlichkeit erreichbar? Fast möchte man geneigt sein, die Frage zu verneinen. Seit den siebziger Jahren des vorigen Jahrhunderts bemühen sich die berufensten Vertreter der Rechtswissenschaft und der beteiligten Geschäftszweige mit bestem Willen und größtem Eifer um die

Lösung der Aufgabe; das einzige, was erreicht wurde, ist die ziemlich allgemeine Anerkennung einiger Regeln auf dem Gebiete der großen Haverei. Alle Versuche, in ähnlicher Weise die dringliche Frage der Konnossementsklauseln zu regeln, sind gescheitert. Dieser Mißerfolg führte zur Bildung des Comité Maritime International, das mit seinen nationalen Zweigvereinen die Arbeit systematischer, als auf den bisherigen einzelnen Kongressen möglich war, angreifen und die Ergebnisse, zu denen es gelangt, im Wege vertragsmäßiger Feststellung durch die Seestaaten zur Geltung bringen will. Anfangs schien dieses Vorgehen Erfolg zu versprechen. Es gelang dem Comité, nachdem es sich über Entwürfe für das Bergungs- und Kollisionsrecht geeinigt hatte, die Regierungen für seinen Plan zu gewinnen. Im Herbst 1905 trat in Brüssel eine Konferenz von Regierungsvertretern der meisten und wichtigsten Seestaaten zusammen, welche die beiden Entwürfe mit einigen Änderungen annahm und ihre Ratifikation in längstens 3 Jahren in Aussicht nahm. Aber, wenn der Entwurf des Kollisionsrechtes schon in seinem wichtigsten Punkte, der Durchführung des Grundsatzes der proportionellen Haftung bei beiderseitigem Verschulden, in weiten Kreisen der beteiligten Geschäftsleute steigenden Bedenken begegnete, wenn er die Frage der Haftung bei Kollisionen von Schleppzügen wegen der hervorgetretenen Meinungsverschiedenheiten ungelöst ließ, so scheiterte seine praktische Einführung, und damit auch die des anderen Entwurfs, einstweilen daran, daß die englische Regierung seine Ratifikation nicht vollziehen wollte, bevor nicht auch über die in ihm offen gelassene Frage des Umfangs der Haftung des Reeders eine Einigung erzielt sei. Unter der Einwirkung dieser Sachlage einigte sich im Herbst 1907 die Venediger Konferenz des Comité Maritime, das sich schon auf mehreren früheren Kongressen mit dieser Frage beschäftigt hatte, über Entwürfe für die Reederhaftung und das Schiffsgläubigerrecht, und im Herbst 1909 trat in Brüssel eine neue diplomatische Konferenz zur Beratung dieser Beschlüsse zusammen. Inzwischen waren jedoch bei näherer Prüfung dieser Entwürfe nicht nur in Deutschland und in anderen Ländern Einwendungen gegen einzelne ihrer Bestimmungen laut geworden, sondern es wurden auch von hervorragenden Sachkennern, insbesondere von dem Rate am Hanseatischen Oberlandesgericht, jetzigen Reichsgerichtsrat Brodmann (Goldschmidts Ztschr. Bd. 64 S. 286 ff.) ernstlich die Ansicht vertreten, daß auf dem vom Comité eingeschlagenen Wege äußerer

Ausgleichung der Verschiedenheiten der einzelnen Seerechte ein befriedigendes Ergebnis nicht zu erwarten sei. Auch in der diplomatischen Konferenz ergaben sich Schwierigkeiten; nachdem die Konferenz in einem wichtigen Punkte eine Änderung des ersten Venediger Entwurfs in Aussicht genommen hatte, dessen Tragweite sich nicht sofort übersehen ließ, vertagte sie sich bis zum Jahre 1910, und auch die im September dieses Jahres stattgehabte Konferenz scheint die Aufgabe ihrer Lösung nicht wesentlich näher gebracht zu haben.

Die erwähnten grundsätzlichen Bedenken erscheinen nicht unberechtigt. Jedes Gesetz bildet einen Teil des Rechtssystems, der Gesamtheit der Rechtsnormen des betreffenden Landes. Dieses Rechtssystem ist maßgebend für seine Auslegung, in ihm findet es seine notwendige Ergänzung. Wird nun, um eine Mittellinie zu gewinnen, aus dem einen System die eine, aus einem anderen System eine andere Bestimmung entnommen, so ist es wohl möglich, zu einer äußeren Einigung zu gelangen; aber sie wird eben eine äußerliche bleiben. Bei Beurteilung konkreter Rechtsfragen wird das neue Gesetz in einem Lande nach seinem System die eine, in dem anderen Lande eine abweichende Auslegung und Anwendung finden. Die Rechtseinheit wird eine nur scheinbare sein, und darüber hinaus besteht die Befürchtung, daß in jedem Lande die Durchbrechung seines Systems durch die neuen Bestimmungen Verwirrung, der Versuch der Einführung eines einheitlichen Rechts in Wirklichkeit eine allgemeine Rechtsunsicherheit herbeiführt. Diese Befürchtung liegt weniger vor bei einem Gebiete, welches, wie das Recht der Bergung und Hülfeleistung in sich abgeschlossen ist, gewissermaßen an der Peripherie liegt, bei dem wesentliche Verschiedenheiten in den einzelnen Seerechten kaum vorhanden sind; sie gewinnt aber ernste Bedeutung bei einer Frage, die, wie die Reederhaftung, im Mittelpunkt des Seerechts steht, die in zahlreiche andere Fragen desselben hinübergreift und hinsichtlich deren die einzelnen Systeme weit voneinander abweichen. Es mag hier nur darauf hingewiesen werden, daß die Frage der Haftung für Personenschäden den Landesgesetzen vorbehalten bleiben soll, und es daher noch ganz dahinsteht, wie sich die Haftung beim Zusammentreffen von Personen- und Sachschäden gestalten würde; daß die Bestimmungen der Entwürfe auch auf Ausrüster und Unterverfrachter Anwendung finden sollen, Begriff und Rechtsstellung dieser Personen aber der Klarheit entbehren.

Die Aussichten, zu einem einheitlichen Seerecht zu gelangen, sind also heute keine sehr glänzenden. Sollen wir deswegen aber an der Überzeugung Sievekings verzweifeln, daß the Law of the Ocean can be one? Ich glaube nicht. Man muß die Frage nur von einem etwas allgemeineren Standpunkte aus, ich möchte sagen etwas kühner angreifen.

Alle unsere heutigen Seerechte haben eine gemeinsame Grundlage, das germanisch-romanische Seerecht des Mittelalters. Von dieser gemeinsamen Grundlage aus haben die einzelnen Seerechte im Laufe der Jahrhunderte ihre besondere Gestaltung gewonnen. Sollte es da nicht möglich sein, heute, wo der Wechselverkehr unter den Völkern ein so unendlich viel regerer geworden ist, wo das Bedürfnis einer einheitlichen Seegesetzgebung allgemein anerkannt ist, wo der Verkehr, soweit ihm die Gesetze freie Hand lassen, sich in immer weiterem Umfange einheitliche Regeln schafft, wiederum eine gemeinsame Grundlage zu finden? Sie bietet sich von selbst, wenn wir zurückkehren zu dem Wesen des Seeverkehrs, wenn wir den Spuren folgen, welche die Entwicklung der tatsächlichen Verhältnisse, welche die freie Entwicklung des heutigen Seerechts uns weist: Es ist das allgemeine Frachtrecht, welches in allen wesentlichen Punkten ein einheitliches, allen Völkern gemeinsames ist.

Von diesem allgemeinen Frachtrecht ist das mittelalterliche Seerecht infolge der damaligen Verkehrsverhältnisse und Anschauungen in wesentlichen Beziehungen abgewichen. Die germanischen Völker betrachteten, ihre Neigung zu mythologischer Personifikation der Natur und der sie umgebenden Dinge auch auf die Rechtsverhältnisse übertragend, das Schiff mit allem was drin, drum und dran ist als ein besonderes, vom Eigentümer und seinem sonstigen Vermögen getrenntes Rechtssubjekt, das für die von ihm eingegangenen Verbindlichkeiten, für den von ihm angerichteten Schaden unbedingt haftet, darüber hinaus aber eine Verbindlichkeit des Eigentümers nicht begründet. Diese, den Kernpunkt der Besonderheiten des Seerechts bildende eigenartige Haftung des Schiffes, aus der sich für den Eigentümer anderen ähnlichen Verhältnissen gegenüber eine teils beschränktere, teils weitergehende Haftung ergab, entsprach in hervorragendem Maße den praktischen Bedürfnissen und den Verhältnissen des damaligen Seeverkehrs. Denn damals bestanden in der Regel keine persönlichen Beziehungen zwischen den Kaufleuten am Abgangsort und am Bestimmungsorte.

Das mit Waren beladene Schiff segelte in entfernte, mehr oder weniger unbekannte Gegenden. Der Eigentümer des Schiffs, und wenn die Güter Anderen gehörten auch diese, hatten, wenn sie die Fahrt nicht selbst mitmachten oder leiteten, ihre Vertreter an Bord. Die mitgebrachten Waren wurden gegen Erzeugnisse der Gegenden, in denen gelandet wurde, vertauscht. Wer Ansprüche gegen eine Person der Schiffsgemeinschaft hatte, hielt sich an diese Gemeinschaft, das Schiffsvermögen. Wie sollte oder konnte er prüfen, in welchem Verhältnisse die verschiedenen Glieder der Gemeinschaft zueinander standen? Er konnte sich aber auch nur an die Schiffsgemeinschaft halten. Ihm war vielfach die Heimat des Schiffes unbekannt, er wußte nicht, ob der Eigentümer des Schiffes oder der Ladung dort noch anderes Vermögen hatte, und wenn er es wußte, wie wollte er in dem ihm unerreichbaren Lande seine Ansprüche geltend machen? Dieser Sachlage entsprach die unbedingte Haftung des Schiffsvermögens, aber auch nur des Schiffsvermögens, für alle Forderungen der Schiffsgemeinschaft.

Im Laufe der Jahrhunderte erfuhren die tatsächlichen Verhältnisse des Seeverkehrs manche Wandelungen, namentlich bildete sich die schärfere Trennung zwischen Schiff und Ladung aus. Dem folgte das Recht, außerdem suchte man, in dem einen Lande mehr, in dem anderen weniger, die überkommenen Regeln mit dem immer allgemeiner zur Geltung gelangenden logischen System des Römischen Rechts in Einklang zu bringen. So entstanden, unverkennbare Zeichen des gemeinsamen Ursprungs bewahrend, die verschiedenen heutigen Seerechte, als deren logisch am besten durchgebildetes das Recht des Handelsgesetzbuches weit über die Grenzen Deutschlands hinaus Anerkennung gefunden hat.

Aber in den seit Erlaß des Handelsgesetzbuches verflossenen 60 Jahren haben sich die Verhältnisse des Seeverkehrs von Grund aus geändert, mehr als es in Jahrhunderten vorher der Fall gewesen ist. Durch Dampfer und Kabel sind für die Nachrichtenvermittelung die Entfernungen beseitigt; heute kann man sich mit dem entlegensten Punkte der Erde schneller verständigen, als noch vor hundert Jahren zwischen Berlin und Hamburg. Die drahtlose Telegraphie ermöglicht sogar die Verbindung mit den auf hoher See befindlichen Schiffen. Der Handel hat seine Geschäftsverbindungen über die ganze Welt ausgedehnt, Auskunfteien geben über die geschäftliche Lage jedes Kaufmannes in jedem Lande Auskunft; die ganze Erde ist ein Handelsplatz geworden. Während noch bei Erlaß des Handelsgesetzbuches vielfach Reeder und Ladungseigner eine Person war, oder doch die Verfrachtung des Schiffes im ganzen überwog und der Kapitän nicht nur nautischer, sondern auch kommerzieller Leiter des Unternehmens war, ist heute, zumal bei dem immer weiteren Vordringen der regelmäßigen Linien (ihnen gehören in der hamburgischen Rhederei $^9/_{10}$ des Raumgehalts an), die Trennung des Interesses an dem befördernden Schiff und der beförderten Ladung scharf durchgeführt, der Kapitän ist nur noch technischer Leiter des Schiffahrtsbetriebes, seine geschäftlichen Obliegenheiten sind an die in allen Häfen vorhandenen Vertreter der Reederei und der Befrachter übergegangen. Das Reedereigeschäft ist ein reines Frachtgeschäft geworden, das sich in keiner wesentlichen Beziehung mehr vom sonstigen Frachtgeschäft unterscheidet, zumal da auch die der Seeschiffahrt eigentümlichen Gefahren durch die Fortschritte des Schiffsbaues und die Verbesserungen der Hülfseinrichtungen (Betonnung etc.) immer weiter herabgemindert werden und wirtschaftlich durch das entwickelte Versicherungswesen überwunden sind. Kein Wunder, daß das einst vorzügliche Kleid der groß gewordenen Schiffahrt an allen Ecken und Enden nicht mehr paßt!

Die Besonderheiten, die das mittelalterliche Seerecht gegenüber dem allgemeinen Frachtrecht ausgebildet hatte, und die sich bis heute in allen Seerechten erhalten haben, sind veraltet. Sie widerstreiten in ihrer mythologischen Grundlage unserer Auffassung, sie widerstreiten den tatsächlichen Verhältnissen. Weshalb sie als ehrwürdigen Ballast aus alter Zeit beibehalten! Weshalb sich die Köpfe zerbrechen mit dem Versuch, die besonderen Gestaltungen, die diese Besonderheiten in den einzelnen Ländern angenommen haben, von denen jeder seine für die vorzüglichste hält und mit Zähigkeit an ihr festhält, miteinander zu vereinigen oder auszugleichen? Prüfen wir, ob wir sie nicht ganz über Bord werfen können, die beschränkte Haftung mit dem Schiffsgläubigerrecht, das Havariegrosse-Recht und womöglich auch die Kollisionshaftung; ob wir nicht das Seerecht einfach dem allgemeinen und schon heute im Wesentlichen internationalen Frachtrecht unterstellen können. Das dürfte am leichtesten zu einer Verständigung über ein einheitliches Seerecht führen. Die größte seefahrende Nation, die Engländer, sind schon eine weite Strecke auf diesem Wege vorangegangen, auf diesem Wege hat das Comité maritime auf der Bremer Konferenz durch den einstimmigen Beschluß betreffs

Abschaffung des Systems der Distanzfracht einen großen Erfolg erzielt.

Auch in wirtschaftlicher Beziehung würde diese Lösung wünschenswert sein. Sie würde klares, einfaches Recht schaffen, woran dem Verkehr viel gelegen ist, während die erwähnten Besonderheiten, weil Ausnahmen von den allgemeinen Rechtsgrundsätzen darstellend, zu vielfachen Zweifeln, abweichenden Erkenntnissen und Weiterungen Anlaß geben. Mit der Beseitigung der Havariegrosse würden die Dispachen mit ihrem großen Aufwand von Zeit und Kosten in Fortfall kommen. In derselben Richtung würde die Beseitigung der Kollisionshaftung liegen. Ob die Änderungen in ihrer Gesamtheit mehr den Reedern oder Verladern zugute kommen würden, ist schwer zu übersehen, auch wenig wesentlich. Derartige Vor- und Nachteile gleichen sich im Wirtschaftsleben, in der Gestaltung der Frachten, der Versicherungsprämien aus. Der wirtschaftliche Fortschritt der Ersparung von Zeit, Arbeit und unproduktiven Kosten muß allen Beteiligten Nutzen bringen.

Die Zurückführung des Seerechtes auf das allgemeine Frachtrecht würde endlich vom Standpunkte unseres deutschen Rechtes von größtem Vorteil sein. Sie würde die verwirrende Buntscheckigkeit beseitigen, die bei uns auf diesem Gebiete herrscht. Wir haben ein allgemeines Frachtrecht (H. G. B. 425—452), ein Eisenbahnfrachtrecht (H. G. B. 453—483), ergänzt durch die Eisenbahn-Verkehrs-Ordnung, daneben das Internationale Übereinkommen über den Eisenbahn-Frachtverkehr, den sogenannten Berner Vertrag; ein Seefrachtrecht (H. G. B. 556—777), und endlich seit 1895 ein besonderes Frachtrecht für die bis dahin dem allgemeinen Frachtrecht unterstellte Binnenschiffahrt, in dem die Besonderheiten des Seerechts, die für dieses ihre Berechtigung im wesentlichen verloren hatten, auf einen Verkehrszweig übertragen wurden, in dem keinerlei innere Berechtigung für sie bestand. Alle diese Frachtrechte ruhen auf denselben Grundgedanken, weisen aber im einzelnen viele Verschiedenheiten auf, die in den tatsächlichen Verhältnissen der einzelnen Transportarten keine zwingende Begründung finden, und die um so störender und verwirrender wirken, je mehr die Entwickelung dahin drängt, für eine Transportleistung mehrere Transportarten zu benutzen. Das Bedürfnis nach einem einheitlichen Frachtrecht war, neben dem Bestreben der erstarkenden Binnenschiffahrt, gewisser Begünstigungen des

Seeverfrachters auch ihrerseits teilhaftig zu werden, der leitende Gedanke bei dem Erlaß des Binnenschiffahrts-Gesetzes. Leider wurde dieser Gedanke in zu beschränkter Weise und in der verkehrten Richtung zur Durchführung gebracht. Sollte nicht der Versuch lohnen, ein einheitliches Frachtrecht für alle Transportarten aufzustellen, welches, dem heutigen Ineinandergreifen der Berufe des Verfrachters, des Spediteurs und des Lagerhalters Rechnung tragend, sich auch den für die letzteren Berufe maßgebenden Bestimmungen tunlichst anpaßt und welches, weil auf den natürlichen, allen Völkern gemeinsamen Grundlagen des Frachtgeschäfts ruhend, den geeignetsten Boden für eine internationale Verständigung bieten würde? Die vorhandenen tatsächlichen Verschiedenheiten, welche in der Natur der einzelnen Transportarten begründet sind, dürften einem derartigen Versuche nicht entgegenstehen. Manche Bestimmungen des Seerechts, die in den anderen Frachtrechten fehlen (z. B. über den Verlust des Transportmittels vor Antritt oder während der Reise), können auch für sie von Bedeutung sein; man denke an den Karawanen- oder Lastwagen-Verkehr in unseren Kolonien oder in sonstigen unentwickelten Gegenden, die vielfach Gefahren bieten, die denen der See analog sind. Sind wegen der örtlichen oder betrieblichen Verhältnisse solche Gefahren ausgeschlossen, so schaden die solchenfalls entbehrlichen Bestimmungen nicht. Wo aber die verschiedenen örtlichen oder betrieblichen Verhältnisse eine abweichende Regelung erfordern, steht nichts im Wege, sie für die einzelnen Transportarten durch Zusatzbestimmungen zu treffen; die Einheitlichkeit des Frachtrechts würde dadurch nicht beeinträchtigt werden.

Im Nachstehenden ist ein solcher Versuch gemacht worden. Sein Zweck ist erreicht, wenn er die Anregung dazu gibt, die Reform und die Vereinheitlichung des Seerechts von einheitlichem Gesichtspunkte aus in Angriff zu nehmen, mit dem Ziele, das zu schaffende Weltrecht für die Güterbeförderung so einfach zu gestalten, wie die neuzeitliche Verkehrsentwickelung es gestattet und erfordert.

II. Die Parteien des Frachtvertrages.

1. Reeder und Verfrachter.

Das Handelsgesetzbuch beginnt die Behandlung der einzelnen Rechtsverhältnisse stets mit einer Definition des Rechtsverhältnisses oder vielmehr des Trägers desselben: „Kaufmann, Kommissionär, Spediteur ist, wer . . .“ So auch der Abschnitt über das Frachtgeschäft (§ 425): „Frachtführer ist, wer es gewerbsmäßig übernimmt, die Beförderung von Gütern zu Lande oder auf Flüssen oder sonstigen Binnengewässern auszuführen.“

Das vierte Buch „Seehandel“ beginnt, nachdem es im ersten Abschnitt einige Bestimmungen über die Veräußeruug von Schiffen und einige Definitionen (Zubehör, Reparaturunfähigkeit und Unwürdigkeit, Heimatshafen, Schiffsbesatzung, europäische und außereuropäische Häfen) in ziemlich bunter Reihenfolge gegeben hat (§§ 474—483), im zweiten Abschnitt mit der Definition des Reeders („Reeder ist der Eigentümer eines ihm zum Erwerbe durch die Seefahrt dienenden Schiffes“ § 484), läßt im dritten Abschnitt (§§ 511—555) die Vorschriften über den Schiffer folgen. „Der Führer des Schiffes (Schiffskapitän, Schiffer) ist verpflichtet . . .“ — und kommt im vierten Abschnitt zum Frachtgeschäft, hier aber (§ 556) nicht mit dem Träger des Frachtvertrages, sondern mit den einzelnen Arten des letzteren beginnend. Als der aus dem Vertrage dem Ladungsbeteiligten Verpflichtete wird abwechselnd der Verfrachter, der Reeder oder der Schiffer genannt, ohne daß, wie auch in der Begründung zum Binnenschiffahrts-Gesetz bemerkt wird, in der Wahl dieser verschiedenen Bezeichnungen ein festes System zu erkennen wäre.

Das ist bezeichnend. Träger des Seehandels sind der Reeder und der Schiffer. Demgegenüber tritt der Verfrachter ganz zurück;

er ist eine einigermaßen nebelhafte Persönlichkeit, gewissermaßen nur die Personifikation einer Eigenschaft des Reeders.

Schon hierin, schon in der Überschrift des Buches „Seehandel“, tritt uns die alte Zeit entgegen. Der Reeder ist derjenige, der sein Schiff „zum Erwerb durch die Seefahrt“ benutzt, der mit ihm Seehandel treibt, der es befrachtet und die verfrachteten Güter gegen andere eintauscht. Und wie im Reeder Schiffseigentümer und Kaufmann vereinigt sind, so sind auch im Schiffer verschiedene Funktionen vereinigt. Ihm liegt nicht nur die Führung des Schiffes ob, sondern auch die kommerzielle Vertretung des Reeders, und zwar selbständig, so daß er Dritten gegenüber verhaftet bleibt, auch wenn er auf Anweisung des Reeders gehandelt hat, daß der Reeder gewisse Rechtshandlungen — wie bis zur Novelle von 1900 die wichtige Zeichnung des Konnossements — nicht durch andere Vertreter, ja nicht einmal selbst vornehmen kann.

Aber die alte Zeit ist vergangen. Die Einheit zwischen Schiffseigentümer und Kaufmann besteht nicht mehr oder ist doch soweit in den Hintergrund getreten, daß sie für die Rechtsauffassung jede maßgebende Bedeutung verloren hat. Der „Seehandel“ des Reeders ist ein reines Frachtgeschäft geworden.

Damit schwindet der Unterschied zwischen dem Reeder und dem Verfrachter, der in der Auffassung des Verkehrs eigentlich überhaupt nie bestanden hat und erst durch das Gesetz entstanden ist. Denn als Reeder bezeichnete man, und bezeichnet der Volksmund noch heute, denjenigen, der mit seinem Schiffe (die Verwendung fremder Schiffe kam früher, jedenfalls in irgend erheblichem Umfange, nicht vor) eigene oder fremde Güter befördert, der mit ihm Frachtschiffahrt treibt; den Eigentümer eines zum Fischfang, zum Lotsendienst, zur Baggerei, ja auch zu dem der Frachtfahrt nahestehenden Schleppdienst verwendeten Schiffes nennt der allgemeine Sprachgebrauch auch heute nicht Reeder, nur infolge der gesetzlichen Formulierung wird diese Bezeichnung gelegentlich auf ihn angewandt. Daraus erklären sich auch die Zweifel, die lange darüber bestanden, was ein zum Erwerbe durch die Seefahrt dienendes Schiff (H. G. B. § 474, 484) sei, weshalb das Flaggengesetz vom 22. Juni 1899 ausdrücklich auch die Lotsen-, Hochseefischerei-, Bergungs- und Schleppfahrzeuge als solche bezeichnete. Der Unterschied zwischen Reeder und Schiffseigentümer ist hinsichtlich der Veräußerung des Schiffes und hinsichtlich der Haftung für das Verschulden der Schiffsbesatzung erst 1900 durch Artikel 6 und 7 des Einführungsgesetzes zum neuen H. G. B. allgemein beseitigt worden.

Wir wollen uns mit dem Frachtgeschäft beschäftigen, wir haben es daher lediglich mit dem Verfrachter zu tun, wie auch das B. Sch. G. — auf dessen erste, dem Seerecht nachgebildete Bestimmungen über den „Schiffseigner" das Ausgeführte gleichmäßig Anwendung findet — in den vom Frachtgeschäft handelnden Abschnitten lediglich vom Frachtführer spricht. Dabei mag bemerkt werden, daß es zweckmäßig erscheint, die erstere Bezeichnung, weil der sozialen Stellung der Übernehmer mehr entsprechend, für alle Arten des Frachtgeschäfts einzuführen, „Frachtführer" aber denjenigen zu nennen, der im Auftrage des Verfrachters die Beförderung tatsächlich ausführt, den Kapitän, Schiffer, Fuhrmann, Zugführer.

Bei dem Verfrachter macht es keinen Unterschied, ob er die übernommene Beförderung mit eigenem oder fremdem Transportfahrzeuge ausführt, das wird für die übrigen Zweige des Frachtgeschäfts allgemein anerkannt. Auf den Chartervertrag beim Seetransport ist später zurückzukommen. — Für unsere Betrachtung scheiden daher die von der Veräußerung und Zwangsversteigerung eines Schiffes handelnden §§ 474—478, 482, die vielleicht, wie die Bestimmungen über Löschung von Eintragungen im Schiffsregister (B. G. B. 435) und über Pfandrechte an Schiffen (B. G. B. 1242 ff.) ins Bürgerliche Gesetzbuch zu verweisen wären; es scheiden aus die Bestimmungen über die Reederei, §§ 489—509, die vielleicht bei den Handelsgesellschaften im H. G. B. aufzunehmen wären, wenn man diese Gesellschaftsform überhaupt erhalten will. Die übrigen Bestimmungen des 1. Abschnittes, § 479 (Reparaturunfähigkeit und Unwürdigkeit), § 480 (Heimatshafen), § 481 (Schiffsbesatzung), § 483 (europäische und außereuropäische Häfen) sind entweder an späterer Stelle zu behandeln, oder für das Frachtrecht ohne Bedeutung, oder überhaupt veraltet.

2. Der Schiffer.

Von den drei im Seerecht als Träger des Frachtvertrages auftretenden Personen, dem Reeder, dem Verfrachter und dem Schiffer, hat, wie wir gesehen haben, der Reeder (Schiffseigner) auszuscheiden. Dasselbe ist aber auch an sich mit dem Schiffer — oder, wie wir ihn, in Übereinstimmung mit dem in der neuen Seemanns-Ordnung wieder angenommenen Sprachgebrauche für den

Seeverkehr lieber nennen wollen, dem Kapitän — der Fall. Die Verkehrsentwicklung hat ihn seiner selbständigen Stellung den Ladungsbeteiligten gegenüber entkleidet, und das neue H. G. B. hat diese Entwicklung sanktioniert, indem es im § 642 jedem anderen Vertreter des Reeders (Verfrachters) die Befugnis zur Konnossementszeichnung beigelegt hat. Er ist einfacher Erfüllungsgehülfe des Verfrachters geworden, dessen Bedeutung in gleichem Maße, wie sie durch die Zunahme der Größe und Kompliziertheit der Schiffe und manche anderen Verhältnisse hinsichtlich der Führung und des Betriebes des Schiffes sich gesteigert hat, durch die Vervollkommnung des Nachrichtenwesens und die geschäftliche Vertretung der Verfrachter an den überseeischen Plätzen in rechtsgeschäftlicher Beziehung sich verringert hat. Im allgemeinen — von einzelnen Verhältnissen wird später zu sprechen sein — gilt von seiner Stellung zum Verfrachter und zu den Ladungsbeteiligten dasselbe, was von jedem Erfüllungsgehülfen eines Unternehmers gilt. Wichtig ist die Abgrenzung seiner gesetzlichen Befugnisse zur Vertretung des Verfrachters, wobei die Frage entsteht, ob diese Befugnis, wie bisher im Seerecht, auf den Abschluß von Frachtverträgen zu erstrecken ist oder nicht, wie im Binnenschiffahrtsrecht. Ob und inwieweit die Obliegenheiten des Kapitäns im Frachtrecht aufzuzählen sind, ist eine der grundsätzlichen Bedeutung entbehrende Zweckmäßigkeitsfrage. Die öffentlich-rechtlichen Vorschriften über Führung des Tagebuchs, Verklarung etc., sowie die auf den Dienstvertrag bezüglichen Bestimmungen dürften aus dem Frachtrecht auszuscheiden und etwa, wie es im H. G. B. mit den Bestimmungen über die Schiffsmannschaft geschehen ist, in die Seemannsordnung zu verweisen sein, die nach dem alten Muster der „Verordnung für Schiffer und Schiffsvolk“ auszugestalten wäre. Eine Herabsetzung der Kapitäne könnte unmöglich darin gefunden werden, daß die im wesentlichen gleichartigen Verhältnisse für sie, die Schiffsoffiziere und die Mannschaften an einer Stelle geregelt werden.

3. Die Ladungsbeteiligten.

Das allgemeine Frachtrecht nennt diejenigen, denen der Frachtführer (Verfrachter) aus dem Frachtvertrage verpflichtet wird, den Absender und Empfänger. Dem folgt das B. Sch. G., führt aber (§ 7) als gemeinsame Bezeichnung für beide das Wort „Ladungsbeteiligte“ ein, was sich für die Fälle empfiehlt, in denen sowohl der Absender als auch der Empfänger dem Verfrachter als der Berechtigte entgegentreten kann.

Das Seerecht gebraucht statt des Absenders das Wort „Befrachter", das wegen der Ähnlichkeit mit „Verfrachter" leicht zu Irrtümern und Verwechslungen Anlaß gibt. Daneben führt es den „Ablader" ein, als denjenigen, der auf Grund des zwischen dem Befrachter und dem Verfrachter geschlossenen Frachtvertrages diesem das Gut in eigenem Namen überliefert und präsumptiv bevollmächtigt ist zur Vornahme aller mit der Lieferung und Verschiffung zusammenhängenden Rechtshandlungen. Zunächst lediglich Vertreter des Befrachters tritt er, sobald ihm vom Verfrachter die Beförderung der Güter zugesagt wird, zu diesem in ein unmittelbares Rechtsverhältnis. Noch umfangreicher werden seine Rechte mit der Ausstellung des Konnossements; er hat dann, wenn sich alle Exemplare in seinem Besitz befinden, die volle Dispositionsbefugnis über die Ladung (Schaps, Seerecht S. 292). Für diese selbständige Mittelsperson zwischen dem Absender und Verfrachter, deren Stellung im Gesetz auch nicht zusammenfassend umgrenzt ist, liegt weder ein rechtliches, noch ein praktisches Bedürfnis vor. Sie macht die Rechtslage nur unübersichtlich und verwickelt, und würde namentlich dann bedenklich sein, wenn aus einzelnen Bestimmungen ein Gegensatz zwischen ihren Rechten und denen des Absenders gegenüber dem Verfrachter abgeleitet werden könnte. Es empfiehlt sich daher, dem B. Sch. G. folgend, den Ablader gar nicht zu nennen.

III. Frachtvertrag und Schiffsmiete.

Der Frachtvertrag hat die Beförderung von Gütern zum Gegenstande (H. G. B. 425); das haben auch unsere höchsten Gerichte neuerdings für den Seeverkehr scharf betont. R. G. erklärt (H. G. Z. 1908 Nr. 134): „Fracht ist die Vergütung, die der Verfrachter für eine von ihm übernommene Beförderung von Gütern zu beanspruchen hat,“ ähnlich das Hanseat. O. L. G. in einem Erkenntnisse vom 22. Dez. 1909 (H. G. Z. 1910 Nr. 19). Der Frachtvertrag ist ein Werkvertrag. Wie bei diesem allgemein, so macht es auch beim Frachtvertrage insbesondere keinen Unterschied, ob der Unternehmer den Vertrag mit eigenen oder fremden (gemieteten, geliehenen) Gerätschaften oder Hülfsmitteln ausführt (H. G. B. 510, B. Sch. G. § 2 und Mittelstein Vorbemerkung III zu § 26 das.), ob er den Vertrag selbst ausführt oder ihn durch andere ausführen läßt. Er haftet für das Verschulden seiner Angestellten oder anderer Personen, deren er sich bei der Ausführung der Beförderung bedient, wie für sein eigenes (H. G. B. 431); übergibt er das Gut zur Erledigung des von ihm abgeschlossenen Vertrages einem anderen Verfrachter, so haftet er für die Ausführung der Beförderung bis zur Ablieferung des Gutes an den Empfänger (§ 432 Abs. 1). Hat der andere Verfrachter, der Unterverfrachter, oder in der Terminologie des allgemeinen Frachtrechts der „Unterfrachtführer“, wie er bezeichnet zu werden pflegt (Ritter, das H. G. B. mit Ausschluß des Seerechts, 1910 zu § 432 Anm. 1), das Gut mit dem ursprünglichen Frachtbrief übernommen, so tritt er in den Frachtvertrag ein und wird für dessen Ausführung dem Absender direkt haftbar (H. B. G. 432 Abs. 2). Der Eigentümer der zur Ausführung des Werkvertrages erforderlichen Gerätschaften und Hülfsmittel, des Transportmittels, des Schiffes, hat, wenn er den Frachtvertrag nicht geschlossen hat oder nicht in ihn eingetreten ist, mit seiner Ausführung nichts zu tun, zwischen ihm und den Ladungsbeteiligten besteht keinerlei Rechtsverhältnis, er wird diesen aus dem Vertrage in keiner Weise haftbar. So ist es auch in der Binnenschiffahrt (Mittelstein l. c.).

Dies alles entspricht der Natur des Verhältnisses. In schroffem Gegensatz zu ihr steht die von Ritter l. c. ausgesprochene Ansicht, daß es zwar gleichgültig sei, ob der Unterfrachtführer sich desselben Beförderungsmittels bedient, wie der Hauptfrachtführer, daß aber § 432 nicht anwendbar sei, wenn „der eine Beteiligte Frachtführer, der andere dagegen Verfrachter" (!) ist. Diese Ansicht ist allerdings an den zitierten Stellen, R. O. H. G. 16, S. 138 (1875) und H. G. Z. 1902 S. 114 ausgesprochen, aber in beiden Fällen hat sie keine Bedeutung auf die Entscheidung erlangt. Im ersteren Falle handelt es sich um eine Seebeförderung von Stettin nach Pillau und eine anschließende Flußbeförderung. Das Appellationsgericht Insterburg hatte den Unterfrachtführer einfach auf Grund § 432 (Art. 401) haftbar erklärt. Diese Anwendung des § 432 auf den Seeverkehr erklärte R. O. H. G. für rechtsirrtümlich. Trotzdem verwarf es die Beschwerde, und zwar nicht nur aus dem formellen Grunde, weil sie diesen Rechtsirrtum nicht gerügt hatte, sondern auch aus dem sachlichen Grunde, weil der Flußfrachtführer unbestritten den Transport lediglich auf Grund des in Stettin ausgestellten und von ihm übernommenen Ladepapiers (Konnossements) ausgeführt habe. Im zweiten Fall war die Ware auf Grund eines im Inneren der Vereinigten Staaten ausgestellten Durchkonnossements von dort mit der Bahn an einen Hafen und von diesem mit einem Dampfer nach Hamburg befördert. Einige Ballen waren auf der Bahn vertauscht worden, für sie verlangte der Empfänger Entschädigung. Auch hier sprach das H. G. aus, daß § 432 keine Anwendung finde, verurteilte aber die Reederei auf Grund des Konnossements, obwohl nach demselben jeder Frachtführer nur für den Schaden haften sollte, der sich auf seiner Strecke ereignet habe, weil der Dampfer die Fracht an die Bahn verauslagt und beide Frachten vom Empfänger erhoben habe, und daher auch dem Empfänger gegenüber die auf dem Bahntransport entstandenen Schäden zu vertreten habe, da der Reeder und zwar nur er in der Lage war, wegen der auf der Bahn entstandenen Schäden unter Beobachtung der vorgeschriebenen Formen und Fristen Abzüge zu machen. Dieses

Erkenntnis ist rechtskräftig geworden. In beiden Fällen, in deren einem der See-Verfrachter Hauptfrachtführer, im anderen Unterfrachtführer war, ist der Unterfrachtführer also, obgleich die Anwendbarkeit des § 432 in Abrede gestellt wurde, im Sinne des Abs. 2 dieses Paragraphen für haftbar erklärt worden. Auf das hier in Frage kommende Durchfrachtverhältnis wird später, bei § 39 des Entwurfs, näher zurückzukommen sein. Es schien aber ratsam, gleich hier auf die Zweifel und Unstimmigkeiten aufmerksam zu machen, die sich aus dem Nebeneinanderbestehen der verschiedenen Frachtrechte ergeben.

An dieser Stelle haben wir uns aber vorwiegend mit § 432 Abs. 1 zu beschäftigen, nach dem der Hauptfrachtführer, der die Ausführung der von ihm übernommenen Beförderung einem anderen Frachtführer überträgt, für diese Ausführung haftet. Diese Bestimmung entspricht den allgemeinen Grundsätzen (B. G. B. 278) und würde daher, wenn sie auch formell für das Seerecht keine Geltung hat, auf dasselbe anzuwenden sein, wenn in ihm keine anderen Vorschriften enthalten wären. Nun bestimmt aber § 662:

> „Im Falle der Unterverfrachtung haftet für die Erfüllung des Unterfrachtvertrages, soweit dessen Ausführung zu den Dienstobliegenheiten des Schiffers gehört und von diesem übernommen ist, insbesondere durch Annahme der Güter und Ausstellung des Konnossements, nicht der Unterverfrachter, sondern der Reeder mit Schiff und Fracht."

Der Abs. 2, nach dem diese Vorschrift die Frage nicht berührt, ob „im Übrigen", d. h. wenn die Ausführung des Unterfrachtvertrages nicht zu den Dienstobliegenheiten des Schiffers gehört (was wohl bei der Unterverfrachtung eines Schiffes nicht vorkommt) oder wenn der Schiffer die Ausführung nicht übernommen hat, der Reeder oder der Unterfrachter, und dieser unbeschränkt oder beschränkt haftet — dieser Absatz kann hier unberücksichtigt bleiben.

Zunächst geht diese Bestimmung von einem ganz anderen Standpunkte aus, als das allgemeine Frachtrecht. Dieses geht aus von dem Vertrage zwischen dem Verfrachter und dem Absender. Dieser Vertrag ist der Hauptfrachtvertrag, dieser Verfrachter der Hauptverfrachter; überträgt er die Ausführung anderen Verfrachtern, so sind das Unterverfrachter. In welchem Verhältnis der Absender zu den Gütern steht, ob er Eigentümer, Kommissionär, Spediteur ist oder in welchem Verhältnis er sonst zu ihnen steht, ist für den Frachtvertrag ohne Bedeutung, nur muß der Vertrag die Beförderung von Gütern zum Gegenstande haben. Im § 662 wird umgekehrt von dem Vertrage ausgegangen, den der Eigentümer des Transportmittels zu dessen Verwertung abschließt, und wenn der Gegenkontrahent nun auf Grund des Vertrages nicht Güter zur Beförderung bringt, an denen er als Eigentümer, Spediteur oder sonst beteiligt ist, wenn er den Vertrag nicht abschließt, um die ihn interessierenden Güter befördert zu erhalten, sondern um Frachtverträge, die er abgeschlossen hat oder abschließen will, ausgeführt zu erhalten, so werden diese letzteren Verträge als Unterfrachtverträge, der Ausführungsvertrag aber wird als Hauptfrachtvertrag bezeichnet. Dies hängt mit dem im vorigen Abschnitte erörterten Umstande zusammen, daß im Seerecht nicht, wie es den heutigen Verhältnissen nach sein müßte, das Frachtrecht an die Spitze gestellt ist, daß als Träger der seerechtlichen Beziehungen nicht der Verfrachter, sondern der Reeder oder Schiffer erscheinen.

Diese begriffliche Umkehrung von Hauptfrachtvertrag und Unterfrachtvertrag führt zu mißlichen Folgen. Der Schiffseigner hat stets den Zweck, sein Schiff zu verwerten. Dies kann er auf zwei Weisen tun, entweder indem er es zur Ausführung von ihm abgeschlossener Beförderungsverträge verwendet, oder indem er es Anderen vermietet, die mit ihm Beförderungsverträge ausführen wollen. Die Rechtswirkungen dieser beiden Verwendungsarten, durch Frachtvertrag oder durch Mietevertrag, sind durchaus verschiedener Art. Geht man nun vom Standpunkte des Schiffseigentümers aus, betrachtet man den von ihm abgeschlossenen Vertrag als den entscheidenden, so werden sich, wenn der Vertrag nicht klar erkennen läßt, ob das Eine oder das Andere gewollt ist, aus der wirtschaftlichen Absicht des Schiffseigners, weil diese in beiden Fällen die gleiche ist, keine Momente zur Beseitigung der Zweifel entnehmen lassen und ebenso wenig aus der wirtschaftlichen Absicht des Gegenkontrahenten, weil dessen Absicht in beiden Fällen, sowohl wenn er Mieter, als auch wenn er Befrachter ist, auf die Verwendung des Schiffes zur Ausführung von seinerseits mit Dritten abgeschlossenen Verträgen gerichtet sein kann. Anders aber, wenn man, wie das allgemeine Frachtrecht, vom Frachtvertrage ausgeht, das entscheidende Moment darin sieht, ob die eine Partei die Absicht hat, die Güter befördert zu bekommen, die andere, diese Beförderung auszuführen.

Die angedeutete Schwierigkeit der Unterscheidung, ob der Hauptvertrag ein Mietevertrag oder ein Werk-(Fracht-)Vertrag ist, tritt im Seerecht scharf hervor. Ersteren Vertrag behandelt H. G. B. § 510, letzteren der oben angeführte H. G. B. § 662. Nach § 510 wird derjenige, der ein ihm nicht gehöriges Schiff zum Erwerbe durch die Seefahrt für seine Rechnung verwendet und es entweder selbst führt oder die Führung einem Schiffer anvertraut, im Verhältnis zu Dritten als der Reeder (also beim Frachtvertrage als Verfrachter) angesehen. Hinzugefügt wird, daß der Eigentümer die Schiffsgläubiger an der Geltendmachung der dinglichen Haftung des Schiffsvermögens nicht hindern kann, es sei denn, daß die Verwendung des Schiffes ihm gegenüber eine widerrechtliche und der Gläubiger nicht in gutem Glauben war. Hier wird das Schiffsmieteverhältnis davon abhängig gemacht, daß 1) der Mieter das Schiff für seine Rechnung verwendet, 2) es selbst führt (das kommt heutzutage sehr selten vor) oder die Führung einem Schiffer anvertraut. Das erste Kriterium, die Verwendung für eigene Rechnung des Mieters, liegt auch beim Unterfrachtvertrage des § 662 vor, und auch das zweite Kriterium, ob der Schiffer in Diensten des Vermieters oder des Mieters steht, bietet in der Praxis keinen Anhalt für eine sichere Unterscheidung. Denn der klare Fall, in dem lediglich das Schiff vermietet wird und der Mieter den Kapitän anstellt, ist verhältnismäßig selten. In der Mehrzahl der Fälle wird das Schiff vermietet mit dem vom Eigentümer des Schiffes angestellten Kapitän, der aber in größerem oder geringerem Umfange den Anweisungen des Mieters zu folgen verpflichtet ist. Dasselbe ist aber auch bei dem Unterfrachtvertrage der Fall, schon wenn das Schiff für eine Reise im ganzen verfrachtet und vom Befrachter auf Stückgüter angelegt wird, in welchem Falle der Kapitän z. B. die Konnossemente nach Anleitung des Unterbefrachters zu zeichnen hat, mehr noch im Falle der Zeitverfrachtung des Schiffes, wo auch hinsichtlich des Reiseziels die Anweisungen des Unterbefrachters maßgebend sind. Die Grenzen, bis zu denen der Kapitän sich als Angestellter einesteils des Reeders, andernteils des Benutzers oder des Unterbefrachters zu betrachten hat, werden in den einzelnen Verträgen sehr verschieden gezogen; den Parteien ist es in der Regel nicht bewußt, daß hiervon die Entscheidung abhängt, ob ihr Vertrag als ein Miete- oder ein Frachtvertrag zu beurteilen ist, beide Arten von Verträgen werden als Chartervertrag bezeichnet. Und weil manche dieser Verträge weder den Bedingungen des § 510 noch denen des § 662 zu entsprechen schienen, so haben die Gerichte und die Rechtslehrer zwischen der Schiffsmiete, bei der der Mieter den Ladungseignern haftet, aber nur in der Beschränkung auf das Schiffsvermögen, und dem Unterfrachtvertrage, bei dem der Reeder haftet, ebenfalls in Beschränkung auf das Schiffsvermögen, noch einen dritten Fall eingeschaltet, den der locatio conductio rei et operarum magistri, in welchem Falle der Unterverfrachter nach einer Ansicht wie bei der Schiffsmiete beschränkt, nach der anderen Ansicht aber unbeschränkt, dann aber vermutlich allein und nicht auch mit dem fremden Schiffsvermögen haftet (Schaps zu §§ 510, 662; Wüstendörfer, Studien zur modernen Entwicklung des Seefrachtvertrages II S. 96 ff.; Boyens, Goldschmidts Zeitschr. 58, S. 332 ff.; Sieveking, Seerecht sect. 188). Man wird alle diese Ausführungen dahin zusammenfassen dürfen, daß es unmöglich ist, auf Grund unseres geltenden Rechts zu einer klaren und sicheren Beurteilung der betreffenden Verhältnisse zu gelangen.

Für den Unterfrachtvertrag trifft § 662 die von dem Grundsatze, der das ganze Recht beherrscht und anscheinend selbstverständlich ist, daß der Vertragschließende der Gegenpartei für die Erfüllung des Vertrages haftet, abweichende Vorschrift, daß den Ladungseignern nicht der Unterverfrachter haftet, mit dem sie den Frachtvertrag geschlossen haben, sondern nur der Reeder mit seinem Schiffsvermögen, wobei zweifelhaft ist, ob zu diesem Schiffsvermögen die im Hauptfrachtvertrage oder die in den Unterfrachtverträgen bedungene Fracht gehört, die Charterfracht oder die Konnossementsfracht. Hieraus können sich für die Ladungsbeteiligten verhängnisvolle Folgen ergeben. Jemand zeigt Expeditionen mit seiner Linie an unter Nennung der Schiffe. Ein Kaufmann erkundigt sich nach dem Betreffenden und erhält die Auskunft, daß es ein vermögender und geschäftskundiger Mann ist. Er verladet mit ihm, die Ware kommt arg verwahrlost an. Der Kaufmann wendet sich an seinen Verfrachter. Dieser bedauert die schlechte Behandlung des Gutes, lehnt aber jeden Anspruch ab; er sei Unterverfrachter, der Kaufmann müsse sich an den Reeder X in irgend einem fremden Lande halten. Inzwischen ist aber das Schiff untergegangen oder von vorgehenden Schiffsgläubigern in Anspruch genommen. Der geschädigte Kaufmann hat das Nachsehen. Nicht viel besser ergeht es ihm vielleicht, wenn zwar das Schiff unbeschädigt ist, er aber im fremden Lande mit vielleicht zweifelhafter Rechtspflege Recht suchen muß.

Hier glaubt Wüstendörfer (S. 118 ff.) durch die Forderung abhelfen zu können, daß der § 662 einschränkend dahin ausgelegt werde, daß die Haftungsbefreiung des Unterverfrachters nur dann eintritt, wenn der Absender wußte oder wissen mußte, daß er es nicht mit einem Hauptverfrachter, sondern mit einem Unterverfrachter zu tun hat. Aber ob der Absender dies wissen mußte, kann höchst zweifelhaft sein; schon die Ausführungeu W's rufen solche Zweifel wach. Die Frage kann ganz verschieden zu beurteilen sein gegenüber einem am Verschiffungsorte oder einem im Binnenlande wohnenden Absender. Das ergibt eine große Rechtsunsicherheit sowohl für den Absender, als auch namentlich für den Unterverfrachter, der einem Absender gegenüber von der Haftung frei ist, dem anderen gegenüber nicht. Aber die von W. befürwortete, und in der Einleitung des Anfang 1910 erschienenen III. u. IV. Abschnitts seines Werkes näher ausgeführte teleologische Gesetzesauslegung — d. h. eine Auslegung, die sich, wenn auch dem ursprünglichen Sinne der Gesetzesvorschrift widerstreitend, sie den heutigen Verkehrsverhältnissen anpaßt, ihr die Bedeutung beimißt, in der sie der Gesetzgeber bei den heutigen Verhältnissen vermutlich verstanden haben würde — ist überhaupt recht bedenklich. Sie muß zu großer Rechtsunsicherheit führen, und zwar nicht nur, wie W. anerkennt, für eine kurze Übergangszeit. Es dürfte lange dauern, bis alle Gerichte ihre Berechtigung und Verpflichtung zu solcher teleologischen Auslegung des Gesetzes anerkennen, und, was noch schlimmer ist, es ist mehr als zweifelhaft, ob alle Gerichte darin übereinstimmen werden, welches die richtige teleologische Auslegung ist. Im Interesse der Rechtssicherheit wird daran festgehalten werden müssen, daß die Gerichte das Gesetz in dem Sinne auszulegen und anzuwenden haben, den der Gesetzgeber ihm beigelegt hat. Paßt das Gesetz nicht mehr für die veränderten Verhältnisse, so ist es Sache des Gesetzgebers, es zu ändern. Das erkennt auch W. insoweit an, als ein klarer und bestimmter Wortlaut des Gesetzes vorliegt. Aber leider können auch hierüber die Ansichten verschieden sein, und gerade die vorliegende Frage bietet hierfür ein Beispiel. § 662 besagt klar und ohne Einschränkung, daß im Falle der Unterverfrachtung für die Erfüllung des Unterfrachtvertrages, dessen Ausführung der Schiffer übernommen hat, nicht der Unterverfrachter haftet. Ist es damit vereinbar zu sagen, dies gilt nur, wenn der Absender wußte oder wissen mußte, daß sein Gegenkontrahent den Vertrag nicht selbst, sondern durch einen anderen Verfrachter zur Ausführung bringen wollte, sonst haftet ihm der Unterverfrachter doch? Ist es auch dann damit vereinbar, wenn man mit W. (S. 114) der Ansicht ist, daß es auf die Haftung des Reeders aus dem Unterfrachtvertrage ohne Einfluß ist, daß er nicht wußte, sein Gegenkontrahent werde den geschlossenen Vertrag zu Unterbefrachtungen benutzen, dieser also den Reeder, ohne dessen Wissen mit erhöhter Verantwortlichkeit belasten kann?

Diese Nichthaftung des Unterbefrachters ist das bedenkliche und anormale, für sie ist auch ein wirtschaftlicher Grund nicht ersichtlich. Brodmann bezeichnet sie (Goldschmidt's Zeitschr. Bd. 64, S. 280 ff.) als unwesentlich, als eine Quisquilie. Das vorstehende Beispiel dürfte zeigen, daß das nicht zutrifft. Für ihn ist das Wesentliche die Haftung des Reeders, oder vielmehr die dingliche Haftung des Schiffes. Weil diese sonst nicht gegeben sei, sei § 662 erforderlich. Boyens (ebendaselbst S. 294) hält auch die dingliche Haftung des Schiffes für erforderlich, ist aber der Ansicht, daß diese auch ohne § 662 vorliege, und ist deshalb, wie auch Wüstendörfer, für dessen Streichung. Die letzte Ansicht dürfte die richtige sein, wenn wirklich ein Unterfrachtvertrag vorliegt, wenn der Kapitän, der das Gut angenommen und das Konnossement gezeichnet hat, dies als Vertreter des Reeders und nicht des Unterbefrachters getan hat, was nach dem Chartervertrage verschieden liegen kann und namentlich dann wichtig wird, wenn die gezeichneten Konnossemente vom Chartervertrage abweichen. Denn wenn der Kapitän in diesen Beziehungen als Vertreter des Reeders gehandelt hat, so ist letzterer Unterverfrachter im Sinne des HGB. 432, der nach dessen Vorschriften, die sich aus allgemeinen Grundsätzen ergeben, durch Annahme des Guts mit dem Frachtbriefe (der durch das Konnossement vertreten wird) in den ursprünglichen Frachtvertrag eintritt und für dessen Ausführung mit dem Hauptverfrachter solidarisch haftet.

Zur Sicherung des Ladungseigners ist die doppelte Haftung, seines Verfrachters und des Schiffes erforderlich. Wenn Brodmann lediglich auf die Haftung des Schiffes Wert legt, so übersieht er, wie schon erwähnt, daß diese Haftung eine problematische ist, und zwar nicht nur deswegen, weil das Schiff untergehen oder mit vorgehenden Schiffsgläubigerrechten belastet sein kann. Brodmann legt auch großen Wert darauf, daß durch die Haftung des Schiffes der Gläubiger in die Lage gesetzt ist, in seinem eigenen Lande sein Recht zu suchen, daß er nicht gezwungen ist, den Reeder in dessen Heimatlande, dessen Verhältnisse und dessen Recht ihm unbekannt ist, zu belangen. Aber grade in dieser wichtigen Beziehung bietet die alleinige Haftung des Schiffes eine sehr unsichere Gewähr. Ist das Schiff einmal aus dem Bestimmungshafen fort, so hängt es vom Zufall ab, wo der Gläubiger seiner habhaft werden kann, und es kommt dann das Recht dieses Ortes oder des Heimatshafens des Schiffes, nicht aber das Recht des Gläubigers zur Anwendung. Diese doppelte Haftung des Verfrachters und des Schiffes muß aber in allen Fällen sichergestellt sein, sie darf nicht abhängig sein von dem Inhalt des Chartervertrages, über dessen Auslegung als Schiffsmiete oder Frachtvertrag oder als Miete des Schiffs und des Kapitäns die Gerichte leicht zweifelhaft sein können, ja die Parteien sich oft nicht klar sind, und den die Absender meistens garnicht kennen. Die Haftung des Schiffes wäre an sich nicht erforderlich für den Absender, wenn ihm sein Verfrachter unbeschränkt haftet. Im ganzen Rechtsleben muß jeder, der mit einem Anderen einen Vertrag schließt, sich damit begnügen, daß ihm dieser Andere haftet; er muß sich danach erkundigen, ob diese Haftung ihm die erforderliche Sicherheit bietet. Das ist heute auch im Frachtverkehr durchaus möglich. Erforderlich ist aber die Haftung des Schiffes für den Empfänger, der durch das Konnossement selbständige Rechte gegen den Verfrachter erwirbt, mit dem er nicht abgeschlossen hat, den er sich nicht auswählen, über den er sich nicht vorher erkundigen konnte.

Aber nur die Haftung des Schiffes ist erforderlich neben der unbeschränkten Haftung des Verfrachters, nicht auch die der Fracht. Nur an die Haftung des Schiffes pflegt bei diesen Ansprüchen gedacht zu werden, sie ist wichtig, um durch die drohende Verhinderung der Fortsetzung der Reise die Sicherheitsleistung für die Ansprüche zu erzwingen. Die dingliche Haftung der Fracht ist überhaupt von geringem Wert. Der Verfrachter kann sie leicht illusorisch machen, indem er sich die Fracht vorausbezahlen läßt oder ihre Zahlung an einen Dritten (seinen Agenten, eine Bank) vorschreibt. Gerade die Haftung der Fracht führt aber zu vielen schwer löslichen Fragen: ob die Charter- oder Konnossementsfracht haftet, ob die Fracht nur für die bei Entstehung der Forderung an Bord befindlichen Güter, oder die Fracht der ganzen Reise, und was als Reise anzusehen ist, und dergleichen mehr. Alle diese Fragen erledigen sich, wenn man die Haftung auf das Schiff beschränkt, wodurch dem praktischen Bedürfnisse vollauf genügt wird.

Die Haftung des Schiffes ist aber auch nur erforderlich, solange es sich in dem Hafen befindet, in dem das Gut zur Ablieferung gelangt, solange es sich gewissermaßen noch in der Macht des Empfängers befindet. Das ist der Ursprung der dinglichen Haftung des Schiffs, es ist das aus der Natur der Verhältnisse sich ergebende Verfahren, daß der Empfänger sich für Forderungen gegen den Verfrachter zunächst an das Transportmittel hält. So wird auch heute in unzivilisierten Ländern beispielsweise beim Karawanenverkehr verfahren werden, und nahe verwandt ist es, wenn im modernen Seeverkehr sich das Verfahren herausgebildet hat, daß der Empfänger die Fracht nur zahlt gegen eine Verpflichtung des ihm als solvent bekannten Schiffsmaklers, für etwaige Forderungen aus dem Frachtvertrage haften zu wollen. Nachdem aber das Schiff den Ablieferungshafen, den Machtbereich des Empfängers, verlassen hat, hört dieser natürliche Grund der dinglichen Haftung des Schiffes und hört auch die wirtschaftliche Notwendigkeit und die Bedeutung dieser Haftung auf. Dann ist das Schiff den Gefahren der See ausgesetzt, die die Haftung vielleicht illusorisch machen, und auch wenn das Schiff diese Gefahren übersteht, ist die Geltendmachung der Ansprüche gegen dasselbe vielfach in entlegenen Häfen außerordentlich schwierig und der Erfolg unsicher. Die zeitliche Beschränkung der Haftung ist aber von großem Vorteil. Sie beseitigt die für den Gläubiger und den Reeder mißlichen Verwickelungen, die eintreten, wenn das Schiff auf eine neue Reise gesandt wird (H. G. B. 774), und erhöht, indem sie die konkurrierenden Pfandrechte vermindert, den inneren Wert des Pfandrechts, ein reichlicher Ersatz für die zeitliche Beschränkung; sie verringert endlich die, wenigstens nach der Ansicht Einiger, bestehende Gefahr für den Empfänger, daß er seine Ansprüche aus dem Frachtvertrage auch nicht gegen die Fracht aufrechnen kann, weil diese vorgehenden Schiffsgläubigern haftet — wenn nicht diese Gefahr durch die befürwortete Beschränkung der Haftung auf das Schiff ganz beseitigt werden sollte.

Die so beschränkte dingliche Haftung des Schiffes müßte aber im Gesetz ausgesprochen werden. Die dem Gläubiger an sich zustehende Möglichkeit, das Schiff mit Arrest zu belegen, genügt nicht, weil diesem Arrestpfandrecht die Pfandrechte von Hypothekengläubigern vorgehen würden.

Bisher haben wir uns hauptsächlich mit den Unstimmigkeiten beschäftigt, die sich nach § 662 aus der Haftung des Reeders statt des Verfrachters dem Ladungseigentümer gegenüber ergeben. Kaum geringere Unstimmigkeiten ergeben sich aber für das Verhältnis zwischen dem Reeder und dem Verfrachter hinsichtlich der Fracht. Sie treten nicht zu Tage, wenn Charterfracht und Konnossementsfracht gleich sind; auch nicht, wenn die letztere ausnahmsweise geringer ist, als die erstere. Dann hat nur der Reeder wegen der Frachtdifferenz kein Pfandrecht an den Gütern, wie er bei der Schiffsmiete es überhaupt nicht haben würde. Auch in dem Regelfalle, daß die Konnossementsfracht höher ist als die Charterfracht, entstehen praktisch keine erheblichen Schwierigkeiten. Nach der herrschenden Lehre zieht der Kapitän als Vertreter des Reeders die ganze Konnossementsfracht ein und hat den Überschuß über die Charterfracht dem Verfrachter auszukehren. Zwar ist es ein eigentümliches Verhältnis, daß der Kapitän als Vertreter des Reeders eine Forderung einzieht, auf die dieser keinerlei Anspruch hat, aber praktische Schwierigkeiten können daraus kaum entstehen. Der Empfänger hat kein Interesse daran, diesen Punkt zu betonen, er zahlt gegen Empfang der Güter die Fracht und wird dadurch von seiner Verpflichtung auch dem Verfrachter gegenüber befreit. Der Verfrachter hat mit dem Reeder einen bezüglichen Vertrag geschlossen, er kann sich nicht beklagen, wenn er daraus einen Schaden erleiden sollte, was übrigens kaum vorkommen wird.

Aber wenn das Gut verloren geht? Dann wird nach Frachtrecht keine Fracht geschuldet. Liegt also ein Hauptfrachtvertrag im Sinne von § 662 vor, so büßt auch der Reeder seine Charterfracht ein, liegt eine Schiffsmiete im Sinne von § 510 vor, so bleibt der Anspruch auf Charterfracht bestehen (s. auch Sieveking Seerecht sect. 188). Sollte das erstere aber wirklich die Meinung des Reeders sein, der sein Schiff einem anderen verchartert, damit dieser es auf Stückgüter anlegt? Werden daraus bei der Unklarheit, in der die Parteien selbst sich vielfach darüber befinden, ob der von ihnen geschlossene Vertrag den einen oder den anderen Charakter tragen sollte, nicht stets Schwierigkeiten entstehen, vor deren Entscheidung der Richter ziemlich ratlos steht? Und wie ist es in dem wohl praktisch häufigsten dritten Falle, wenn nach der heutigen Auffassung eine Miete des Schiffes und der Dienste des Kapitäns vorliegt? Vermutlich würde wohl in diesem Falle die Frage wie bei der einfachen Schiffsmiete zu beantworten sein, dann wird aber eine gegenteilige Entscheidung bei der Annahme eines Hauptfrachtvertrages noch auffallender.

Wie auch in anderen Fällen ähnliche Schwierigkeiten vorkommen können, zeigt ein in der „Hansa" 1911 Nr. 14 mitgeteilter Fall. Ein Hamburger Schiffsmakler hatte ein englisches Schiff mit Besaztung für eine Reise nach Wladiwostok gechartert. Charter und Konnossemente enthielten eine die Haftung für Diebstahl ausschließende Klausel. Die Ware wurde bestohlen. Der Vertreter des Schiffes in Wladiwostok bezahlte den Schaden, da nach russischem Recht die Klausel ungültig sei; der Reeder vergütete ihm den Betrag und forderte von dem Charterer Ersatz. H. G. wies die Klage ab. Durch die Charter-Klausel habe sich der Reeder von der Haftung für einen Diebstahl der Besatzung, durch den der Charterer geschädigt werde, befreit. Daraus folge aber nicht, daß der Reeder sich für einen Diebstahl der Besatzung, durch den er geschädigt sei, am Charterer erholen könne. O. L. G. stimmte dem zu, machte aber noch einen anderen Gesichtspunkt geltend. Die Klage stütze sich nicht sowohl auf jene Klausel, sondern wesentlich auf die Bestimmung der Charter: The master to sign bills of lading as presented, without prejudice to this charter. Auch diese Klausel treffe jedoch nicht zu, da kein Verschulden des Charterers vorliege. Konnossement und Charter stimmten überein; daß die Reise nach Wladiwostok gehe, habe auch der Reeder gewußt; daß die Klausel in Rußland ungültig sei, sei vermutlich beiden Parteien unbekannt gewesen. — R. G. hob am 2. Jan. 1911 die Entscheidung auf. Für den Chartervertrag sei deutsches Recht maßgebend, das die Diebstahlsklausel zulasse. Sie befreie den Reeder nicht nur von der Haftung für einen dem Charterer durch Diebstahl entstandenen Schaden, sondern könne ihm auch einen Anspruch gegen den Charterer gewähren, wenn er einen solchen Schaden erlitten habe oder habe ersetzen müssen. Wäre der Charterer selbst Ablader gewesen, hätte ein einfacher Frachtvertrag vorgelegen, so hätte der Reeder für den Ersatz, den er dem Empfänger wegen Ungültigkeit der Klausel am Bestimmungsorte hätte leisten müssen, sich auf Grund des Frachtvertrages am Ablader erholen können. Dasselbe müsse hier gelten. Dieses Ergebnis werde durch die oben wiedergegebene zweite Klausel noch bestärkt. Nach ihr komme es nicht darauf an, ob den Charterer ein Verschulden treffe, vielmehr übernehme nach ihr der Charterer die Garantie dafür, daß der Reeder nicht durch Diebstahl der Mannschaft einen Schaden erleide. Das Schicksal der Klage hänge somit davon ab, ob wirklich der Vertreter des Reeders in Wladiwostok trotz der Klausel gezwungen war, für den Diebstahlsschaden Ersatz zu leisten. Das russische Gesetz enthalte keine ausdrückliche Bestimmung des Inhalts, aber es sei nicht ausgeschlossen, daß sich eine bezügliche Gerichtspraxis gebildet habe. Zur Prüfung dieser Frage wurde die Sache zurückverwiesen.

Ob die zweite Klausel die weittragende Bedeutung eines Garantieversprechens im angegebenen Sinne hat, kann zweifelhaft erscheinen. Sie besagt, daß der Kapitän die ihm vom Charterer vorgelegten Konnossemente zeichnen soll, daß durch sie aber die Charter nicht beeinträchtigt werden soll. Veranlaßt der Charterer den Kapitän, Konnossemente zu zeichnen, die den Charterbedingungen widerstreiten, so haftet er. Das liegt aber hier nicht vor. Trotzdem scheint das Erkenntnis des R. G. der Sachlage entsprechender, nach dem Wüstendörferschen Ausdruck teleologisch richtiger. Viel einfacher ergibt sich dies aber nach der vorgeschlagenen Regelung; bei ihr hätte der Streit gar nicht entstehen können. Der Charterer ist der Verfrachter; der Schiffsmakler in Wladiwostok ist *sein* Vertreter. *Er* trägt die Folgen, wenn die Klausel im Bestimmungsorte ungültig ist; *er* trägt auch die Folgen, wenn der Schiffsmakler in W. aus unrichtiger Rechtsauffassung den Schaden bezahlt hat, nicht der Reeder, wie sich aus dem R. G. Erkenntnisse ergibt. Dabei ist selbstverständlich nicht ausgeschlossen, daß in der Charter vereinbart werden kann, daß der Charterer sich an den vom Reeder zu bezeichnenden Schiffsmakler zu wenden habe.

Diese Erwägungen führen dazu, wie ich bereits in einem, im März 1909 dem deutschen Seerechtsverein erstatteten und von diesem für seine Mitglieder gedruckten, auch in den Drucksachen der Bremer Konferenz des Comité Maritime (1909) enthaltenen, Berichte über „Schiffsmiete, Charter- und Frachtvertrag" empfohlen habe, *auch für das Seerecht die Regeln des allgemeinen Frachtrechts zur Anwendung zu bringen, wie sie in § 432 ausgesprochen sind, daß stets der Verfrachter den Ladungsbeteiligten haftet, einerlei ob* er den Vertrag mit einem eigenen oder fremden Schiffe ausführt und ohne Rücksicht auf sein Verhältnis zum Eigentümer des Schiffes; daß die verschiedenen an der Beförderung beteiligten Verfrachter, wenn sie duch Annahme des Guts mit dem ursprünglichen Frachtbrief oder Konnossement in den Frachtvertrag eingetreten sind, solidarisch haften mit dem in § 432 geregelten Regreßrecht gegen einander; und daß zu dieser unbeschränkten Haftung des oder der Verfrachter nach Analogie des § 510, 2 die dingliche Haftung des Schiffes hinzutritt, solange dieses sich in dem Hafen befindet, in dem das Gut zur Ablieferung gelangt.

Gegen diesen Vorschlag hat sich Leo in der Leipziger Zeitschrift vom 1. Dezember 1909 gewandt. Meine scharfe Scheidung zwischen Verfrachtung des Schiffs zu eigener Benutzung und zur Unterverfrachtung sei rechtlich nicht haltbar. Der Befrachter brauche den Verfrachter über seine Absicht nicht aufzuklären, könne diese auch ändern. Durch meine Auffassung würde die Grenzlinie zwischen den verschiedenen Vertragsarten nur verschoben, aber nicht klarer, sondern unklarer; ich müßte denn jede Verfrachtung eines Schiffes im ganzen als Miete betrachten. — Das dürfte nicht zutreffen. Allerdings braucht der Absender dem Verfrachter nicht zu sagen, ob er als Eigner, Kommissionär oder Spediteur auftritt, oder welches sonstige Interesse er an den Gütern hat; auch kann er statt der vereinbarten Güter andere abladen, sofern dadurch die Lage des Verfrachters nicht erschwert wird. Ob er aber einen Vertrag über die Beförderung von Gütern, also einen Frachtvertrag, abschließen will, oder einen Vertrag, nach dem er die Verfügung über das Schiff zur Ausführung von ihm abgeschlossener Frachtverträge erlangt, das muß allerdings der Gegenkontrahent des Reeders diesem mitteilen, weil dadurch die Natur des Vertrages eine andere wird und für den Reeder ganz andere Rechtsfolgen eintreten. Auch ist es nicht richtig, daß meine Auffassung dazu führe, jede Verfrachtung eines Schiffes im ganzen als Schiffsmiete aufzufassen. Auch wenn der Vertrag darüber keine ausdrückliche Bestimmung trifft, wird aus seiner Fassung und den Begleitumständen stets hervorgehen, ob das eine oder das andere von den Parteien gewollt ist. Wenn Leo das Hauptgewicht darauf legt, daß den Eignern der mit dem Schiff beförderten Güter stets das Schiff haftet, so wird das auch bei meinem Vorschlage erreicht. Wenn er aber zu dem Zwecke befürwortet, auch im Falle des § 510 den Schiffseigner den Ladungsbeteiligten haften zu lassen, so dürfte das doch eine zu weite Ausdehnung der Lehre von der Haftung ohne Schuld und Schuld ohne Haftung sein. Ich bin durch diese Ausführungen von der Unrichtigkeit meines Vorschlages nicht überzeugt worden.

Faßt man, den neueren präzisen Aussprüchen unserer höchsten Gerichte folgend, den Frachtvertrag als einen Vertrag lediglich über die Beförderung von Gütern auf, so ist der Begriff der Zeitfracht ein in sich unklarer und irreleitender. Es widerstreitet der Natur der Dinge, das Entgelt für eine Beförderung von Gütern überhaupt, und namentlich über See — etwa von besonderen Ausnahmefällen abgesehen — nach der Zeit, der Dauer der Beförderung zu bemessen. Auch in dem den Zufälligkeiten viel weniger ausgesetzten Eisenbahnverkehr geschieht dies nicht. Die Versicherung der Lieferzeit in diesem Verkehr hat ersichtlich eine ganz andere Bedeutung. Wenn übrigens Wüstendörfer annimmt, daß auch im Seeverkehr die Entwickelung dahin drängt, daß die Verfrachter mehr und mehr sich zur Einhaltung einer festen Lieferfrist verpflichten werden, so glaube ich, daß dieser Gedanke doch der tatsächlichen Gestaltung der Dinge erheblich vorauseilt.

Wenn man, wie ich befürworte, das Seerecht unter dem Gesichtspunkte des Frachtrechts behandelt, so würden aus demselben alle Bestimmungen über den Schiffsmietevertrag ausscheiden. Auch das jetzige Seerecht enthält über ihn nur wenige und wenig bedeutsame Bestimmungen; sie werden leicht zu entbehren sein, da über diese Verträge wohl stets umfangreiche Urkunden errichtet werden, die das Verhältnis bis ins Einzelne regeln. Sollten Lücken vorhanden sein, so werden diese aus den allgemeinen Bestimmungen über den Mietsvertrag auszufüllen sein. Eine internationale Regelung hierüber ist kaum erforderlich. Ob für diese Verträge gesetzliche Sonderbestimmungen zu treffen sein, und ob diese als Anhang zum Seefrachtrecht zu behandeln, oder ob sie, wie die Sonderbestimmungen über das Eigentum und das Pfandrecht an Schiffen, in die bezüglichen Abschnitte des B. G. B. einzureihen sein werden, diese Fragen können späterer Erwägung vorbehalten bleiben.

IV. Haftung des Verfrachters.

Die beschränkte Haftung des Reeders für Verschulden der Schiffsbesatzung ist eine der am meisten in die Augen fallenden, praktisch bedeutsamsten Abweichungen des Seerechts vom gemeinen Recht. Deshalb haben sich die neueren Bestrebungen zur Schaffung einheitlicher seerechtlicher Bestimmungen vorzugsweise dieser Frage zugewendet. Das Comité Maritime International hat, schon bevor sein Entwurf eines Kollisionsrechts im Jahre 1905 von einer diplomatischen Konferenz fast aller wichtigen Seestaaten mit einigen Änderungen angenommen war, diese mit der letzterwähnten eng zusammenhängende Frage in Angriff genommen und auf seiner Venediger Konferenz im September 1907 zwei Entwürfe über die Reederhaftung und über das Schiffspfandrecht angenommen und sie wiederum den Regierungen unterbreitet. Aber bei näherer Prüfung erhoben sich ernste Bedenken gegen diese Entwürfe; sie hatten die Gegensätze mehr überbrückt, als eine klare und befriedigende Lösung geschaffen. So stellten sich auch in der zu ihrer Beratung im Jahre 1909 in Brüssel zusammengetretenen diplomatischen Konferenz Schwierigkeiten heraus, welche die Konferenz veranlaßten, sich zu vertagen. Sie ist im September 1910 wieder zusammengetreten, scheint aber auch in dieser neuen Tagung die Frage ihrer Lösung nicht wesentlich näher gebracht zu haben.

Es kann davon abgesehen werden, hier auf die Venediger Beschlüsse näher einzugehen. Sie sind wiederholt besprochen worden, namentlich in einer freiwilligen Kommission Hamburger Juristen (s. Vortrag von Brandis, H. G. Z. 1909, Anl. Nr. 1) und in mehreren Artikeln von Boyens und Brodmann (Goldschmidts Zeitschr. f. d. gesamte Handelsr., Bd. 59, 64). Hier handelt es sich darum, zu prüfen, wie weit die den allgemeinen Rechtsgrundsätzen — wie von keiner Seite bestritten wird — widerstreitende beschränkte Haftung bei den heutigen Verhältnissen des Seeverkehrs begründet und berechtigt ist. Dabei ist zu unterscheiden zwischen der Haftung im Vertragsverhältnis und der Haftung für Schädigungen Dritter, die nicht in einem Vertragsverhältnis zum Verfrachter stehen.

A. Haftung im Vertragsverhältnis.

Nach deutschem Recht haftet der Reeder beschränkt für Forderungen 1) aus Verschulden der Schiffsbesatzung, 2) aus Verträgen, die der Kapitän auf Grund seiner gesetzlichen Befugnisse geschlossen hat, 3) aus Verträgen, die der Reeder geschlossen hat, deren Ausführung aber zu den Dienstobliegenheiten des Kapitäns gehört. Die Vorlage für die 1905 in Liverpool stattfindende Konferenz des Comité Maritime hatte die Nr. 3 gestrichen, die Konferenz strich, dem englischen Rechte folgend, auch die Nr. 2. In einem hierüber dem Deutschen Seerechtsverein erstatteten Gutachten vom September 1906 erklärte sich die Hamburger Handelskammer mit der Streichung der Nr. 3 ohne weiteres einverstanden, hinsichtlich der Streichung der Nr. 2 machte sie auf Unstimmigkeiten aufmerksam, die sich aus ihr und gewissen Bestimmungen des zweiten Entwurfs über das Schiffspfandrecht ergeben würden, schlug aber vor, die Unstimmigkeit durch Änderung des Entwurfs über das Schiffspfandrecht zu beheben. Die Venediger Beschlüsse hielten aber im wesentlichen an den bisherigen Entwürfen fest, indem sie die beschränkte Haftung für alle Handlungen und Unterlassungen der Schiffsbesatzung und für Forderungen aus vom Kapitän abgeschlossenen Verträgen — mit Ausnahme der Forderungen der Schiffsbesatzung und der Forderungen für Lieferung von Schiffsbedarf — empfahlen, trotzdem aber den Forderungen aus anderen Verträgen (insbesondere denen der Ladung aus Frachtverträgen) das Schiffsgläubigerrecht versagten. Den deutschen Anträgen, die es als unumgängliche Forderung der Gerechtigkeit bezeichnet hatten, daß denjenigen Forderungen, für die nur beschränkt gehaftet werde, ein Schiffsgläubigerrecht gewährt werden müsse, wurde nicht entsprochen.

In einer dem Seerechtsverein unterbreiteten Besprechung der Venediger Beschlüsse vom Dezember 1907 habe ich unter Hinweis darauf, daß die allgemeine Ansicht im Comité Maritime der Einräumung des Schiffsgläubigerrechts an Vertragsforderungen entschieden abgeneigt sei, durch nähere Prüfung der einzelnen in Frage kommenden

Verträge den Vorschlag der Hamburger Handelskammer befürwortet, für alle Vertragsforderungen unbeschränkte Haftung einzuführen. Denselben Standpunkt hat die erwähnte hamburgische Juristenkommission eingenommen, und ebenso Brodmann in der Zeitschr. f. d. ges. Handelsr., Bd. 64, S. 269 ff., dem sich auch Boyens, daselbst, S. 293 ff., trotz mancher Abweichungen in Einzelheiten im wesentlichen anschließt. In ähnlichem Sinne spricht Wüstendörfer (Studien, Abt. III u. IV S. 313), nachdem er dargelegt hat, wie in manchen Beziehungen die neue Verkehrsentwickelung sich dem System der beschränkten Reederhaftung entzieht, den Wunsch aus, man möge über dem Internationalisieren der Rechtsordnung deren Verjüngung nicht vergessen. — Brodmann führt aus, daß für die Anomalie der beschränkten Haftung im Vertragsverhältnis heute kein Bedürfnis mehr vorliege, denn die dem Reeder aus den Verträgen drohende Gefahr sei keine übermäßig große, auch komme dabei nicht eigenlich die Seegefahr in Betracht, endlich könne der Reeder sich durch eine Haftpflicht-Versicherung decken. Diesen Gründen ist hinzuzufügen, daß die Haftung des Verfrachters, auch wenn die Beschränkung auf Schiff und Fracht fortfällt, insofern eine beschränkte bleibt, als nach § 611—613 (Entwurf § 41) für Verlust und Beschädigung des Frachtgutes nur der direkte, nicht der volle Schaden zu ersetzen ist, und daß durch diese Beschränkung der besonderen Gefahr des Verfrachters genügend Rechnung getragen wird. Brodmann will daher die beschränkte Haftung nur bestehen lassen für Forderungen aus außerkontraktlichen Schädigungen (wozu auch die Forderungen für Beseitigung eines Wracks gehören), sowie für Forderungen aus großer Haverei und aus Bergung und Hülfsleistung. Die letzten beiden Forderungen, die eng zusammengehören (Bergung und Hülfeleistung werden, sofern nicht das Schiff in Ballast fährt oder nur Güter des Reeders an Bord hat, stets große Haverei sein) können hier ausscheiden. Denn bei ihnen liegt es in der Natur der Sache, daß die Forderung keine persönliche ist, sondern sich auf die zur Schiffsgemeinschaft gehörenden bezw. geretteten Werte beschränkt. Dies liegt hinsichtlich des Reeders nicht anders, als hinsichtlich des Ladungseigners; hier handelt es sich also nicht um eine Frage der besonderen Reederhaftung. — Brodmann legt, unter Zustimmung von Boyens, im Gegensatz zu den Venediger Beschlüssen, das Hauptgewicht darauf, daß den Gläubigern aus Frachtverträgen und aus Lieferungsgeschäften des Kapitäns (wozu auch Verträge über Schiffsreparatur, Schleppverträge und Annahme von Schiffsmannschaften und sonstigen Hülfskräften gehören) trotz der unbeschränkten Haftung ein dingliches Recht am Schiffe zustehen müsse. Dieser Forderung würde durch das im vorigen Abschnitte befürwortete zeitlich beschränkte Pfandrecht am Schiff entsprochen werden.

1. Nautisches Verschulden.

Ergibt sich aus dem Gesagten, daß auch bei uns Theorie und Praxis mehr und mehr der Ansicht zuneigen, daß hinsichtlich der Haftung des Reeders aus von ihm oder für ihn durch den Kapitän abgeschlossenen Verträgen, dem englischen Recht folgend, zu den allgemeinen Regeln des Frachtrechts, ja des Vertragsrechts überhaupt, zurückzukehren und der unbeschränkten persönlichen Haftung des Verfrachters nur die dingliche Haftung des Transportmittels hinzuzufügen sei, als Gegenstück zu der dinglichen Haftung des Frachtgutes für die Forderungen des Verfrachters, so muß doch von dieser Regel eine Ausnahme gemacht werden, nämlich hinsichtlich der durch nautisches Verschulden herbeigeführten Schädigungen. Aber auch hinsichtlich dieser Schädigungen der Vertragsparteien ist nicht an der beschränkten Haftung festzuhalten; das praktische Bedürfnis und die Rechtsentwickelung sind in immer ausgedehnterer und klarerer Weise dahin gelangt, das nautische Verschulden überhaupt als kein die Haftung begründendes Verschulden zu behandeln, oder sie sind vielmehr zu der ursprünglichen Auffassung zurückgekehrt, daß der Verfrachter nicht für die Gefahren der See haftet, auch wenn die Schädigungen durch die Elemente zurückzuführen sind auf Nachlässigkeit oder Verschulden.

Als die schärfere juristische Beurteilung, in Deutschland unterstützt durch das logisch vorzüglich durchgebildete Handelsgesetzbuch, immer mehr dahin gelangte, auf die causa remota des Schadens, das Verschulden, zu sehen, und als durch die Zunahme des Schiffsverkehrs und der Größe der Schiffe und ihrer Ladungen die Haftung für diese Schädigungen einen immer bedenklicheren Umfang erreichte, trat von der Mitte des 7. Jahrzehnts des vorigen Jahrhunderts die Gegenwirkung ein. Die Reedereien zeichneten sich, unter dem Vorgange der Dampfer-Linien, mehr und mehr von der Haftung für nautisches Verschulden frei; und wenngleich der deutsche Juristentag 1884 diese Befreiungsklauseln für unzulässig erklärte und diesen Standpunkt erst 1905 nach einem eingehenden Gutachten von Boyens (Drucksachen des 28. Juristentages), auf das hier wegen des Näheren Bezug genommen werden kann, aufgab, so erkannten doch auch die Handelsvertretungen bald die Berechtigung dieser Klauseln an. Auf dem Antwerpener Kongreß 1885 hatte ich namens der Hamburger Handelskammer diesen Standpunkt zu vertreten, auf ihm standen die von den Handelskammern und Reedervereinigungen von Hamburg und Bremen 1886 empfohlenen Konnossementsformulare, welche für die deutschen subventionierten Linien vorgeschrieben wurden, und in einem Zusatz zu den Hamburger Seeversicherungsbedingungen erkannten auch die Versicherer sie an.

Diesem Vorgehen der Privaten folgte die Gesetzgebung, zuerst der Vereinigten Staaten; die Harter Act 1905 erklärte den Reeder, wenn das Schiff zu Beginn der Reise seetüchtig, ordnungsmäßig ausgerüstet und bemannt war, von der Haftung für nautisches Verschulden frei. Der australische Commonwealth folgte 1904 mit der Sea-Carriage Act, nach der in jedem Konnossement, sofern nicht die gegenteilige Ansicht erkennbar ist, eine stillschweigende Klausel angenommen werden soll, nach der Reeder, Charterer und Kapitän von der Haftung für faults and errors in navigation befreit sein sollen, und in demselben Sinne sprach der § 130 des deutschen Gesetzes über den Versicherungsvertrag vom 30. Mai 1908 ebenso wie § 821, 4 des gleichzeitig abgeänderten H. G. B. aus, daß dem Versicherten ein Verschulden in der Führung des Schiffes nicht, wie jedes andere Verschulden, präjudizieren solle, es sei denn, daß eine bösliche Handlungsweise vorliege. In ähnlicher Weise hatte schon der § 4 des im Jahre 1895 erlassenen Binnenschiffahrts-Gesetzes bestimmt, daß der sein Schiff selbst führende Schiffseigner für einen durch nautisches Verschulden verursachten Schaden nur mit Schiff und Fracht haften solle, es sei denn, daß ihm eine bösliche Handlungsweise zur Last falle; und wenn 1895 diese Bestimmung vom Reichstage erst nach hartem Kampfe gegen den lebhaften Widerspruch der Regierungsvertreter durchgesetzt werden konnte, so hatte 1908 die Regierung die analoge Bestimmung selbst in ihren Entwurf aufgenommen.

Diese Vorgänge zeigen eine durch das praktische Bedürfnis getragene, Schritt vor Schritt die Bedenken der Theorie siegreich zurückdrängende Entwickelung, die aber unverkennbar ihren logischen Abschluß noch nicht gefunden hat. Dieser kann nur dahin gehen, daß gesetzlich anerkannt wird, daß das nautische Verschulden keine Haftung begründet, weder eine Haftung des Dienstherrn, noch eine Haftung des Handelnden (Unterlassenden) selbst, sofern ihm nicht eine bösliche Handlungsweise zur Last fällt. Denn es entspricht offenbar nicht der Billigkeit, daß die mächtigen Reedereien, die den Befrachtern ihre Bedingungen diktieren können, sich allgemein von dieser Haftung befreien — und eine Beschränkung dieser Befugnis wird heute von keiner Seite angeregt — daß aber die kleinen Reedereien, die sich von den Befrachtern die Bedingungen diktieren lassen müssen, oder die Reedereien, die bei der allgemein herrschenden Anschauung der Nichthaftung es versäumen, eine bezügliche Bedingung in den Vertrag aufzunehmen, die Haftung tragen müssen. So tritt denn auch Boyens in dem erwähnten Gutachten für die gesetzliche Nichthaftung des Reeders für nautisches Verschulden ein. Wenn Wüstendörfer (Studien, Teil II, Abschnitt III und IV), obgleich er Seite 539 „nautisch-technische Ereignisse und kommerzielle Geschehnisse die beiden magnetischen Pole“ nennt, „um die herum aus dem fließenden Chaos des heutigen Verkehrszustandes die Kristallbildung eines neuen Rechts sich vollziehen soll“, sich gegen eine derartige Gesetzesbestimmung wendet, weil sie doch nur — wie auch ich mit Boyens meine — dispositiven Charakter haben könne, und daher den schwachen Reeder gegen die Befrachter doch nicht schützen werde, so übersieht er, daß auch ein nur dispositives Recht für den dadurch Geschützten ein starkes Bollwerk ist, daß es leichter ist, den Besitzstand des geltenden Rechts zu verteidigen, als von diesem abweichende Bedingungen zu erkämpfen.

Nicht minder aber, als die gesetzliche Anerkennung der Nichthaftung des **Geschäftsherrn** für nautisches Verschulden des Angestellten, entspricht die gesetzliche Anerkennung der Nichthaftung des **Angestellten selbst** für solches Verschulden dem heutigen Rechtsbewußtsein. So stimmte 1903 der Bürgerschaftliche Ausschuß dem Entwurfe eines neuen hamburgischen Hafengesetzes, der vorschlug, den Hafenlotsen die Eigenschaft als Zwangslotsen zu nehmen, mit der Begründung zu, „es sei nicht billig, ihm die Verpflichtung aufzuerlegen, für Kollisionsschäden einzustehen“. Mit Recht bemerkt dazu Mittelstein (Denkschrift f. d. deutschen Juristentag 1907, S. 287), das sei praktisch, aber nicht juristisch richtig gedacht. Denn zweifellos kann nach jetzigem Recht der geschädigte Dritte oder der zur Ersatzleistung herangezogene Reeder den Kapitän oder Lotsen, der ein nautisches Verschulden begangen hat, haftbar machen. Es geschieht nicht, es gilt nicht für anständig. Aber das Damoklesschwert hängt über den Kapitänen und Schiffsoffizieren, und man braucht nur einigermaßen die Stimmen aus diesen Kreisen, z. B. in der Nautischen Zeitschrift „Hansa“, zu verfolgen, um zu sehen, wie sehr sie sich dieser Gefahr bewußt sind. Der Hamburger Nautische Verein und der Verein Deutscher Seeschiffer zu Hamburg haben sich hauptsächlich deswegen gegen die Befreiung des Reeders von der Haftung für Kollisionsschäden erklärt, weil sie fürchteten, daß dann der betreffende Kapitän oder Schiffsoffizier zur Haftung herangezogen werden würde. Für die fraglichen Kreise würde es eine außerordentliche Beruhigung sein, wenn die heutige Verkehrsanschauung, das allgemeine Rechtsgefühl, in dem Gesetz festgelegt würde. Und nicht nur aus diesem äußerlichen Grunde der Beruhigung der Beteiligten sollte das geschehen, sondern hauptsächlich aus dem tieferen Grunde, der Aufgabe des Rechts, des Gesetzes gerecht zu werden, die darin besteht, eine zutreffende Wiedergabe der allgemeinen Rechtsanschauung zu sein. Es spricht sich leicht aus: „Das ist praktisch, aber nicht juristisch richtig gedacht“. Wenn man sich aber diesen Satz etwas näher überlegt, so wird man gewahr, welchen schreienden inneren Widerspruch er enthält, welche Verurteilung, nicht der juristischen Denkweise, aber unseres heutigen Rechts, das sie zwingt, zu so unpraktischen Ergebnissen zu gelangen. Diese Erkenntnis ist auch in der Harter Act, der Australian Sea-Carriage Act und in den erwähnten deutschen Gesetzen, in diesen allerdings noch in nicht genügend klarer und präziser Weise, zum Ausdruck gekommen. Denn die Ersatzpflicht des Versicherers für den durch nautisches Verschulden des versicherten Reederschiffers herbeigeführten Schaden ist, ebenso wie die beschränkte Haftung des Reederschiffers für den durch sein nautisches Verschulden herbeigeführten Kollisionsschaden, nur aus dem Gesichtspunkte zu erklären, daß dieses Verschulden auch für den, der es begangen hat, keine Haftung begründet.

Selbstverständlich muß die Nichthaftung für eigenes nautisches Verschulden aber ihre Grenzen haben. Es ist das Verdienst der erwähnten deutschen Gesetze, daß sie dieses Erfordernis erkannt und ihm entsprochen haben. In dieser Beschränkung — mag man nun die Grenze bei der böslichen Handlungsweise oder, was wohl richtiger wäre, bei der groben Fahrlässigkeit ziehen — würde die Befreiung von der Haftung für eigenes nautisches Verschulden als ein ferneres Mittel zur Hebung der Sicherheit der Schiffahrt wirken. Denn während jetzt jede Haftbarmachung des schuldigen Angestellten wegen des zu weitgehenden Gesetzes, weil mit einem odium belastet, unterbleibt, würde dann die Haftung nach dem Gesetze, welches der Verkehrsauffassung entspricht, auch geltend gemacht werden, pflichtvergessene Schiffsführer würden mit Recht die Folgen ihrer Handlungsweise zu tragen haben.

Das nautische Verschulden sollte also im Vertragsverhältnis keine Haftung begründen, weder des Geschäftsherrn, noch des Angestellten. Was aber ist der

2. Begriff des nautischen Verschuldens?

Allgemeines Einverständnis herrscht darüber, daß unter das nautische Verschulden falsche Manöver der Schiffsleitung fallen, durch die ein Seeunfall herbeigeführt wird. Dies spricht am klarsten die Regel II der Hamburg-Bremer Konnossemente aus, nach der der Reeder nicht verantwortlich ist für Schäden und Verluste „durch Kollisionen, Strandung und alle anderen Schiffsunfälle, selbst wenn der dadurch entstandene Schaden und Verlust auf irgend eine rechtswidrige Handlung, einen Fehler, eine Nachlässigkeit oder einen Irrtum des Lotsen, des Schiffers oder anderer Angestellter des Reeders zurückzuführen ist.“ Diese Bestimmung läßt noch deutlich den oben gekennzeichneten Ursprung des Begriffs des nautischen Verschuldens erkennen; man wollte eigentlich nichts Neues einführen, sondern zu der alten Regel zurückkehren, daß der Reeder nicht für Seeunfälle, die Gefahren der See, haftet. Diese Regel war durch das immer schärfere, infolge der rechtlichen und tatsächlichen Entwicklung erleichterte Fahnden nach einem für den Unfall ursächlichen Verschulden in einer unerträglichen Weise eingeschränkt; und wenn auch einzelne Schriftsteller und Gerichte diesem zu weitgehenden Nachspüren nach einem Verschulden einen Damm entgegenzusetzen suchten, indem sie erklärten, daß die falsche Beurteilung der Sachlage im Augenblicke der Gefahr, der error of judgement, keine Haftung begründen könne, so hatten sie damit doch keinen Erfolg, weil die Grenze zwischen dem error of judgement und dem anrechenbaren Verschulden zu schwer zu ziehen war. So befreit denn auch die Harter Act den Reeder von der Haftung für alle faults and errors in navigation und ebenso die australische Sea Carriage of Goods Act. Die erwähnten deutschen Gesetze sprechen von „fehlerhafte Führung des Schiffes“, ein Ausdruck, der zum Teil eine zu weite Ausdehnung erfahren hat, worauf noch zurückzukommen ist.

Den Fehlern und Irrtümern in der Navigierung stellt die

Harter Act diejenigen im management, dem Betriebe des Schiffes gleich, während das australische Gesetz nur die Navigation nennt. Es ist nicht zu verkennen, daß Versehen dieser Art anderer Beurteilung unterliegen könnten, als jene ersten, daß sie den Versehen näher stehen, die auch in Landbetrieben vorkommen können, und für die in letzteren der Unternehmer haftet. Aber die besonderen Verhältnisse des Schiffahrtsbetriebes führen auch bei kleinen Versehen dieser Art leicht zu außerordentlich weittragenden Folgen: Man denke an den bekannten Fall, daß in einem an der Kaimauer liegenden Schiffe versehentlich die Fenster offen gelassen waren; in der Nacht neigte sich das bei Ebbe von der steilen Böschung herabgleitende Schiff etwas auf die Seite, das Wasser strömte in die Fenster ein, und ehe dies bemerkt wurde, lief das Schiff voll. Dieser schwerwiegenden Folgen wegen ist es ganz überwiegend, auch von den Handelsvertretungen, gerechtfertigt befunden worden, derartige Betriebsversehen denen bei der Navigierung gleichzustellen.

Aber zum management, zum Betriebe des Schiffes, gehört jede Tätigkeit zur Ausführung des Frachtvertrages, die sich auf das Schiff bezieht oder die sich an Bord abspielt, auch das Empfangen, Aufnehmen, Stauen, Ausladen und Abliefern der Ladung. Auch die „Führung des Schiffes" (B. Sch. G. § 4 Abs. 2) ist in diesem Sinne ausgelegt worden. Danach würde jedes Verschulden in diesen Beziehungen als nautisches Verschulden zu betrachten sein, für das weder der Verfrachter, noch der Angestellte haftet. Das ist aber nicht die Meinung; im Gegenteil sind die Bestrebungen zur Schaffung einheitlicher Konnossemente, die vor fast 50 Jahren einsetzten und noch nicht zum Abschluß gelangt sind, dahin gerichtet gewesen, diese Tätigkeiten zu scheiden in nautische und administrative, und für erstere die Haftung zu beseitigen, für letztere aber sie unbedingt festzuhalten. Nur ist es noch nicht gelungen, eine scharfe Grenzlinie zu ziehen.

Einverständnis herrscht zunächst darüber, daß die eben erwähnten Tätigkeiten, die sich ausschließlich auf die Ladung beziehen, zu den administrativen zu rechnen sind, bei denen der Verfrachter nach den allgemeinen Rechtsregeln für das Verschulden seiner Angestellten zu haften hat. Hier kommen, wie namentlich Brodmann in dem erwähnten Artikel in Goldschmidts Zeitschrift ausführt, die besonderen Gefahren des Seeverkehrs kaum zur Geltung, der Schaden hält sich in Grenzen, wie es auch in anderen Betrieben der Fall ist; außerdem werden diese Tätigkeiten vielfach nicht von der Schiffsbesatzung, sondern von anderen Angestellten des Verfrachters, für die die allgemeinen Haftungsregeln gelten, ausgeführt, so daß es schon aus diesem Grunde unzweckmäßig wäre, in diesen Beziehungen eine Ausnahme zu machen.

Neben diesen Tätigkeiten aber soll eine zweite Kategorie von Tätigkeiten zu den administrativen gerechnet werden, nämlich diejenigen, die sich auf die Seetüchtigkeit des Schiffes beziehen, und hierbei entstehen die Schwierigkeiten.

3. Was ist Seetüchtigkeit?

Man sollte meinen, daß darüber kaum eine Meinungsverschiedenheit bestehen kann: Seetüchtigkeit ist der Zustand des Schiffes, der es tüchtig macht, die Gefahren der See zu bestehen. Trotzdem aber bestehen über den Begriff der Seetüchtigkeit und die Folgen der Seeuntüchtigkeit mancherlei Unklarheiten, die auch die Theorie nicht beseitigt hat und die in der Praxis zu vielen Zweifeln führen.

H. G. B. beschäftigt sich mit der Seetüchtigkeit an zwei Stellen, einmal beim Schiffer (§§ 513, 514) und sodann beim Frachtvertrage (§ 559). Nach § 513 hat der Schiffer beim Antritt der Reise dafür zu sorgen, daß das Schiff in seetüchtigem Stande, gehörig eingerichtet, ausgerüstet, bemannt und verproviantiert ist, und daß die zum Ausweise für Schiff, Besatzung und Ladung erforderlichen Papiere an Bord sind. Nach § 514 hat er zu sorgen für die Tüchtigkeit der Gerätschaften zum Laden und Löschen, sowie für die gehörige Stauung und dafür, daß das Schiff nicht überladen, mit gehörigem Ballast und mit der erforderlichen Garnierung versehen ist. Hier sind in buntem Gemisch Dinge genannt, die zur Seetüchtigkeit gehören, und die nicht dazu gehören. Dazu gehören: der seetüchtige Zustand, die gehörige Beladung (nicht überladen, nicht zu wenig beladen) und die gehörige Bemannung, Ausrüstung und Verproviantierung; denn auch sie sind erforderlich, damit das Schiff seine Reise sicher ausführen kann. Einrichtung und Stauung gehören nur soweit dazu, als sie die Sicherheit des Schiffes betreffen, die Papiere nur soweit Beschlagnahme im Kriege in Frage kommt; Garnier und Lösch- und Ladegerätschaften berühren die Seetüchtigkeit gar nicht. Für Verschulden des Kapitäns in diesen Beziehungen haftet nach den allgemeinen seerechtlichen Regeln dieser selbst und außerdem der Reeder mit Schiff und

Fracht. Der Kapitän soll für alle diese Dinge, wenigstens für die in § 513 genannten, „vor Antritt der Reise“ sorgen. Aber welche Reise ist gemeint? Doch nicht nur diejenige des § 757, „zu der das Schiff von neuem ausgerüstet oder die auf Grund eines neuen Frachtvertrages oder nach vollständiger Löschung der Ladung angetreten wird.“ Bei den Verhandlungen über die Venediger Beschlüsse ist wiederholt darauf hingewiesen, daß dieser und jeder andere Reisebegriff bei den heutigen Rundreisen der Liniendampfer völlig verschwimmt. Auch das Erreichen und Verlassen des Heimatshafens ist kein sicheres Kriterium dafür. Auch wenn man unter Antritt der Reise jedes Verlassen eines Hafens verstehen will, so genügt das nicht. Auch während des Liegens im Hafen muß die Sorgfalt für diese Dinge geübt werden — vor nicht langer Zeit ist ein durch Außerachtlassen dieser Sorgfalt Geschädigter wegen dieser zu engen Fassung des Gesetzes mit seinem Anspruch abgewiesen worden —; der Kapitän muß aber auch während der Reise diese Sorgfalt üben, eingetretene Mängel in der Seetüchtigkeit nach Möglichkeit abstellen. Das ergibt sich aus seinen allgemeinen Dienstobliegenheiten.

Nach § 559 hat der Verfrachter bei jedem Frachtvertrage das Schiff in seetüchtigem Zustande zu liefern. Dies kann sich nur auf den Zustand des Schiffes im Zeitpunkte der Lieferung beziehen. Bei Verfrachtung des Schiffes im Ganzen kann in diesem Zeitpunkte von gehöriger Beladung, Ausweispapieren über die Ladung, vielfach auch von gehöriger Bemannung, Ausrüstung und Verproviantierung, weil sie erst während der Beladung besorgt werden, nicht die Rede sein. Bei Stückgüterverfrachtung haftet der Verfrachter jedem Absender für den seetüchtigen Zustand zur Zeit seiner Abladung. — Dieser Begriff der Seetüchtigkeit ist also wesentlich verschieden von dem der §§ 513, 514.

Hinsichtlich der Haftung des Reeders für die Seetüchtigkeit im Sinne des § 559 bestehen nach der herrschenden Ansicht zwei Besonderheiten, die aber gelegentlich auch auf die Seetüchtigkeit in jenem anderen Sinne angewendet worden sind: der Reeder haftet persönlich, und er haftet nicht nach §§ 611—613 nur für den direkten Schaden, sondern auch für den indirekten (Schaps zu § 559 Anm. 3a). Das Letztere hat man aus der Fassung „er haftet für jeden Schaden“ gefolgert. Aber die Auslegung von „jeden Schaden“ im Sinne von „den vollen Schaden“ ist an sich gewagt. Ihr widerstreitet die Bezugnahme im früheren Art. 607

Abs. 2 auf Art. 560, nach der ein Mangel, der aller Sorgfalt ungeachtet nicht zu entdecken war, der höheren Gewalt gleichgeachtet wird; daraus ergibt sich, daß ein zu entdeckender Schaden nach Art. 607 Abs. 1 behandelt werden soll, und hierin ist durch die neue Fassung der §§ 559 u. 606 nichts geändert worden. Jedenfalls würde ein innerer Grund für diese Besonderheit fehlen. Ob man allgemein den Verfrachter für Verluste oder Beschädigung des Gutes bei eigenem Verschulden auf das volle Interesse haften lassen will — in §§ 611—613 geschieht es nicht, das allgemeine Frachtrecht § 430 Abs. 3 läßt bei grobem Verschulden des Verfrachters oder seiner Leute die Haftung auf den vollen Schaden eintreten —, das ist später zu Entwurf § 41 zu erörtern. Eine verschiedene Haftung für Schäden, die durch Seeuntüchtigkeit, und solche, die durch andere Ursachen entstanden sind, ist jedenfalls nicht gerechtfertigt.

Die zweite Besonderheit, die persönliche Haftung des Reeders hat man daraus abgeleitet, daß der Reeder ein seetüchtiges Schiff zu liefern hat; jeder Mangel hinsichtlich der Seetüchtigkeit sei als ein eigenes Verschulden des Reeders anzusehen. Diese Auffassung mochte gerechtfertigt sein gegenüber der früheren Fassung des Art. 560, nach der die Haftung nur ausgeschlossen war, wenn der Mangel aller Sorgfalt ungeachtet nicht zu entdecken war. Unter der Herrschaft dieser Fassung hat B. Sch. G. (merkwürdiger Weise im § 8, der von den Dienstobliegenheiten des Schiffers handelt) die persönliche Haftung des Schiffseigners für Fahrlässigkeit der Schiffer ausgesprochen. Der neuen Fassung des § 559 gegenüber, nach der auch in dieser Beziehung nur die Sorgfalt eines ordentlichen Verfrachters gefordert wird, ist aber diese Auffassung nicht haltbar. Zwar haben Theorie und Gerichtspraxis die Bedeutung dieser Änderung gelegentlich abzuschwächen gesucht. So sagt Schaps zu § 559 Anm. 4, nicht nur für Verschulden, sondern unter allen Umständen hafte der Verfrachter, sofern er nicht durch einen qualifizierten Exkulpationsbeweis dartue, nicht allein, daß der Mangel nicht entdeckt worden ist, sondern daß er nicht zu entdecken war. Allerdings hafte er für die hinzugezogenen Sachverständigen nur bei culpa in eligendo. Man wird nicht sagen können, daß hierdurch die Sache geklärt ist. Verschulden und Außerachtlassung der gehörigen Sorgfalt ist doch dasselbe, und ein Mangel, der bei Anwendung dieser Sorgfalt nicht entdeckt worden ist, war eben nicht zu entdecken. Die Besonderheit der Haftung für Seetüchtigkeit liegt lediglich auf tatsächlichem Gebiete. Wegen der hervorragenden Wichtigkeit dieses Umstandes ist ein erhöhter Grad von Sorgfalt erforderlich. Der Reeder darf sich im allgemeinen nicht dabei begnügen, dem Kapitän die Untersuchung des Schiffes zu überlassen, er muß besondere Sachverständige hinzuziehen. Begehen diese Sachverständigen eine Nachlässigkeit, so haftet der Verfrachter — darin wird Wüstendörfer, Seite 481 zuzustimmen sein — nicht nur für culpa in eligendo, sondern nach den allgemeinen Regeln über die Haftung des Geschäftsherrn für Verschulden seiner Erfüllungsgehülfen bei Ausführung seiner vertraglichen Verpflichtungen, d. h. persönlich. Nur, wenn er dem Kapitän oder einer anderen Person der Schiffsbesatzung die Fürsorge für die Seetüchtigkeit überlassen durfte, haftet er nach § 485 beschränkt. Ein eigentümlicher Sachverhalt! Das Letztere ändert sich nach dem Vorschlage; da ist zu untersuchen, ob das Verschulden des Kapitäns ein nautisches ist, dann ist der Verfrachter frei, oder ein administratives, dann haftet der Verfrachter persönlich. Bevor auf diese Frage eingegangen wird, ist noch ein Blick auf die Behandlung der Seeuntüchtigkeit in der Seeversicherung zu werfen.

H. G. B. 821, 1, der von der Seeuntüchtigkeit handelt, knüpft nicht an § 559 an, wie man erwarten sollte, da doch der Verfrachter (Reeder) der Versicherte ist, sondern an § 513, der die Verpflichtungen des Schiffers aufzählt, obgleich nach § 820 der Versicherer „insbesondere“ trägt: „6) die Gefahr der Unredlichkeit oder des Verschuldens einer Person der Schiffsbesatzung“. Er bestimmt, daß der Versicherer von Schiff und Fracht nicht haftet für den Schaden, der daraus entsteht, daß das Schiff in einem nicht seetüchtigen Zustand oder nicht gehörig ausgerüstet oder bemannt oder ohne die erforderlichen Papiere in See gesandt ist. Hier ist das „vor Antritt der Reise“ des § 513 genauer bestimmt durch das „Inseesenden“. Daraus ergibt sich die schon oben erwähnte Lücke hinsichtlich der Schäden, die im Hafen infolge eines mangelhaften Zustandes des Schiffes entstehen. Der im Jahre 1910 von einer Kommission von Seeversicherern herausgegebene Entwurf „Allgemeiner deutscher Seeversicherungsbedingungen“ füllt diese Lücke im § 61 durch einen besonderen Satz aus. Im übrigen hält der Entwurf, der — wohl etwas gewagt — die nicht gehörige Ausrüstung und Bemannung, und selbst das Fehlen der Ausweispapiere nur als Beispiele der Seeuntüchtigkeit behandelt, an der Bestimmung fest, daß kein Schaden, der durch eine nicht während der Reise entstandene Seeuntüchtigkeit verursacht ist, dem Versicherer zur Last fällt, auch wenn der Mangel bei Anwendung der Sorgfalt eines ordentlichen Verfrachters oder überhaupt nicht zu entdecken war. Diese Bestimmung, die allerdings auch im englischen Versicherungsrecht enthalten ist und sogar in noch schrofferer Weise, insofern auch der Güterversicherer nicht für einen durch Seeuntüchtigkeit des Schiffes verursachten Schaden haftet, die dort aber durch Polizenklauseln regelmäßig aufgehoben zu werden pflegt, widerstreitet der wirtschaftlichen Aufgabe der Versicherung und nimmt der Kasko- und Frachtversicherung einen großen Teil ihrer Bedeutung. Was nützt die Kaskoversicherung dem Reeder, der alles tut, um sein Schiff tadellos in Stand zu halten, wenn infolge eines inneren, auch bei der Herstellung nicht zu bemerkenden Fehlers der Schaft bricht, das manövrierunfähige Schiff zu Grunde geht, und dann der Versicherer ihm doch den Ersatz versagt? Für solche unvorherzusehenden und unvermeidlichen, aber unter Umständen schwerwiegenden Unfälle Schutz zu bieten, ist die Aufgabe und der Zweck der Versicherung.

Ich habe in meinen als Manuskript gedruckten „Bemerkungen" zu dem Entwurf, in dem Bestreben, für die Versicherer einen Ausgleich zu finden für das Fallenlassen dieser meines Erachtens unerträglichen Bestimmung, vorgeschlagen, ein Verschulden der Schiffsbesatzung hinsichtlich der Seetüchtigkeit auch während der Reise als administratives Verschulden zu betrachten, so daß beispielsweise in dem H. G. Z. 1908 Nr. 130, 1910 Nr. 16 berichteten Falle, in dem ein Kahnschiffer die Ladung aus der Mitte des Kahns entlöscht hatte, und dieser, da die Umstauung der Restladung unterlassen war, durchbrach, der Versicherer von der Ersatzleistung befreit sein würde. Zu diesem Vorschlage war ich gekommen durch die schon oben erwähnte Erwägung, daß auch während der Reise es die Pflicht des Schiffers ist, für die Seetüchtigkeit soweit möglich zu sorgen, und daß nach Regel I der Hamburg-Bremer Konnossemente der Reeder für die Seetüchtigkeit unbedingt haftet. Ich habe mich aber überzeugt, daß dieser Vorschlag unhaltbar ist. Mit ihm würde der ganze Begriff des nautischen Verschuldens durchbrochen werden. Durchaus zutreffend sagt das R. G. in dem erwähnten Falle:

„Was der Schiffer bei oder während der Fahrt zu deren Beendigung an nautischen Maßregeln zu beschließen und selbst oder durch andere Schiffsangestellte auszuführen hat, gehört zu den Pflichten des nautischen Leiters. Dagegen wird zu den Administrationshandlungen alles gerechnet, was außer der eigentlichen Fahrt für den Zweck der Transportunternehmung zu leisten ist. Hierzu gehört der Regel nach auch die Ausrüstung des Schiffes und die Verstauung der Ladung im Abgangshafen. Demnach würde es rechtsirrtümlich sein, wenn das O. L. G. der Meinung gewesen sein sollte, alles was die Verstauung der Ladung angehe, falle in den Bereich der nautischen Leitung. Insbesondere wäre es verfehlt, alle Obliegenheiten des Schiffers, die § 8 B. Sch. G. aufzählt, ohne Weiteres diesem Gebiete zuzuschreiben."

Auch diese Definition scheint noch nicht ganz befriedigend. Abgesehen davon, daß es sich zu größerer Klarheit empfiehlt, strenge zu scheiden zwischen der „Beladung", bei der es sich um die Sicherheit des Schiffes, und der „Stauung", bei der es sich um die Sicherheit der Ladung handelt, sind die Worte „bei und während der Fahrt" nicht scharf genug. Auch nautische Maßregeln während des Liegens im Hafen gehören in den Bereich der nautischen Tätigkeit. Aber die Gegenüberstellung des Bereiches der nautischen und der administrativen Tätigkeit läßt klar erkennen, was gemeint ist, und ich glaube das dahin präzisieren zu können:

A. Als nautische Tätigkeit gilt alles, was zur Führung und zum technischen Betriebe des Schiffes gehört, soweit es nicht unter B genannt ist.

B. Als administrative Tätigkeit gilt,

1. alles, was zur Tauglichmachung des Schiffes für die Ausführung des Frachtvertrages gehört, insbesondere auch seine gehörige Ausrüstung, Einrichtung, Bemannung, sichere Beladung, die Beschaffung der erforderlichen Ausweispapiere;
2. alles, was zur Fürsorge für die Ladung gehört, insbesondere ihre gehörige Empfangnahme, Stauung, Verwahrung und Ablieferung.

Mit dieser Gegenüberstellung und mit dem Grundsatze, daß

für nautisches Verschulden eine Haftung (außer bei grober Fahrlässigkeit des Schuldigen selbst) nicht stattfindet, während hinsichtlich der administrativen Tätigkeit der Verfrachter für die Außerachtlassung der Sorgfalt eines ordentlichen Verfrachters nach den Regeln des allgemeinen Rechts haftet — also für ein Verschulden seiner Angestellten ebenso, wie für sein eigenes Verschulden —, lösen sich die verworrenen bisherigen Begriffe und Verhältnisse zu erfreulicher Klarheit und Einfachheit auf. Es schwindet der Unterschied zwischen absoluter und relativer Seetüchtigkeit, zwischen den Dingen, die erforderlich sind, damit das Schiff den Gefahren der See gewachsen ist, und denen, die nur zur Erhaltung der Ladung erforderlich sind, wie Kühlvorrichtungen für frisches Fleisch. Es erledigt sich die Frage, zu welchem Zeitpunkt das Schiff seetüchtig sein muß, bei seiner Lieferung, oder beim Inseesenden, oder beim Antritt der Reise, oder auch in Zwischenhäfen. Ebenso erledigt sich die Frage, ob der Verfrachter, der die Sorge für die Seetüchtigkeit ja in der Regel nicht selbst ausüben kann, sie dem Kapitän überlassen darf, oder einem technischen Inspektor oder einem Klassifikations-Institut; ob der Mangel nicht entdeckt worden ist, oder nicht zu entdecken war. Es fragt sich lediglich, ob die Sorgfalt eines ordentlichen Frachtführers angewendet worden ist, in welcher Beziehung hinsichtlich der Tauglichkeit des Schiffes gegenüber den Gefahren der See der Natur der Sache nach gesteigerte Anforderungen zu stellen sind. Ist die Frage zu verneinen, so haftet der Verfrachter für den dadurch entstandenen Schaden den Ladungsbeteiligten ebenso, wie für Verlust oder Beschädigung des Gutes, die aus anderen Ursachen entstanden sind. Der ganze Begriff der Seetüchtigkeit wird entbehrlich.

Und wie es im Frachtrecht ist, so ist es auch im Transportversicherungsrecht. Der Versicherer leistet keinen Ersatz für den Schaden, der durch Außerachtlassung der gehörigen Sorgfalt in administrativen Dingen seitens des Versicherten oder seiner Angestellten entstanden ist. Der Kaskoversicherer leistet keinen Ersatz für Seeschaden des Schiffes, der durch dessen ungenügende Tauglichmachung für die Reise entstanden ist, oder wenn das Schiff vom Feinde genommen wird, weil es nicht die nötigen Ausweispapiere hatte. Der Frachtversicherer nicht, wenn die Fracht verloren geht, weil die Ladung infolge der Undichtigkeit des Schiffes geschmolzen ist, auch wenn die Undichtigkeit den Untergang des Schiffes nicht zur Folge haben konnte.

Aber dies immer unter der Voraussetzung, daß die gehörige Sorgfalt des versicherten Schiffseigentümers oder Verfrachters von diesem oder seinen Leuten verletzt ist. Das Transportversicherungsrecht und das Frachtrecht müssen in diesem wichtigen Grundsatze übereinstimmen; wollte man eine Nichtübereinstimmung zulassen, so wäre es noch eher gerechtfertigt, daß die Haftung des Versicherers über die des Verfrachters hinausgeht, als umgekehrt. Der Versicherte will — und muß nach dem Zwecke der Versicherung — gedeckt sein gegen den Schaden, der ihn ohne sein Verschulden trifft; seinem Verschulden steht, wie stets im Vertragsverhältnis, so auch seinem Versicherer gegenüber das Verschulden seiner Angestellten gleich. Hat ein anderer den Schaden in einer die Haftung begründenden Weise verschuldet, so kann der Versicherer sich an ihm erholen. Damit dieser Kreis in richtiger Weise schließt, müssen die Bestimmungen des Versicherungsrechts und des Frachtrechts hinsichtlich der Haftung übereinstimmen. Bei der Güterversicherung scheidet diese Frage aus. Der Versicherer haftet für den Zustand des Gutes bei Beginn der Versicherung, bei Übergabe des Gutes an den Verfrachter. Dann befassen sich mit dem Gute nur noch die Leute des Verfrachters, und für Schädigungen durch Dritte muß der Versicherer dem Versicherten aufkommen. Nicht anders liegt es, wenn der Güterversicherte zugleich Verfrachter ist. Wegen eines durch administratives Verschulden des Frachtführers verursachten Schadens würde der Versicherer dem Ladungseigner Ersatz leisten und sich an dem Verfrachter erholen. Hier heben sich die beiden Ansprüche auf. Damit löst sich auch in befriedigender Weise die Frage, wie weit der Versicherungsnehmer für das Verschulden seiner Leute dem Versicherer haftet. Die Begründung zu § 36 des Entwurfs Allgemeiner deutscher Seeversicherungs-Bedingungen will die Entscheidung der Frage der Rechtslehre und Rechtsprechung überlassen. Ich habe in meinen „Bemerkungen" zum Entwurf empfohlen, die Entscheidung dahin zu treffen, daß der Versicherte für Verschulden seiner Angestellten bei der Erfüllung rechtsgeschäftlicher Verpflichtungen haftet, nicht aber für Verschulden bei tatsächlicher Herbeiführung des Schadens, nach dem englischen Grundsatze: causa proxima non remota spectatur. Aber diese Lösung scheint nicht völlig befriedigend; dieser englische Grundsatz führt in seiner Anwendung zu manchen Zweifeln. Zu klareren und angemesseneren Ergebnissen führt die Anwendung des allgemeinen Grundsatzes, daß der

Geschäftsherr im Vertrage stets für das Verschulden seiner Angestellten wie für sein eigenes haftet, daß aber das nautische Verschulden hinsichtlich der Haftung nicht als Verschulden gilt. Das dort erwähnte Beispiel, daß eine angebundene Schute voll Wasser läuft, weil die Vertäuung bei auflaufender Flut nicht nachgab und nicht geändert wurde, zeigt den Unterschied. Damals habe ich gesagt, der Versicherer sei ersatzpflichtig, einerlei ob der Schutenführer die Sache nicht verstand, oder nicht aufgepaßt, oder die Schute verlassen hat; einerlei auch, ob das Verlassen der Schute vom Geschäftsherrn stillschweigend oder ausdrücklich genehmigt, oder gar angeordnet war. Nach Vorstehendem würde der Versicherer auch haften, weil der Schaden durch nautisches Verschulden herbeigeführt ist; er würde auch dann haften, wenn der Verfrachter dem Frachtführer gesagt hat, er könne die Schute verlassen, vorausgesetzt, daß er annehmen durfte, der Schutenführer würde die Vertäuung den bekannten Verhältnissen entsprechend vornehmen. Der Versicherer würde aber nicht haften, wenn der Versicherte die Sorgfalt eines ordentlichen Verfrachters verabsäumt hätte, wenn beispielsweise der Schutenführer ein eben erst vom Inlande hergekommener Mann war, von dem der Geschäftsherr sich sagen mußte, daß er die Wirkungen des wechselnden Wasserstandes nicht kennen, oder die Vertäuung nicht dementsprechend zu bewirken wissen werde. Ich meine, diese sich aus den allgemeinen Rechtsregeln ergebende Lösung ist die befriedigendere.

Die Scheidung zwischen nautischem und administrativem Verschulden, die Nichthaftung für ersteres, die gewöhnliche Haftung für letzteres, macht sowohl für das Frachtrecht als auch für die Transportversicherung Sonderbestimmungen über die Seeuntüchtigkeit, und damit den unbestrittenen Begriff der Seeuntüchtigkeit, entbehrlich. Sie hat denselben Vorteil hinsichtlich des nicht minder umstrittenen, trotz verschiedener eingehender Erkenntnisse immer noch unklaren Begriffs der Barattorie. Hat der Kapitän Schiff und Ladung veruntreut, indem er nach einem anderen, als dem ihm aufgetragenen Platze versegelt und Schiff und Ladung verkauft oder sie in die Gewalt von Feinden oder Seeräubern bringt, so liegt ein Verschulden hinsichtlich der Führung des Schiffes, ein nautisches Verschulden vor, grade so gut als wenn er das Schiff absichtlich auf einen Felsen setzt. Veruntreut der Kapitän aber nur die Ladung, so liegt ein Verschulden hinsichtlich der gehörigen Ablieferung, ein administratives Verschulden, vor, für das der Verfrachter haftet.

Bei der Wichtigkeit der Scheidung zwischen nautischem und administrativem Verschulden und der Begriffsbestimmung beider für meine Auffassung scheint es angezeigt, die drei wichtigsten Vorschriften, die bisher hierüber getroffen sind, die Hamburg-Bremer Konnossemente, die Harter Act und die australische Sea Carriage of Goods Act (abgedruckt bei Wüstendörfer, Teil II Abschnitt III und IV Anlagen) auf diesen Punkt einer näheren Prüfung zu unterziehen.

Die Hamburg-Bremer Konnossemente bestimmen in Regel I, die für die Bedeutung der anderen Regeln maßgebend ist, zunächst, daß der Reeder verantwortlich ist dafür, daß das Schiff gehörig eingerichtet, ausgerüstet, bemannt, verproviantiert, sowie in seetüchtigen Zustand gesetzt und fähig gemacht ist, die beabsichtigte Reise zu vollführen. — Mit dem „gemacht ist" ist, der obigen Definition entsprechend, der Unterschied zwischen Vorbereitung und Ausführung der Reise angedeutet: Es fehlt, was besser hinzugefügt wird, die sichere Beladung und die Beschaffung der erforderlichen Papiere. Der zweite Teil der Regel entspricht der Nummer 2 der Definition.

Regel II zählt zunächst Fälle der höheren Gewalt auf. Das ist überflüssig und erschwert die Übersicht.

Sodann befreit sie den Reeder von der Haftung für Schäden „durch Kollisionen, Strandung und alle anderen Schiffsunfälle", selbst wenn der dadurch verursachte Schaden durch „irgend ein" Verschulden der Schiffsbesatzung herbeigeführt ist. Hier sind nach Regel I die Schiffsunfälle auszunehmen, die durch administratives Verschulden betreffs der Seetüchtigkeit verursacht sind.

Ferner sind ausgenommen: Schäden durch „Explosion . . . oder irgend einen verborgenen Fehler am Schiff oder der Maschine (vorausgesetzt, daß nicht Seeuntüchtigkeit oder Mangel an gehöriger Sorgfalt des Reeders oder Korrespondentreeders die Ursache ist)." Die Fassung ist unglücklich. Die Klammer ist überflüssig, weil schon durch „verborgenen" gedeckt, außerdem durch Regel I; „des Reeders oder Korrespondentreeders" ist zu eng. Hinsichtlich der administrativen Tätigkeit kommt auch die Sorgfalt der Angestellten in Betracht. Dieser und der vorige Absatz werden durch die Definition des nautischen Verschuldens gedeckt.

Endlich sind ausgenommen unter eingehender Spezialisierung Schäden, die durch die natürliche Beschaffenheit, „äußerlich erkennbare" Mängel der Verpackung oder mangelhafte Bezeichnung der Güter entstanden sind. Dies gilt selbstverständlich nur, soweit kein Verschulden (Regel I Satz 2) in Frage kommt, und entspricht den allgemeinen Grundsätzen.

Die anderen Regeln kommen für die vorliegende Frage nicht in Betracht.

Die Harter Act verbietet in ihrer umständlichen Ausdrucksweise in Sect. I dem manager, agent, master or owner Befreiungsklauseln zu vereinbaren, durch die sie shall be relieved von der Haftung für Verschulden in proper loading, stowage, custody, care or proper delivery. Solche Klauseln sind nichtig.

Sect. 2 erklärt es für ungesetzlich for any vessel . . ., her owner, master, agent or manager, irgend eine Klausel aufzunehmen, whereby the obligations of the owner or owners to exercise due diligence, properly equip, man, provision and outfit said vessel and to make it seaworthy and capable of performing her intended voyage — or whereby the obligations of the master, officers, agents or servants to carefully handle and stow her cargo and to care for and properly deliver same, shall in any way be lessened, weakened or avoided. — Der erste Teil entspricht dem ersten Teil der Regel I der Hamb. Br. Konoss. Auffallend ist, daß hier, im Gegensatz zum zweiten Teil, die Verpflichtung nur ausgesprochen ist für owner or owners; für diese Verpflichtungen scheint demnach die, praktisch unwesentliche, persönliche Haftung der Angestellten nicht gelten zu sollen. Der zweite Teil deckt sich mit sect. 1. Bei den Abweichungen in der Fassung ist eine Abweichung hinsichtlich des Sinnes nicht erkennbar.

Nach sect. 3 soll, if the owner shall exercise due diligence to make the vessel in all respects seaworthy and properly manned . . . ., neither the vessel, her owner or owners, agent or charterers become or be held responsible for damage or loss resulting from faults or errors in navigation or in the management of the vessel — nor shall the vessel, her owner or owners, charterers, agent or master be held liable für Schäden durch höhere Gewalt, die natürliche Beschaffenheit, mangelhafte Verpackung des Gutes, Unterlassungen der Ladungsbeteiligten, oder für Schaden from saving or attempting to save life or property, or from any deviation in rendering such services. Nach den Eingangsworten scheint diese sect. hinsichtlich der Seetüchtigkeit nur due diligence zu verlangen. Nach einer Entscheidung des Supreme Court ist das aber nicht der Fall. Nur die vertragsmäßige Beschränkung der absoluten

Haftung des englisch-amerikanischen Rechts für Seetüchtigkeit auf die Haftung für due diligence ist gestattet. Nicht richtig ist es aber, wenn Mittelstein in dem später zu erörternden Bericht an den deutschen Juristentag von 1907 S. 313 hieraus folgert, daß die Harter Act nicht als Vorgang für die gesetzliche Befreiung von der Haftung für nautisches Verschulden angeführt werden könne. Ist das Schiff absolut seetüchtig, oder hat der Reeder bei bezüglicher Klausel due diligence für die Seetüchtigkeit angewandt, so haftet er kraft Gesetzes nicht für Schaden, der durch nautisches Verschulden verursacht ist.

Beachtenswert ist, daß es nicht heißt shall have exercised, sondern shall exercise. Mann könnte daraus schließen, daß die dem Reeder obliegende Sorgfalt, hinsichtlich deren er vom Kapitän vertreten wird, nicht nur bei Vorbereitung der Reise, sondern während der ganzen Reise zu beobachten ist, im Sinne meines früheren, als unhaltbar erkannten Vorschlages. Dem steht aber entgegen, daß hier nur der owner genannt ist, während durchgängig mit großer Sorgfalt und Umständlichkeit alle möglicher Weise in Betracht kommenden Vertreter desselben aufgeführt sind.

In dieser Beziehung ist auch zu beachten, daß, ebenso wie im ersten Teil der sect. 2, hinsichtlich der Nichthaftung für faults or errors in navigation or in the management of the vessel nur the vessel, her owner or owners, agent or charterers genannt sind, nicht der master. Dagegen ist er genannt bei folgenden Umständen, die keiner näheren Erörterung bedürfen. Rettungsmaßnahmen sind Handlungen in navigation or in the management of the vessel, bedürfen daher keiner Erwähnung.

sect. 4 verpflichtet den owner, master or agent, Verschiffungspapiere auszustellen. Hierauf wird später (zu § 38 des Entwurfs) zurückzukommen sein.

Die Sea Carriage of Goods Act 1904 bezieht sich nach sect. 4 nur auf die von Australien ausgehenden Schiffe.

In sect. 5 erklärt sie alle Klauseln für nichtig, durch die

a. the owner, charterer, master or agent von der Haftung befreit werden für den Schaden an Gütern, arising from the harmful or improper condition of the ships hold, or any other part of the ship in which goods are carried, or arising from negligence, fault or failure in the proper loading, stowage, custody, care or delivery of the goods. Hier ist nur von der Beschaffenheit des Schiffes in Rücksicht auf die Ladung die Rede; für diese gute Beschaffenheit haftet aber der Verfrachter absolut, nicht nur für due diligence. Ob dies beabsichtigt ist, vermag ich nicht zu sagen. Die Bezugnahme auf die Harter Act im Gesetz (cf. U. S. 1893 H 105 ss. 1 u. 2) könnte für das Gegenteil sprechen.

b. Durch die any obligations of the owner or charterer to exercise due diligence, and to properly man, equip and supply the ship, to make and keep the ship seaworthy, and to make and keep the ships hold, refrigerating and cool chambers and all other parts of the ship in which goods are carried, fit and safe for their reception, carriage and preservation are in any way lessened, weakened or avoided.

Die genaue Bedeutung dieser Bestimmung ist für Jemanden, der mit der australischen Ausdrucksweise nicht vertraut ist, schwer mit Sicherheit zu erkennen. Ist schon bei der Harter Act sect. 2 das Fehlen des „to" hinter due diligence, vor properly equip auffallend, so ist es die Einfügung des „and to" hier in b noch mehr. Die Verpflichtung zur due diligence kann doch nicht wohl ganz allgemein ausgesprochen werden, sondern nur in Bezug auf die nachher genannten Umstände. Dadurch würde die in sect. a dem Wortlaute nach ausgesprochene absolute Haftung für die zur Erhaltung der Ladung erforderliche Beschaffenheit der Schiffsräume, die in sect. 2 noch ausführlicher behandelt ist, auf das rationelle Maß eingeschränkt werden. Diese Teile der sect. b scheinen entweder eine reine Wiederholung oder eine nicht klar erkennbare Einschränkung der sect. a zu sein. Dasselbe gilt auch dafür, daß in sect. b nur Verpflichtungen des Verfrachters (owner or charterer) genannt sind, in sect. a außerdem solche des master and agent. Auch hiermit dürfte aber kaum ein sachlicher Unterschied ausgesprochen werden sollen. — Die Bemerkung, die zur Harter Act betreffs des „exercise" statt „have exercised" gemacht ist, drängt sich hier gegenüber dem zweimaligen make and keep noch schärfer auf. Doch wird auch hierauf kein erhebliches Gewicht zu legen sein, da auch hier nur von Verpflichtungen des owner und charterer nicht des master or agent die Rede ist.

c. durch die die Verpflichtungen des master, officers, agents or servants of any ship to carefully handle and stow goods, and to care for, preserve and properly deliver them, are in any way lessened, weakened or avoided. — Dieselbe Wiederholung der sect. a, zweiter Teil, wie in der Harter Act.

sect. 6 enthält die bedeutsame, aber die hier vorliegende Frage nicht berührende Bestimmung, daß für alle Verladungen ins Ausland das australische Recht maßgebend, gegenteilige Vereinbarungen ungültig sein sollen.

sect. 7 verbietet die Aufnahme von Klauseln in den Konnossementen, die dieses Gesetz für illegal erklärt, bei 100 £ Strafe.

sect. 8 erklärt unter (1), daß in jedem Konnossement a warranty shall be implied, that the ship shall be at the beginning of the voyage seaworthy in all respects and properly manned, equipped and supplied. Hier ist also die absolute Haftung für Seetüchtigkeit klar ausgesprochen, aber nur für den Beginn der Reise.

Nach 2) soll in jedem Konnossement, wenn nicht die gegenteilige Absicht erhellt, a clause be implied, nach der if the ship is at the beginning of the voyage seaworthy in all respects and properly manned, equipped and supplied — neither the ship nor her owner, master, agent or charterer shall be responsible for damage or loss of the goods from

a. faults or errors in navigation

b—i. den anderen in sect 3 der Harter Act aufgeführten Umständen.

Abgesehen von der uns fremden Art, gesetzliche Bestimmungen durch Supponierung von Vereinbarungen des fraglichen Inhalts zu treffen, ist hier zu bemerken, daß einmal ausdrücklich auch der master von der Haftung für sein nautisches Verschuldeu befreit ist, worauf schon früher hingewiesen ist, und sodann, daß als nautisches Verschulden nur faults and errors in navigation, nicht auch in the management of the vessel genannt sind. Ob die Auffassung des R. G., daß betriebliche Obliegenheiten während der Reise mit zur „Führung des Schiffes" gehören, auch auf den Begriff der navigation zutrifft, vermag ich nicht zu sagen.

Aus der vorstehenden Besprechung der drei wichtigsten Bestimmungen über unsere Frage ergibt sich, daß sie in dem Grundbegriffe des nautischen Verschuldens übereinstimmen, daß sie aber in den Einzelheiten manche Unklarheiten enthalten, und daß namentlich das australische Gesetz so vielen Zweifeln Raum läßt, daß eine einheitliche, internationale Regelung ein dringendes Bedürfnis ist.

4. Beschränkung der Vertragsfreiheit.

Schon die Hamburg-Bremer Konnossemente hatten ausgesprochen: „Alle Vereinbarungen und Klauseln, welche dem — der Haftung für administratives Verschulden — entgegenstehen, sollen null und nichtig und ohne rechtsverbindliche Kraft sein." Die Harter Act und die Sea Carriage Act verbieten sie; das ist der eigentliche Zweck dieser Gesetze. Im Jahre 1900 hat eine in Paris tagende Versammlung von Seeversicherern beschlossen, die Versicherten für Ladungsschäden, die durch solches Verschulden verursacht waren, nicht mehr gedeckt zu halten, wenn durch Konnossementsklauseln den Versicherern der Regreß an die Reeder für diese Schäden genommen sei; ein Beschluß, der allerdings noch nicht zur Ausführung gekommen ist. Eine entsprechende Bestimmung ist in dem Entwurf Allgemeiner Deutscher Seeversicherungsbedingungen enthalten. In einer bei Wüstendörfer Teil II Abschnitt III und IV als Anl. 9 abgedruckten Denkschrift hatten die Handelskammern von Hamburg, Bremen und Lübeck im Juni 1902 eine internationale Vorschrift in diesem Sinne befürwortet; der deutsche Handelstag hat im folgenden Jahre einstimmig beschlossen, die Reichsregierung zu ersuchen, zur Herbeiführung solcher internationalen Regelung die Initiative zu ergreifen; für solche Vorschrift erklärte sich bald darauf eine in Kopenhagen tagende Versammlung skandinavischer Kaufleute und Reeder. In Frankreich hatte seit 1902, unter Führung des bekannten Marseiller Anwalts Mr. Autran, eine lebhafte Bewegung in gleicher Richtung eingesetzt, deren Ziel auch die Vereinigung der französischen Reeder unter der Bedingung der Internationalität zustimmten. Wenngleich die Anregung der deutschen Regierung zum Erlaß der gewünschten internationalen Vorschrift wegen der Abgeneigtheit der britischen Regierung damals zu keinem Ergebnisse führte, so ist doch anzunehmen, daß nunmehr, nachdem die Gesetzgebung in zwei Ländern des englischen Rechts auf diesem Wege vorgegangen ist, und nachdem die britische Regierung durch ihre lebhafte Beteiligung an den seitdem stattgehabten diplomatischen Seerechts-Konferenzen das Bedürfnis einer internationalen Regelung dieser Fragen anerkannt hat, sie auch in dieser Beziehung ihre Mitwirkung nicht versagen werde. Es ist bedauerlich, daß bei den neuerdings wieder zwischen den deutschen Verladern und Reedern über die Konnossementsklauseln eingeleiteten Verhandlungen nicht auf dieses frühere Vorgehen zurückgekommen, sondern versucht ist, ein neues Konnossementsformular zu vereinbaren, das zwar auf dem Hamburg-Bremer Konnossement von 1886 fußt, aber von demselben nicht nur in manchen Einzelheiten, sondern namentlich in der Grundbestimmung abweicht, insofern die Haftung für administratives Verschulden in ihm nicht mehr unbedingt ausgesprochen ist, sondern nur „soweit nicht in den nachstehenden Regeln Ausnahmen festgesetzt sind“, womit mancherlei Zweifeln Tür und Tor geöffnet ist. Die Verhandlungen über diesen Entwurf sind noch nicht zum Abschluß gelangt. — Diese Frage ist unten zu §§ 37—42 des Entwurfs, namentlich auch für die Durchfracht-Verträge, eingehender erörtert.

B. Haftung außerhalb des Vertragsverhältnisses.

In dieser Beziehung bestehen zwei Abweichungen vom gemeinen Recht: Erstens haftet nach H. G. B. 485 der Reeder allgemein für den Schaden, den eine Person der Schiffsbesatzung einem Dritten durch ihr Verschulden in Ausführung ihrer Dienstverrichtungen zufügt, während nach B. G. B. 831 diese Haftung nur eintritt, wenn der Geschäftsherr hinsichtlich der Auswahl der Angestellten, oder hinsichtlich der Beschaffung der erforderlichen Vorrichtungen und Gerätschaften, oder hinsichtlich der Leitung der Verrichtung die im Verkehr erforderliche Sorgfalt verabsäumt hat; zweitens haftet der Reeder nur mit Schiff und Fracht. Bei der Beurteilung dieser beiden Ausnahmen sind zwei Fälle außerkontraktlicher Schädigungen zu unterscheiden: a) Schädigungen, die dem Schiffsverkehr und ähnlichen Betrieben eigentümlich sind, b) Schädigungen, die in ähnlicher Weise in jedem Betriebe vorkommen können. Die erste Art der Schädigungen kann nur vorkommen, wenn das Schiff in Bewegung ist, die letzte in der Regel nur während es im Hafen still liegt; sie können durch Verschulden der Schiffsmannschaft oder anderer Angestellter herbeigeführt werden. Die erste Art ist geeignet, Schädigungen von ganz außerordentlichem Umfange herbeizuführen, während dies bei der zweiten nicht der Fall ist. Betrachten wir zunächst die Schädigungen der letzteren Art.

1. Haftung für Schädigungen durch die Schiffsmannschaft und durch andere Angestellte des Verfrachters (Stauer etc.).

Schädigungen Dritter können, wenn das Schiff still liegt, dadurch entstehen, daß jemand, der auf dem Schiffe zu einer Verrichtung angestellt ist, bei dieser unvorsichtig verfährt, z. B. einen Gegenstand fallen läßt und dadurch Personen oder Sachen, die sich auf dem Schiffe oder neben demselben befinden, beschädigt. Die Verrichtungen können zum eigentlichen Schiffsbetriebe gehören, wie Löschen und Laden, Inbetriebsetzung der Maschine (Auslassen von Dampf, Drehen der Schraube), sie können aber auch mit dem Betriebe nur in losem Zusammenhange stehen, wie Reparaturen am Schiff oder Zubehör. Die Verrichtungen können ausgeführt werden von den vom Reeder selbst oder von seinem Vertreter für den Schiffsbetrieb Angestellten (Schiffsbesatzung), oder von selbständigen Gewerbetreibenden oder deren Gehülfen, denen der Reeder die Ausführung gewisser Arbeiten durch Werkverträge übertragen hat. Daraus ergibt sich die mißliche Lage, daß die Haftung des Reeders abhängig ist von dem dem geschädigten Dritten nicht erkennbaren Dienstverhältnis des schädigenden Angestellten. Hat beispielsweise der Reeder auch einen Lagerbetrieb, einen Kai, auf dem er die zu befördernden oder beförderten Güter zeitweilig lagert, und wird durch ein bei der Beförderung der Güter vom Kai auf das Schiff herabfallendes Kollo ein Dritter geschädigt, so haftet der Reeder nicht, wenn der Transport durch die Leute seines Lagerbetriebes ausgeführt wird, er haftet aber, wenn dies durch die Leute seines Schiffsbetriebes geschieht. Und dieselbe Verschiedenheit der Haftung besteht, wenn der Schädigende an Bord des Schiffes beschäftigt ist, je nachdem er vom Reeder direkt angestellt ist, oder von einem anderen Unternehmer. Denn, so abweichend vom sonstigen Recht die Stellung des Reeders hinsichtlich der Haftung und in anderer Beziehung gestaltet ist, dafür bietet das Gesetz keinerlei Anhalt, daß eine verschiedene vom allgemeinen Recht abweichende Beurteilung der Frage stattfinden solle, ob jemand in Diensten des Reeders steht oder nicht, und zwar dahin, daß der Angestellte eines selbständigen Unternehmers, dem der Reeder gewisse Arbeiten am Schiffe oder dessen Zubehör übertragen hat, deshalb als Angestellter des Reeders zu betrachten sei. Eine dahingehende Gesetzesbestimmung besteht nicht und kann nicht wohl bestehen. Der Arbeiter kann nicht wohl Angestellter seines Lohnherrn und zugleich des Reeders sein. Niemand kann zween Herren dienen. Sonst würde man auch dahin kommen müssen, die Angestellten, deren sich der Reeder zur Ausführung des Frachtvertrages bedient, als Angestellte des Absenders zu betrachten. Wie man auch über den Begriff der Schiffsbesatzung und insbesondere darüber denken mag, wer zu „allen übrigen auf dem Schiffe angestellten Personen“ (§ 481) zu rechnen ist, darüber kann, oder sollte doch, kein Zweifel sein, daß es nur Leute sein können, die vom Reeder — oder für ihn vom Schiffer, einem Konsul oder sonstigen Vertreter — angestellt sind, die in Lohn und Brot des Reeders stehen.

Merkwürdiger Weise bestehen aber hierüber doch Zweifel in unserer Rechtsprechung, die zu den seltsamsten Auslegungen geführt haben. Die Gerichte pflegen bei der Beurteilung der Frage, ob ein Mann zur Schiffsbesatzung zu rechnen ist, von der Art seiner Verrichtung auszugehen, ob sie „der Schiffsbesatzung obliegt“, „zur Navigierung gehört“ oder nicht, und, wenn das Erstere ihrer Meinung nach der Fall ist, die Frage zu bejahen, auch wenn der Mann Angestellter eines selbständigen Unterunternehmers ist. So besteht kein Zweifel darüber, daß die an Bord tätigen Angestellten des Segelmachers, des Schiffs- oder Kesselreinigers, des Malers, des Tischlers oder sonstiger Handwerker, die Arbeiten am Schiff auszuführen übernommen haben, nicht zur Schiffsmannschaft gehören. In arge Verlegenheit kommt aber die Rechtsprechung hinsichtlich der Angestellten des Stauers. Die überwiegende Meinung geht dahin, daß sie bei Verrichtungen des Löschens und Ladens nicht zur Schiffsmannschaft gehören, aber, wenn der Stauer, wie üblich, auch das zum Laden erforderliche Abbäumen des Schiffes übernommen hat, da entstehen Zweifel, da neigt man zur gegenteiligen Entscheidung, weil das Abbäumen zum Navigieren gehöre. Ein bezeichnendes Erkenntnis ist in der Naut. Zeitschr. „Hansa“ 1910, Nr. 40, 41 besprochen worden. Einem Stauer war das Laden und Abbäumen übertragen worden. Der Vize benutzte ein zum Abbäumen verwendetes und dabei beschädigtes Drahtseil gleich darauf zum Laden; es riß, die Ware stürzte herunter und beschädigte einen unten liegenden Kahnschiffer. Dieser verlangte vom Reeder Schadensersatz. L. G. entsprach der Klage, weil die im Verkehr erforderliche Sorgfalt nicht beobachtet sei; O. L. G. wies die Klage ab, weil kein Verschulden der Schiffsangestellten, sondern der Leute des selbständigen Stauers, und zwar beim Laden, vorliege, und jedenfalls bei dieser Tätigkeit die Leute nicht als zur Schiffsbesatzung gehörig anzusehen seien; R. G. stellte das erste Erkenntnis wieder her: Ob die Leute des Stauers beim Laden im Allgemeinen als zur Schiffsbesatzung gehörig anzusehen seien, könne dahingestellt bleiben. Hier sei die Beschädigung des Seils beim Abbäumen erfolgt, und trotzdem von demselben Vize unmittelbar darauf zum Laden verwendet, da müsse der Reeder haften! Wieso der Vize bei einer Tätigkeit, bei der er an sich nicht als Schiffsangestellter gilt, doch als solcher gilt, weil er kurz vorher eine Tätigkeit ausgeübt hat, bei der er als Schiffsangestellter gilt (dies einmal angenommen), ist schwer erfindlich.

Aber die Beurteilung der Zugehörigkeit zur Schiffsmannschaft nach der Art der Verrichtungen an Bord ist überhaupt unhaltbar. O. L. G. weist in dem erwähnten Erkenntnisse darauf hin, daß zur Zeit des Erlasses des § 485 die „gegenwärtig den Stauern übertragene Arbeit regelmäßig von der Schiffsmannschaft ausgeführt zu werden pflegte". Auch das Abbäumen pflegt heute den Stauern übertragen zu werden. Der Gesichtspunkt, ob gewisse Verrichtungen an Bord zu den Obliegenheiten der Schiffsmannschaft gehören, führt überall nicht weiter. Denn die Schiffsmannschaft hat alle Verrichtungen an Bord auszuführen, auch das Reinigen, Malen, Ausbessern der Segel und des Tauwerks, Löschen und Laden, und das alles nicht nur während der Fahrt, sondern auch im Hafen, und nicht nur im Zwischenhafen, sondern auch im Abgangs- oder Bestimmungshafen. Daher werden bei Streiks der Hafenarbeiter die Mannschaften häufig in einem anderen Hafen für längere Zeit angemustert, um durch sie das sonst den Stauern übertragene Löschen und Laden bewerkstelligen zu lassen.

Nicht davon kann die Beurteilung, ob jemand zur Schiffsmannschaft gehört, abhängen, welche Tätigkeit er an Bord ausübt, sondern nur davon, ob er Angestellter des Reeders oder aber selbständiger Unternehmer oder Angestellter eines selbständigen Unternehmers ist, der irgendwelche Arbeiten auf Grund eines Werkvertrages übernommen hat. Würden die Gerichte das anerkennen und danach verfahren, so würden, ohne daß es einer Änderung des Gesetzes bedürfte, aus den Erkenntnissen viele Unstimmigkeiten verschwinden, unter denen der Verkehr jetzt leidet.

Aber ein befriedigender Rechtszustand würde damit noch nicht erreicht werden. Oder ist es als ein befriedigender Zustand zu bezeichnen, daß der beim Löschen Beschädigte Ersatz bekommt, wenn das Löschen ausnahmsweise von den Matrosen besorgt wird, nicht aber, wenn es von Schauerleuten besorgt wird? Daß der Reeder Ersatz leisten muß, wenn die Arbeiten von den Matrosen, nicht aber, wenn sie von seinen Kaiarbeitern verrichtet werden? Das Urteil wird vielfach getrübt durch die heute herrschende sozialpolitische Richtung, die den wirtschaftlich Schwachen schützen will, die dann weitergehend zunächst die Lage des Geschädigten berücksichtigt, nicht den (wovon ausgegangen wird) reichen Mann, der den Schaden ersetzen soll, auch wenn er an demselben ganz unschuldig ist. Diese Richtung ist vom menschlichen Standpunkte aus sehr schön — ob sie nicht vielfach zu weit geht, ist hier nicht zu untersuchen —, aber sie gehört nicht ins Recht; der Schutz der wirtschaftlich Schwachen ist Aufgabe der wirtschaftspolitischen Erwägung und Gesetzgebung, und Deutschland ist hierin auf dem richtigen Wege bahnbrechend vorgegangen. Die Justitia aber muß in dieser Beziehung blind sein; sie darf nicht sehen, wer vor ihr steht, und dadurch ihr Urteil beeinflussen lassen. Tut sie es, so stiftet sie auch wirtschaftlich und sozialpolitisch mehr Schaden als Nutzen. Wäre es nicht leicht denkbar gewesen, daß unsere sozialpolitische Gesetzgebung, zumal wenn die Schiffsarbeiten noch fast stets von der Schiffsmannschaft ausgeführt würden, vor den mit dem Schiffahrtsbetriebe in Berührung stehenden Gewerben halt gemacht hätte, weil ja der Reeder schon nach geltendem Recht dem Verletzten Ersatz leisten müsse, wo dann der Verletzte leer ausgegangen wäre, wenn zufällig ein Stauer die Arbeit besorgt hätte? Kann nicht auch heute der arme Kahneigner verleitet werden, die Versicherungsprämie zu sparen, in der Meinung, daß er ja für einen ihm zugefügten Schaden Ersatz erhalte, bis er zu seinem Schaden erfährt, daß die Ersatzpflicht des Anderen von Umständen abhängt, die sich seiner Kenntnis entziehen? Unsere sozialpolitische Gesetzgebung geht darauf hinaus, die Unternehmer gefahrbringender Betriebe für den Personenschaden, der ohne ihr Verschulden den wirtschaftlich Schwachen, die mit dem Betriebe in Berührung kommen, zugefügt wird, in dem vom Gesetz für angemessen erachteten Umfange solidarisch haftbar zu machen, sie aber von weiteren Ersatzansprüchen für unverschuldete Schädigungen zu befreien. Für Sachschäden und Personenschäden der nicht zu den wirtschaftlich Schwachen Gerechneten bietet die private Versicherung die zweckmäßige Abhülfe. Wer sich ihrer nicht bedient, hat sich selbst zuzuschreiben, wenn er keinen Ersatz erhält.

Soweit Schädigungen der Art in Betracht kommen, wie sie auch in allen anderen Betrieben vorkommen können, die nicht durch die Bewegung des Schiffs, oder sagen wir allgemeiner, des Transportmittels verursacht werden, empfiehlt sich die Rückkehr zu den Grundsätzen des allgemeinen Rechtes, wie sie im B. G. B.

831 niedergelegt sind, ohne Rücksicht darauf, ob die Schädigungen durch eine Person der Schiffsbesatzung oder durch andere herbeigeführt sind. Nur durch Beseitigung der ausnahmsweisen Haftung des Reeders ist zu einem klaren und befriedigenden Rechtszustande zu gelangen.

2. Haftung der Schleppzüge.

Es ist oben ausgeführt worden, daß als eine Person der Schiffsbesatzung, für deren Verschulden der Reeder nach jetzigem Recht auch außerkontraktlich zu haften hat, nur der angesehen werden kann, der mit dem Reeder in einem Dienstverhältnis steht. Hieraus ergibt sich sofort, daß die jetzige Gerichtspraxis, nach der die Besatzung des Schleppers in gewissen Fällen als zur Besatzung des geschleppten Schiffes und die Besatzung dieses als zur Besatzung des Schleppers gehörig betrachtet wird, unhaltbar ist. Schon im Jahre 1902 habe ich in einem Vortrage (H. G. Z. 1902 Beil. Nr. 3) dies ausgeführt und darauf hingewiesen, daß für diese künstliche Erweiterung der Kollisionshaftung der Gesichtspunkt der Erhöhung der Sicherheit der Schiffahrt nicht maßgebend sein könne, da die Besatzung des einen Schiffes nicht dadurch werde zu größerer Sorgfalt veranlaßt werden, daß für ihr Verschulden auch ein fremdes Schiff hafte; daß auch nicht die Rücksicht auf den Geschädigten, dem eventuell nur der kleine Schlepper haften würde, durchschlage, da die Haftung des ansegelnden Schiffes stets eine problematische sei, bei Untergang dieses Schiffes der Angesegelte nichts erhalte; und daß diese weitgehende Haftung, auch des Schleppers für das Verschulden des Anhängeschiffes, einen Schleppbetrieb zu erträglichen Raten wirtschaftlich unmöglich machen würde, wenn nicht die Versicherung die Möglichkeit eines Schutzes gewähre. Ich habe ferner darauf hingewiesen, daß die Anhänger der Theorie der Haftung beider Schiffe zu einer klaren Meinung nicht gelangen könnten; das für die Haftung maßgebend erklärte Moment, bei welchem Schiffe die Leitung des Schleppzuges sei, sei, weil in der Praxis zweifelhaft, nicht verwendbar; der Vorschlag in dem vom Comité Maritime empfohlenen Entwurf eines Kollisionsrechts, daß stets das geschleppte Schiff für Verschulden des Schleppers hafte, aber nicht umgekehrt der Schlepper für das Verschulden des Anhängeschiffes, sei ganz unlogisch. Jetzt kann hinzugefügt werden, daß der Entwurf der diplomatischen Konferenz von 1905 auch diese Bestimmung fortgelassen hat und sich über Kollisionen von Schleppzügen völlig ausschweigt, diese wichtige Frage den abweichenden und meistens in sich unklaren Rechten der einzelnen Staaten überlassend. Und endlich habe ich darauf hingewiesen, daß für die Binnenschiffahrt, für die nach vielen Erkenntnissen in dieser Frage dieselben Gesichtspunkte zur Anwendung zu bringen sind, wie für die Seeschiffahrt, der § 4 des B. Sch. G. die Theorie der Haftung beider Schiffe beseitigt habe, was von den Gerichten nur durch eine künstliche Auslegung dieser Bestimmung bestritten werde. Das Letztere ist in einem Erkenntnis des Berliner Kammergerichts vom 11. Juni 1906, das vom R. G. am 28. März 1907 bestätigt wurde (H. G. Z. 1907 Nr. 52) anerkannt worden. Seitdem ist die Theorie der Haftung beider Schiffe für den Flußverkehr allgemein aufgegeben worden. Und in einem Erkenntnis des Hanseatischen O. L. G. vom 30. Jan. 1911 ist auch die Haftung des Seeleichters für das Verschulden seines Schleppers verneint worden unter Betonung, daß die einzige Basis für die Haftung des Seeschiffes für das Verschulden des Schleppers H. G. B § 486 N. 3 bilde; ob die Besatzung des Schleppers als zur Besatzung des geschleppten Schiffes gehörig anzusehen sei, sei eine Tatfrage, die beim Seeleichter jedenfalls zu verneinen sei. Wenn nun auch das Erkenntnis die bisherige Praxis für Seeschiffe, „die weite Reisen über See mit eigener Triebkraft zurückgelegt haben, und dann auf engem Revier für kurze Zeit Bugsierdienste eines Schleppers in Anspruch nehmen müssen, weil die eigene Triebkraft für Befahrung des engen Reviers nicht geeignet ist,“ für durchaus sachgemäß erklärt, so tragen doch diese Ausführungen deutlich den Charakter des Rückzugsgefechts an der Stirn, und es darf wohl mit einiger Sicherheit erwartet werden, daß jener — wie das Erkenntnis sagt, aus Billigkeitsrücksichten und aus der Verkehrsanschauung entwickelte — Rechtssatz, nachdem er aus einer Position nach der anderen verdrängt ist, in nicht zu langer Zeit ganz aufgegeben werden wird. Jedenfalls wird kaum zweifelhaft sein können, daß dies bei einer Revision des Seerechts geschehen sollte.

3. Haftung für Kollisionen.

Brodmann sagt in dem mehrerwähnten Artikel in Goldschmidts Zeitschrift Bd. 64, daß auf die Haftung des ansegelnden Schiffes für den schuldvoll verursachten Kollisionsschaden der Verkehr nicht wird verzichten wollen. Ist dem so, so würde damit anscheinend mein Grundgedanke, das Seerecht nur als Frachtrecht zu behandeln, den Eigentümer des Schiffes als solchen ganz auszuscheiden, in die Brüche gehen. Denn das Kollisionsrecht müßte unbedingt eine Stelle im Seerecht finden, und die Rolle, die damit dem Schiffseigner zugewiesen werden würde, ist so bedeutsam, daß sie auch auf seine Stellung zum Frachtvertrage nicht ohne Einfluß bleiben könnte, daß es fast eine Notwendigkeit scheint, bei der Konstruktion des H. G. B. zu bleiben, das den Schiffseigner in den Mittelpunkt des Seerechts stellt.

Bei näherem Zusehen ergibt sich aber, daß dieser Gedankengang abwegig ist. Die Haftung für verschuldete Kollisionsschäden wird vorzugsweise begründet und kann logisch nur begründet werden durch die gefährdende Natur des Betriebes. Wer den Nutzen aus einem solchen Betriebe hat, muß auch die mit ihm verbundenen Nachteile, die durch ihn verursachten Schäden, tragen. Nun ist aber, wie im Vorhergehenden ausgeführt, der Betriebsunternehmer nicht der Eigentümer, sondern der Verwender des Schiffes, der Verfrachter. Nicht dadurch, daß das Schiff existiert, daß es still im Hafen liegt, entsteht die Gefahr für Dritte, sondern dadurch, daß es verwendet, in Fahrt gesetzt wird. Also hat auch die Kollisionshaftung nicht der Eigentümer des Schiffes, sondern der Verfrachter zu tragen. Dem entspricht auch H. G. B. 510, nach dem der Mieter des Schiffes im Verhältnis zu Dritten als der Eigentümer betrachtet wird. Der Mieter haftet dem geschädigten Dritten mit dem Schiff, der Eigentümer muß es sich gefallen lassen, daß der Dritte sich für seinen Schaden an das Schiff hält, er hat für den Verlust des Schiffes nur einen Forderungsanspruch an seinen Mieter, wenn solcher Anspruch nach dem Mietevertrage besteht. Hiervon weicht mein Vorschlag nur insofern ab, als er dem Mieter des Schiffes jeden gleichstellt, der ein fremdes Schiff zur Ausführung der von ihm abgeschlossenen Verträge über die Beförderung von Waren verwendet.

Auch ist diese Zuweisung der Haftung an den Verwender des Schiffes nichts dem Seerecht Eigentümliches. Überall ist die Noxalhaftung mit dem Betriebe, nicht mit dem Eigentum verbunden. Nach dem Haftpflichtgesetz von 1867 haftet nicht der Eigentümer einer vermieteten Fabrik, einer verpachteten Eisenbahn, sondern der Betriebsunternehmer; nach B. G. B. 833, haftet nicht der Eigentümer, sondern der Halter des Tieres, und so auch nach dem neuesten Gesetz dieser Art über einen Verkehr, der mit dem Schiffsverkehr am meisten Ähnlichkeit hat, nach dem Gesetz über den Verkehr mit Kraftfahrzeugen vom 3. Mai 1909, § 7. Diesen neuerdings in unsere Gesetzgebung eingeführten, allerdings zu manchen Zweifeln Anlaß gebenden Begriff des „Halters“ erläutert Kirchner in seinem Kommentar zu dem letztgenannten Gesetze (S. 53 ff.) in eingehenden Ausführungen dahin, daß er durchaus auf denjenigen zutrifft, der ein fremdes Schiff zur Ausführung der von ihm geschlossenen Frachtverträge verwendet. Bei der dinglichen Haftung des Schiffes ist übrigens diese Frage von geringer praktischer Bedeutung. Der Dritte, wie der Vertragsgläubiger, hält sich an das Schiff; wer den hieraus sich ergebenden Schaden zu tragen hat, ist eine Frage des Mieteverhältnisses, das nicht notwendig ins Seerecht gehört.

Hier entsteht nur die Frage, ob auch den geschädigten Dritten gegenüber, wie für die Vertragsgläubiger vorgeschlagen, das dingliche Recht am Schiff auf die Zeit beschränkt werden kann, während welcher sich das Schiff an dem Orte befindet, in dem der Anspruch enstanden ist, oder, wie für Forderungen, die auf hoher See entstehen, hinzugefügt werden muß, den es nach Entstehung der Forderung zunächst erreicht hat. Aus praktischen Gründen empfiehlt es sich sehr. Die Konkurrenz der verschiedenen Pfandrechte wird, wie beim Pfandrecht der Vertragsgläubiger hervorgehoben, außerordentlich verringert, das Pfandrecht gewinnt an Wert, was es an Dauer verliert. Die verwickelten Fragen, die zu schwerwiegenden Überraschungen führen können, wie es mit der Haftung ist, nachdem das Schiff die eine Reise beendet, die neue noch nicht angetreten hat, oder wenn das mit einem Pfandrecht belastete Schiff auf eine neue Reise gesandt wird, werden außerordentlich verringert, der zweifelhafte Begriff der Reise scheidet ganz aus. Die Erledigung dieser Fragen in kürzester Zeit nach Entstehung des Anspruchs ist ein großer Vorteil.

Allerdings ensteht hier ein Bedenken. Der Vertragsgläubiger kennt, wenn das Schiff am Orte ist, an dem der Anspruch entstanden ist, stets seinen Anspruch und kann sein Pfandrecht geltend machen. Das braucht bei dem geschädigten Dritten nicht der Fall zu sein. Allerdings ist es bei dem heutigen entwickelten und weiterer Entwicklung entgegengehenden Nachrichtendienst, bei der Sorgfalt und Schnelligkeit, mit der insbesondere Schiffsunfälle berichtet werden, fast stets der Fall. Fast stets wird heute nach einer Kollision das schuldige Schiff im nächsten erreichten Hafen festgehalten und kann nur nach Hinterlegung entsprechender Sicherheit für die entstandenen Ansprüche die Reise fortsetzen. Aber, wenn das Schiff im nächsten Hafen nicht angehalten wird, geht damit das Pfandrecht nicht unter. Bei der vorgeschlagenen Regelung könnte ein das Interesse seines Verfrachters wahrnehmender Kapitän nach der Kollision irgend einen unbedeutenden, verkehrsentlegenen, im ursprünglichen Reiseplan nicht vorgesehenen Hafen anlaufen und dadurch dem Geschädigten sein dingliches Recht und damit nach unserem geltenden Recht über die Kollisionshaftung seinen Ersatzanspruch überhaupt entziehen. Für diesen Fall eine Ausnahme von der allgemein vorgeschlagenen Regel zu machen dahin, daß das Pfandrecht nicht in dem nach Entstehung der Forderung zuerst erreichten Hafen endet, sondern erst in dem Hafen, den das Schiff erreicht, nachdem der Geschädigte von seinem Anspruch Kenntnis erlangt hat und den Anspruch geltend machen kann, würde nicht angängig sein. Das würde das ganze System verwirren und zu unlöslichen Verwicklungen mit den anderen Pfandrechten führen. Aber die Schwierigkeit würde sich viel leichter lösen. Wie überall würde auch hinsichtlich dieser Forderungen der Verfrachter persönlich haften, das dingliche Recht am Schiff dieser Haftung nur hinzutreten. Nur müßte für diese Forderungen die persönliche Haftung auf einen bestimmten Betrag (8 £ pr. ton) beschränkt werden, wie es im englischen Recht ist, wie auch die Venediger Beschlüsse vorgeschlagen haben, und wie in ähnlicher Weise das Automobilgesetz die Haftung auf einen bestimmten Betrag begrenzt. Geht der Geschädigte seines Pfandrechts verlustig, so ist er nicht ungünstiger gestellt, als heute, wenn das Schiff untergeht, im Gegenteil, er behält seinen persönlichen Anspruch gegen den Verfrachter. Und auch dieser ist nicht in schlimmerer Lage, als heute der englische Reeder.

Die Aufrechthaltung der Kollisionshaftung würde also mit dem vorgeschlagenen System sehr wohl vereinbar sein.

Aber ist diese ausnahmsweise Noxalhaftung im Schiffsverkehr, der einzige Fall, in dem die beschränkte Haftung des Verfrachters bestehen bleiben würde, notwendig oder auch nur zweckmäßig? Daß sie eine Ausnahme von den allgemeinen Rechtsgrundsätzen, wenigstens nach deutscher Auffassung ist, kann angesichts des B. G. B. 831 nicht bestritten werden. Es kann kaum zweifelhaft sein, daß, wenn sie im Vertragswege beseitigt werden könnte, sie längst beseitigt sein würde, wo sogar die den allgemeinen Rechtsregeln entsprechende Haftung für nautisches Verschulden im Vertragsverhältnisse mit allgemeiner Zustimmung beseitigt worden ist. Nach der oben gekennzeichneten Entwickelung der Rechtsanschauung hinsichtlich des nautischen Verschuldens, die in England nicht minder stark sich geltend gemacht hat, wie in anderen Ländern, ja von England gewissermaßen ausgegangen ist und in Ländern des englischen Rechts zuerst die gesetzliche Anerkennung gefunden hat, ist diese Noxalhaftung auch eine Ausnahme von den englischen Rechtsanschauungen. Der viel angezogene Grundsatz des respondeat superior trifft nicht zu, wenn auch dem Angestellten selbst (Australian S. C. A. „master") Versehen und Nachlässigkeit in nautischen Dingen — außer bei böslicher Handlungsweise — nicht als haftungbegründendes Verschulden angerechnet werden.

Daß hier eine ausnahmsweise Haftung vorliegt, ist noch kein genügender Grund, sie zu beseitigen. Denn wie auf allen Gebieten des Lebens gelegentlich Ausnahmen von den gerechtfertigsten Grundsätzen geboten sind, so auch im Rechtsleben. Der Zweck des Rechts ist es, die Verhältnisse des Verkehrs in einer dem praktischen Bedürfnisse entsprechenden Weise zu regeln. Da darf auch das Recht nicht vor gelegentlicher Durchbrechung seiner allgemeinen Regeln zurückschrecken; sonst kommt man zu dem fiat iustitia, pereat mundus. Aber freilich muß die Notwendigkeit oder Zweckmäßigkeit der Ausnahmen für die jeweiligen Verhältnisse nachgewiesen werden; man darf sich dieser objektiven Prüfung nicht entziehen, weil ein Rechtssatz längere Zeit bestanden hat. „Es erben sich Gesetz und Rechte wie eine ew'ge Krankheit fort."

Schon bei Beratung der Grundzüge für ein Binnenschiffahrtsgesetz, in denen die seerechtliche Haftung des Schiffseigners für Verschulden der Schiffsbesatzung vorgesehen war, hatte 1893 der Vertreter der Hamburger Handelskammer Ahlers befürwortet, von diesem Grundsatze hinsichtlich des nautischen Verschuldens eine Ausnahme zu machen (Mittelstein in dem Bericht für den 28. deutschen Juristentag, S. 287). Dem wurde die Unbestimmtheit des Ausdrucks entgegengehalten, ein Einwand, den M., der S. 280 eine klare Definition des nautischen Verschuldens gibt, nicht teilen kann. Ausschlaggebend war die Ansicht, daß das Binnenschiffahrtsrecht sich in diesem wichtigen Punkte vom Seerecht nicht unterscheiden dürfe.

In einer kleinen Schrift „Die Beseitigung der Haftung des Reeders für Kollisionsschäden" (Hamburg, Friederichsen & Co.)

habe ich 1902 den Ahlers'schen Standpunkt auch für das Seerecht zu begründen versucht. Die Kollisionshaftung in heutiger Weise datiere erst aus der Mitte des vorigen Jahrhunderts. Erst durch das Handelsgesetzbuch sei die Haftung des Reeders für jedes nautische Verschulden begründet, durch die Kollisionsverordnungen sei die Geltendmachung eines Verschuldens erleichtert, großenteils erst ermöglicht, durch die Verkehrssteigerung habe diese Frage eine früher unbekannte Bedeutung und immer schärfere Ausbildung erlangt. — Dieser Rechtszustand habe sich nicht bewährt; wiederholt sei das Bedürfnis nach einschneidenden Änderungen eingetreten; das neue H. G. B. von 1900 habe den Grundsatz der proportionellen Haftung bei beiderseitigem Verschulden eingeführt; die Prozesse und Berufungen hätten sich wegen des Streits um die Haftungsanteile vermehrt; daraus, daß der eine Reeder anteilig den Schaden der Ladung des Gegenseglers vergüten müsse, während sie ihrem Reeder gegenüber auf den Ersatz des durch nautisches Verschulden verursachten Schadens verzichtet habe, ergäben sich schwere Mißstände. (Diese letzteren sind allerdings im Entwurf der diplomatischen Konferenz von 1905 vermieden; aber auch er weist verschiedene Lücken und Mängel auf.) — Die Entscheidungen der Kollisionsprozesse beruhten auf außerordentlich unsicherer Grundlage; zur Feststellung des tatsächlichen Hergangs ständen in der Regel nur die Aussagen der Besatzungen der beteiligten Schiffe, also Beteiligter, zu Gebote, deren an sich ungenaue Beobachtungen sich durch die Besprechungen an Bord leicht zu einem festen, aber falschen Bilde verdichteten, auch wenn dabei Interesse oder Absicht nicht mitwirkten. — Ein Anreiz zu sorgfältigerer Navigierung werde durch die Haftung des Reeders nicht geboten; das hätten Handelskammern, Reeder und Nautische Vereine bestätigt. — Die Kollisionsprozesse erhöhten durch die Kosten und die sonst mit ihnen verbundenen Unannehmlichkeiten den entstandenen Schaden in erheblicher Weise; die Ersparung dieser unproduktiven Kosten und Mühen liege im Interesse aller Beteiligten. — Die Beseitigung der Haftung würde den Geschädigten wenig fühlbar werden; bei heutiger Lage des Geschäftsverkehrs und des Versicherungswesens müsse jeder sorgfältige Beteiligte sich gegen diese Gefahr versichern, wenn er sie nicht bewußt selbst laufe, also Selbstversicherer sei; der Geschädigte erhalte nach wie vor von seinem Versicherer Ersatz; nur die Regreßansprüche dieser gegeneinander fielen weg.

Diese Ausführungen, die in den Kreisen der Geschäftsleute vielfach Zustimmung fanden — auf der Hamburger Konferenz des Comité Maritime 1902 stimmte die Mehrzahl der deutschen Delegierten dafür —, begegneten bei den Juristen dem lebhaftesten Widerspruch. Insbesondere sprach sich der deutsche Juristentag 1907 nach einem eingehenden Vorbericht von Oberlandesgerichtsrat Dr. Mittelstein einstimmig gegen ihn aus. Eine eingehende Besprechung der gemachten Einwendungen, die ich in allen wesentlichen Punkten als unzutreffend glaube nachweisen zu können, würde hier zu weit führen. Über das abfällige Votum des Juristentages tröstet mich der Umstand, daß er auf derselben Tagung seinen Beschluß von 1884 über die Unzulässigkeit der Befreiungsklauseln für nautisches Verschulden zurückgenommen hat. Neben der Abneigung gegen das Rütteln an einem, wenn auch erst seit einem halben Jahrhundert — wie Mittelstein trotz seiner Bestreitung bestätigt; denn es ist doch ein Unterschied, ob der Reeder primär oder nur subsidiär neben dem Kapitän haftet — in Fleisch und Blut übergegangenen, gewissermaßen als selbstverständlich betrachteten Rechtssatz, handelt es sich hauptsächlich um den Gegensatz zwischen dem Verschuldungsprinzip und dem Kausalitätsprinzip hinsichtlich der durch Angestellte Dritten zugefügten Schäden. Es ist zuzugeben, daß das Kausalitätsprinzip, nach dem der Unternehmer für den durch seinen Betrieb, wenn auch ohne sein Verschulden, einem Dritten zugefügten Schaden zu haften hat, in unserer Rechtswissenschaft viele Anhänger hat, und in unserer Gesetzgebung mehrfach zur Anerkennung gelangt ist. In dem Hauptfalle, in dem dies im B. G. B. geschehen ist, betreffs der Haftung des Tierhaltens (§ 833) hat sich diese Gesetzgebung nicht bewährt; die Vorschrift ist trotz lebhafter Bedenken von juristischer Seite (s. u. a. Gutachten von Dr. Marwitz und Dr. Träger für den 28. deutschen Juristentag) durch das Gesetz vom 30. Mai 1908 im Sinne des Verschuldungsprinzips abgeändert worden. Das Haftpflichtgesetz, das sich nur auf Personenschäden bezieht, ist durch die sozialpolitische Versicherungsgesetzgebung großenteils überholt, und wenn die Partikulargesetzgebung die Haftung der Eisenbahnen zum Teil auf Sachschäden ausgedehnt hat, so dürfte dafür die Bemerkung Trägers (l. c. S. 141) zutreffen, daß den Eisenbahnen gegenüber der Gesetzgeber wegen ihrer Kapitalkraft und Leistungsfähigkeit, infolge deren sie den Schaden leicht tragen können, einen besonderen Standpunkt eingenommen habe.

Nun bin ich keineswegs ein unbedingter Anhänger des Verschuldungsprinzips und unbedingter Gegner des Kausalitätsprinzips. Ich erkenne durchaus an, daß eine verständige Regelung der Verkehrsverhältnisse und das natürliche Billigkeitsgefühl in vielen Fällen die Entscheidung der Frage, ob der unbeteiligte Dritte oder der unschuldige Unternehmer den Schaden tragen solle, in letzterem Sinne verlangen, daß ein mit besonderer gemeiner Gefahr verbundener Betrieb die besondere Haftung des Unternehmers rechtfertigt, und daß die Fortschritte der Verkehrstechnik eine immer häufigere Anwendung dieses Satzes zu fordern scheinen. Gewiß hat das Automobilgesetz vom 3. Mai 1909 recht, wenn es den Halter eines Kraftfahrzeugs für den bei dessen Betrieb verursachten Personen- oder Sachschaden haften läßt, gewiß muß der Halter eines Luftschiffs haften für den durch von diesem herabfallende Gegenstände oder bei dessen Landung verursachten Schaden. Mit Recht macht § 7 des Automobilgesetzes die Haftung nicht abhängig von dem Verschulden eines Angestellten, sondern läßt sie stets eintreten, wenn nicht der Unfall durch ein unabwendbares Ereignis verursacht ist, das weder auf einen Fehler in der Beschaffenheit des Fahrzeuges noch auf ein Versagen seiner Einrichtungen beruht. Ich würde es sogar gerechtfertigt finden, darin noch weiter zu gehen, und nicht schon ein Ereignis für unabwendbar zu erklären, das auf ein Verhalten des Geschädigten oder eines Tieres zurückzuführen ist, sondern als einzige Befreiungsgründe von der Haftung von außen einwirkende höhere Gewalt oder Verschulden des Geschädigten anzuerkennen. Auch darin kann man noch zweifelhaft sein, ob nicht der Unternehmer die Gefahr der höheren Gewalt zu tragen hat, wenn der Schaden durch sie nur bei diesem Betriebe, durch die Einwirkung auf das Kraftfahrzeug, auf das Luftschiff bewirkt werden kann, wenn das Luftschiff durch plötzlichen Windstoß auf ein Dach geworfen wird und es beschädigt, wenn bei erzwungener Landung desselben auf einem Felde durch ungerufen herzuströmende Menschen Flurschaden angerichtet wird.

Es ist nicht recht verständlich, wenn Mittelstein die Kollisionshaftung damit verteidigt, daß sie nicht auf der Gefährlichkeit des Schiffahrtsbetriebes, sondern darauf beruhe, daß die Schiffahrt nicht gehörig betrieben wird. Auf dem Verschulden beruht diese Haftung nicht, sondern nur auf der Gefährlichkeit des Betriebes; beides läßt sich nicht verquicken. Das muß auch Mittelstein (S. 297 ffg.) zugeben, wenn er dem gleichen Einwande Pappenheims gegenüber

— der seinerseits die Haftung aus dem „allgemeinen deutschrechtlichen Grundsatz“ der Haftung des „Trägers einer Herrschaft“ erklärt, den aber das gemeine deutsche Recht des B. G. B. §§ 831 ff. eben nicht angenommen hat — keinen anderen Ausweg weiß, als daß der Gesetzgeber selbstverständlich nicht behindert sei, seinen Gedanken im Einzelnen nicht streng logisch auszugestalten! Ich glaube, alle die diese Ausführungen Mittelsteins und der übrigen Verteidiger der Kollisionshaftung lesen, werden mit mir der Ansicht sein, daß über den Kernpunkt der Frage, auf welchen Gründen die Kollisionshaftung beruht, aus welchen Gesichtspunkten sie zu rechtfertigen ist, noch völlige Unklarheit und Ratlosigkeit herrscht.

Ich bin, wie gesagt, kein Gegner des Kausalitätsprinzips, würde es sogar gerechtfertigt finden, es gelegentlich noch über das Automobilgesetz hinaus zur Geltung zu bringen. Aber dieses Prinzip sollte nur zur Anwendung kommen bei „besonderer gemeiner Gefahr“ des Betriebes, d. h. wenn der Betrieb das allgemein unbeteiligte Publikum in seinem gewöhnlichen Verkehr mit einer Gefahr bedroht, mit der es nicht zu rechnen, gegen die es sich nicht vorzusehen braucht. Der Begriff der besonderen gemeinen Gefahr kann nach Ort und Zeit wechseln. Ein bei seiner Einführung zweifellos in disem Sinne gefährdender Betrieb kann aufhören es zu sein, wenn er so allgemein geworden ist, daß jeder an ihn gewöhnt ist, sich gegen die mit ihm verbundenen Gefahren vorsehen und schützen muß. Das hat auch wohl Mittelstein bei seiner eben erwähnten Bemerkung vorgeschwebt: daß der Gesetzgeber hier nicht nach starrer Regel alle Betriebe über einen Kamm zu scheeren braucht, daß er die Verhältnisse der einzelnen Betriebe berücksichtigen kann — und muß. Hierbei kommt auch der Gesichtspunkt der Versicherung in Betracht, auf den, wie ich es hinsichtlich der Kollisionshaftung getan habe, Träger l. c. hinsichtlich der Haftung des Tierhalters erhebliches Gewicht legt. Gegen die gewöhnliche gemeine Gefahr, mit der nach Lage der Verkehrsverhältnisse gerechnet werden muß, kann sich jeder versichern und muß es tun, wenn er die Gefahr, die einmal mit den Verhältnissen, in denen er lebt, verbunden ist, nicht selbst laufen will. Die beste Grundlage für die Versicherung bietet aber der Wert der der Gefahr ausgesetzten Gegenstände. Auch diese Erwägungen führen dahin, die ausnahmsweise Haftung nach dem Kausalitätsprinzip nur da eintreten zu lassen, wo ein zweifelloses Bedürfnis dafür vorhanden ist, wo in der Ungewöhnlichkeit des Betriebes gewissermaßen ein objektives Verschulden liegt, wenn auch der Betrieb aus wissenschaftlichen, vielleicht auch praktischen Gründen sehr anerkennenswert sein mag. Auch wer sich für die Luftschiffahrts-Bestrebungen interessiert, wird, wenn ein durch plötzlichen Sturm darauf geworfenes Luftschiff sein Dach beschädigt, das Gefühl haben: „Was braucht der da herumzufahren.“

Aber nicht nur eine besondere, auch eine gemeine Gefahr muß vorliegen, um die Abweichung von den allgemeinen Rechtsgrundsätzen zu rechtfertigen, d. h. eine Gefahr für das allgemeine unbeteiligte Publikum. Besteht die Gefahr nur für Andere, die das gleiche gefährliche Gewerbe betreiben, so kann man nicht von einer gemeinen Gefahr reden. Das Bedürfnis nach einem Automobilgesetz würde kaum empfunden sein, wenn für Automobile besondere Straßen vorhanden wären, auf denen allein sie verkehren dürften, wenn den Schädigungen nur die Automobile unter sich ausgesetzt wären. So sagt auch Kirchner in seinem Kommentar S. 30: „Wenn auch der Zweck des Gesetzes der Schutz des Verkehrs auf den allgemeinen Verkehrsstraßen ist, so ist doch keine entsprechende Beschränkung der Haftpflicht in das Gesetz aufgenommen worden.“ Weshalb dies nicht geschehen, braucht hier nicht erörtert zu werden. Das ist ein wichtiger Grund, der zu den anderen hinzukommt, weshalb im Seeverkehr, und überhaupt im Schiffsverkehr, ein Abweichen von der allgemeinen Regel nicht gerechtfertigt ist. Alle, die der Gefahr ausgesetzt sind, betreiben dasselbe gefährliche Gewerbe. Zwar ist meinem bezüglichen früheren Hinweise entgegengehalten worden, die Gefährdung durch die einzelnen Arten des Schiffahrtsbetriebes sei eine durchaus verschiedene. Der Eine, dem der Schutz der wirtschaftlich Schwachen besonders am Herzen lag, hat geltend gemacht, die großen schnellfahrenden Dampfer der kapitalkräftigen Reedereien bildeten eine überwiegende Gefahr für die mühsam um ihre Existenz kämpfenden Trampdampfer und besonders für die kleineren Segelschiffe (Mittelstein S. 303 a. E.). Der Andere wiederum hat sich auf die Erfahrung berufen, daß die größte Gefahr für die Schiffahrt durch die kleinen, vielfach mit weniger Sorgfalt geführten Schiffe herbeigeführt würde (Mittelstein S. 302). Schon der Widerstreit dieser Ansichten zeigt, daß ein Unterschied der verschiedenen Arten des Schiffahrtsbetriebes, wenigstens in dem Umfange, daß er für die Regelung der Haftung maßgebend sein könnte, nicht besteht. Die Kardinalfrage ist: „Kann die Kollissionshaftung des Reeders oder auch des Kapitäns auf eine sorgfältigere Navigierung von Einfluß sein?“ und diese Frage ist, wie erwähnt, von den kompetenten Stellen übereinstimmend verneint worden. Daß die Versicherung sich zweckmäßiger gestaltet, wenn jeder einfach seinen Schaden trägt (vorausgesetzt, daß keine bösliche Handlungsweise vorliegt), wenn nicht die zweifelhaften, in der Mehrzahl der Fälle nicht mit Sicherheit zu entscheidenden Fragen zu erörtern sind, ob ein Zufall, eine Seegefahr oder ein error of judgement (den die Gerichte schon heute vielfach nicht als haftungsbegründend auffassen) vorliegt, oder ein anrechenbares Verschulden, das bedarf keiner weiteren Ausführung. Insbesondere ist das klar hinsichtlich der Ladung, die ihrem Verfrachter gegenüber allgemein auf die Haftung für nautisches Verschulden verzichtet, für die, oder vielmehr für deren Versicherer, es ein Glückszufall ist, auf den nicht gerechnet werden konnte, wenn es gelingt, für den Schaden den Gegensegler verantwortlich zu machen. Und wenn darauf hingewiesen wird, daß die Ladung ja aus der Versicherung wegen der üblichen Befreiungsklauseln „frei von Beschädigung außer im Strandungsfalle“, „frei von 3 oder 5 %“ vielfach keinen Ersatz erhalte, so ist dem zu entgegnen, daß Kollision allgemein der Strandung gleichgestellt wird, daß aber namentlich die Kollisionshaftung nicht der Regel des Rechts entspricht, sondern eine Ausnahme bildet. Hinsichtlich der Schiffsversicherung ist darauf hinzuweisen, daß sie nach den heutigen Bedingungen nicht jeden vom versicherten Schiff angerichteten Kollisionsschaden deckt, daß z. B. bestritten ist, ob sie den Schaden deckt, der durch eine von A verschuldete Kollision zwischen B und C entsteht, daß der Entwurf Allgemeiner deutscher Seeversicherungsbedingungen die Deckung indirekter Kollisionsschäden noch weiter einschränkt, und daß der Reeder daher, um wirklich gedeckt zu sein, noch eine zweite Versicherung nehmen müßte.

Ebenso wie hinsichtlich der Schädigung anderer Schiffe liegt es aber auch hinsichtlich derjenigen, die sonst durch den Schiffahrtsbetrieb geschädigt werden können, der Besitzer von Uferund Hafenanlagen, denen der Reeder auch, wenngleich dies in dem Abschnitt über Schiffszusammenstoß (§ 734 ff.) nicht gesagt ist, aus dem allgemeinen § 485 haftet. Auch ihnen gegenüber liegt keine besondere gemeine Gefahr in dem ausgeführten Sinne vor.

Diese Anlagen sind in Rücksicht auf den Schiffahrtsbetrieb, für ihn geschaffen, bei ihnen muß mit dieser Gefahr gerechnet werden, sie müssen so angelegt werden, daß sie der Gefahr widerstehen können, oder der Eigentümer mag sich gegen die Gefahr versichern. — In diesen Fällen liegt außerdem die Eigentümlichkeit vor, daß der Reeder dem Besitzer der Anlage für jedes Verschulden seiner Angestellten haftet, dieser aber jenem — sofern nicht aus einem zwischen ihnen bestehenden Vertragsverhältnis anderes abzuleiten sein sollte — nach B. G. B. 831 nur, wenn er selbst hinsichtlich der Herstellung der Anlage, der Beaufsichtigung des Betriebes oder der Auswahl der Angestellten die im Verkehr erforderliche Sorgfalt außer acht gelassen hat. In England haben, als 1900 die bisher unbeschränkte Haftung der Reeder für Schädigung fester Gegenstände ebenso beschränkt wurde, wie für Schädigung von Schiffen, die Dockgesellschaften geltend gemacht, daß was jenen recht, ihnen billig sei, und haben ein Gesetz durchgesetzt, das ihre Haftung beschränkt auf 8 bezw. 15 £ pr. ton des größten Schiffes, das in den letzten fünf Jahren ihre Anlagen benutzt hat. Das bisherige System treibt in der Tat sonderbare Blüten!

Wir resümieren: Die Kollisionshaftung steht im Widerspruch mit der neueren Rechtsentwickelung hinsichtlich des nautischen Verschuldens; sie steht im Widerspruch mit den allgemeinen Rechtsgrundsätzen, wie sie B. G. B. 831 ausspricht, und ergibt sich auch nicht aus dem englischen Grundsatze des respondeat superior; sie ist nicht zu begründen aus dem Kausalitätsprinzip, weil die Gefahr keine besondere, und namentlich keine gemeine ist; sie ist wegen ihrer Beschränkung auf verschuldete Kollisionen ein unlogisches Zwischending zwischen dem Verschuldungs- und dem Kausalitätsprinzip; sie schafft keinen Nutzen für die Sicherheit der Schiffahrt; sie erschwert die zweckmäßige Versicherung gegen die Gefahr; sie vergrößert den Schaden durch unproduktive Kosten und Mühen von Prozessen, für die die sichere Grundlage fehlt.

Will man aber trotzdem die Kollisionshaftung beibehalten, so läßt sie sich, wie oben ausgeführt, mit dem System des Entwurfs sehr wohl vereinen. Dann sollte aber der von der diplomatischen Konferenz angenommene Entwurf eines Kollisionsrechts in einigen Punkten geändert und ergänzt werden. Geändert 1) darin, daß nur für den direkten, nicht auch für den indirekten Schaden gehaftet wird, wie das nach § 611 auch bei Verlust oder Beschädigung von Gütern auf Grund des Frachtvertrages geschieht; 2) darin, daß nicht die Kriegs- und sonstigen ausschließlich für den öffentlichen Dienst bestimmten Staatsschiffe von der Anwendung der Bestimmungen befreit werden. Es verträgt sich nicht mit den Grundsätzen der Gerechtigkeit, daß das Handelsschiff dem Staatsschiffe den ihm zugefügten Schaden ersetzen muß, für den ihm vom Staatsschiffe unter gleichen Umständen zugefügten Schaden von diesem aber keinen Ersatz erhält. Die Souveränität der Staaten kann dieser Forderung nicht wohl entgegengesetzt werden bei einem Vertrage, den die Staaten untereinander abschließen, in einem Falle, wo es sich um rein privatrechtliche Interessen handelt. Diese Forderung wird bestärkt durch ein vom Reichsgericht 1910 abgegebenes Erkenntnis (Naut. Zeitschr. „Hansa" 1910 S. 268), in dem einem Handelsschiff für den ihm von einem Kriegsschiffe, wie anerkannt wurde, schuldvoll zugefügten Schaden aus schwer verständlichen Gründen der Ersatz versagt wurde, obwohl das E. G. zum H. G. B. die Staatsschiffe in dieser Beziehung den Handelsschiffen gleichstellt. — Ergänzt werden müßte der Entwurf 1) durch die Vorschrift, daß bei Kollisionen von Schleppzügen nur das schuldige Schiff haftet, nicht die Besatzung des einen Schiffes als zur Besatzung des anderen gehörig anzusehen ist, 2) dadurch, daß die Vorschriften auch auf Kollisionen mit anderen Gegenständen als Schiffen anwendbar erklärt werden.

V. Große Haverei.

Hinsichtlich der großen Haverei (hg.) liegen die Dinge ähnlich, wie hinsichtlich der beschränkten Haftung. Beide Rechtsbildungen entsprechen den ursprünglichen Verhältnissen des Seeverkehrs. Aus ihnen ergab sich fast mit Notwendigkeit, wie die unbedingte und ausschließliche Haftung der Schiffsgemeinschaft für einen angerichteten Schaden (Hamburgisches Kollisionsrecht bis zum Erlaß des H. G. B.), so auch die Tragung der zum Besten Aller gebrachten Opfer durch die Schiffsgemeinschaft. Damals bestand in Wirklichkeit eine Schiffsgemeinschaft, und nicht nur der Sachwerte, sondern auch der Personen, als die Eigentümer des Schiffes und der Ladung die Reise an Bord mitmachten, als auch die Schiffsmannschaften als Unternehmer an dem Ergebnisse der Reise beteiligt waren (keine Fracht, kein Lohn). Damals mußte sich die Schiffsgemeinschaft dem Sinn und Geist als charakteristische Erscheinung des Seeverkehrs aufdrängen, um sie mußte gewissermaßen das Seerecht sich kristallisieren. Heute aber, wo Reeder und Ladungseigner vom Schreibtisch aus ihre Unternehmungen leiten, Kapitän und Schiffsmannschaft gegen festen Lohn Angestellte sind, wo die festen Reisen mit bestimmter Ladung von einem Hafen zum anderen immer mehr den Rundreisen weichen, bei denen nicht nur eine große Zahl von Verladern beteiligt ist, sondern in jedem Hafen ein Teil der Güter ausgeladen und durch andere ersetzt wird, so daß die Gemeinschaft in jedem Hafen eine andere wird, heute besteht der Begriff der Schiffsgemeinschaft — ebenso wie der verwandte Begriff der fortune de mer bei den großen Reedereien, die zahlreiche Schiffe besitzen — nur noch in der juristischen Konstruktion, und auch diese Konstruktion begegnet wachsenden Schwierigkeiten. Kann man die Schiffsgemeinschaft früherer Zeiten mit einer Ehe vergleichen, so gleicht die heutige einer

Abendgesellschaft, einem zufälligen flüchtigen Zusammentreffen, das als Grundlage wichtiger Rechtswirkungen wenig geeignet ist.

Nach der juristischen Konstruktion wird die Schiffsgemeinschaft gebildet durch Schiff, Fracht und Ladung. Das sind aber keineswegs alle an einem auf der Reise befindlichen Schiff beteiligten Interessen. In erster Linie kommen außerdem in Betracht die an Bord befindlichen Personen, die Schiffsbesatzung, vielleicht auch Reisende. Nun ist der Wert des Menschen allerdings in der Hauptsache ein ideeller, nicht in Geld schätzbarer; daneben hat er aber auch einen erheblichen vermögensrechtlichen Wert, und in neuerer Zeit beschäftigt sich das Privatrecht bei der Frage der für Tötung oder Verletzung zu leistenden Entschädigung mit diesem Werte in erhöhtem Maße. Es ist zuzugeben, daß die Feststellung dieser bei den einzelnen Menschen sehr verschiedenen Werte für die hg. praktisch große Schwierigkeiten verursachen würde; das beseitigt aber nicht die grundsätzliche Unrichtigkeit, diese Werte bei Bewertung der Schiffsgemeinschaft völlig unberücksichtigt zu lassen.

Aber auch abgesehen hiervon umfassen jene drei Faktoren nicht alle am Schiff beteiligten Interessen. Schon H. G. B. führt einige anderen auf. Nach § 723 tragen zur hg. nicht bei: Kriegs- und Mundvorräte des Schiffes, Heuer und Habe der Schiffsbesatzung, Reisegut. Nur wenn diese Gegenstände für einen hg.-Schaden eine hg.-Vergütung erhalten, tragen sie mit dem als hg. in Rechnung kommenden Werte oder Wertunterschiede bei. Ferner sind die Bodmereigelder als nicht beitragspflichtig erklärt. Es können aber noch manche andere Forderungsrechte mit dem Schiff oder den Gütern verbunden sein, die nicht erwähnt sind, andere Pfandrechte, Maklergebühren, Provisionen, Vertragsstrafen und dergl., und wenn die Nichtberücksichtigung hinsichtlich der Beitragspflicht und der Vergütung bei den Bodmerei- und sonstigen Pfandforderungen dadurch gerechtfertigt sein mag, daß an ihre Stelle Vergütung und Beitragspflicht der verpfändeten Gegenstände tritt, so trifft das doch bei den anderen Forderungen und bei dem den gemeinen Wert übersteigenden subjektiven Wert der Gegenstände nicht zu.

Richtiger würde es scheinen, wenn man an der hg. überall festhalten will, zur beitragspflichtigen und entschädigungsberechtigten Schiffsgemeinschaft nur den objektiven Wert der Sachgüter (Schiff und Ladung) zu rechnen, alle indirekten, subjektiven Werte und Forderungsrechte, also auch die Fracht, aber auszuscheiden. Dies würde sich auch aus dem Grunde empfehlen, weil, wie schon erwähnt, der zur Schiffsgemeinschaft zu rechnende Wert der Fracht oft sehr zweifelhaft ist („Charter- oder Konnossementsfracht? Fracht der an Bord befindlichen Güter oder der ganzen Reise? Was ist Reise? Ganze oder pro rata Fracht, wenn die Güter über die Beendigung der Reise hinaus mit dem Schiffe weiter befördert werden?)

Dieser Vorschlag dürfte namentlich ernste Berücksichtigung verdienen, nachdem durch ein Erkenntnis des Hanseat. O. L. G. vom 13. Jan. 1911 ein neuer sehr erheblicher Zweifel wegen der beitragspflichtigen Fracht entstanden ist. Vom Innern von Texas waren Güter in Durchfracht mit der Bahn nach Galveston, von dort mit „Irak" nach Bremerhafen, und von dort mit „Condor", der die Vorfracht bezahlt und auf die Güter nachgenommen hatte, auf Separatkonnossement nach Reval verladen worden. In der Ostsee ereignete sich eine schwere hg. O. L. G. erklärte auch die bereits bezahlte Vorfracht, sowohl die Seefracht wie auch die Bahnfracht, für beitragspflichtig, und würde nach seinen Entscheidungsgründen, wenn das Durchkonnossement bis Moskau gelautet hätte, auch die Bahnfracht von Reval bis Moskau für beitragspflichtig erklärt haben. Wo bleibt da der Begriff der Schiffsgemeinschaft, wenn zu derselben alle Vor- und Nachfrachten der vielerlei Durchfrachtgüter, die sich häufig auf einem Schiff beisammen finden, mit zu dieser Gemeinschaft gerechnet werden.

Aber auch, wenn man nur den objektiven Wert der Sachgüter, Schiff und Ladung, zur Schiffsgemeinschaft rechnen wollte, hören die Zweifel nicht auf. Man sollte meinen, daß Schiff und Fracht eng zusammengehören, und der Ansicht ist auch das O. L. G. Es spricht aus: Schiff im Sinne des Gesetzes (H. G. B. 700) seien in diesem Falle Irak und Condor, Fracht die Gesamtfracht. Danach gehören zur Schiffsgemeinschaft alle an einer Durchfracht beteiligten Schiffe, ja logischer Weise auch die beteiligten Eisenbahnen. Auch der Schiffswert der Irak — um hierbei zu bleiben — hätte für beitragspflichtig erklärt werden müssen, wenn die Klage darauf gerichtet gewesen wäre. Man kommt zu einem wahren Rattenkönig von Schiffsgemeinschaften. Zu einer Schiffsgemeinschaft können viele Schiffe gehören, jedes Schiff zu vielen Schiffsgemeinschaften (s. über das Erkenntnis „Hansa" 1911 Nr. 14, 15).

Und nicht besser steht es mit den Gütern. Erst kürzlich ist ein lebhafter Streit darüber entbrannt, ob die Postsachen beitragspflichtig seien. Daß sie an sich zu den nach § 700 beitragspflichtigen Gütern gehören, kann nicht wohl zweifelhaft sein. Ritter behauptet (Leipziger Zeitschr. 1911 Nr. 2), es habe sich gegen das Gesetz ein Gewohnheitsrecht gebildet, nach dem diese Güter von der Beitragspflicht befreit sind. Plaß bestreitet das (Hamb. Corresp. 24. Febr. 1911) wohl nicht mit Unrecht; die Frage sei bisher nie erörtert worden, man habe bisher von der Heranziehung der Post, weil belanglos, Abstand genommen, da könne von einem Gewohnheitsrecht nicht die Rede sein. Auch er verkennt aber nicht die praktischen Schwierigkeiten, die sich aus der Beitragspflicht der Post ergeben.

Die Grundlage der hg., der Begriff der Schiffsgemeinschaft, ist heute kaum mehr zu fassen.

Neben dem Begriffe der Schiffsgemeinschaft ist für die hg. maßgebend gewesen der wirtschaftliche Gesichtspunkt der Verteilung des Schadens. Aber dieser Zweck wird heute in vollkommenerer Weise durch die Versicherung erreicht. Die Verteilung des Schadens auf die angenommenen Glieder der Schiffsgemeinschaft erfordert heute bei der Größe der Schiffe und der Zahl der Beteiligten viele Zeit und Mühe. Durch die Kosten dieser Arbeiten und durch das nicht schöne, aber menschliche und schwer ausrottbare Bestreben Mancher, die irgendwie mit der Sache in Berührung kommen, bei der Verteilung aus dem allgemeinen Säckel auch für sich einen möglichst großen Brocken zu erlangen, wird der ursprüngliche Schaden in erheblicher und unwirtschaftlicher Weise gesteigert. Diese Steigerung würde fortfallen oder doch bedeutend gemindert werden, wenn jeder Geschädigte oder sein Versicherer den Schaden selbst zu tragen hätte. Deshalb sprach sich die größte Vereinigung von Versicherern, Lloyd's Comittee, anläßlich der Beratungen über die York and Antwerp Rules, wie es schon vorher von einzelnen Dispacheuren geschehen war, für die Beseitigung der hg. aus, und lehnte die Teilnahme an den Beratungen ab. Aber so groß war die heiligende Kraft der Gewohnheit, daß nicht einmal in eine Beratung über das betreffende Schreiben eingetreten, sondern dasselbe einfach zu den Akten genommen wurde.

Der Mangel der inneren Begründung des hg.-Rechtes in den heutigen tatsächlichen Verhältnissen, und die unwirtschaftliche Erhöhung der Kosten würden sich nicht empfindlich fühlbar machen, wenn man es bei dem ursprünglichen hg.-Falle des Rhodischen Seegesetzes, dem Seewurf, hätte bewenden lassen. Aber dieser

Fall ist im Laufe der Zeiten in allen Seerechten zu einem umfassenden Rechtsinstitut erweitert worden, so daß der Grundsatz des Frachtvertrages wie jedes Werkvertrages, nach dem der Unternehmer Gefahr und Kosten der Herstellung des Werkes zu tragen hat, fast in Vergessenheit geraten zu sein scheint. Fallen doch, wie Ulrich III S. 250 angibt, in Rußland sogar die gewöhnlichen Kosten der Reise, Hafenabgaben, Schlepplöhne und dergl., die sogenannte kleine Haverei, dem Reeder nur zu einem Drittel, der Ladung zu zwei Dritteilen zur Last, und ähnliches galt nach Heck S. 64 bis ins vorige Jahrhundert fast überall. Auch heute noch wird die Ansicht vertreten, daß der Frachtvertrag nur die regelmäßigen Gefahren der Reise decke, mit Beginn einer gemeinsamen Gefahr aber die Verpflichtungen aus dem Frachtvertrage endigten; dann gingen Lohn und Unterhalt der Schiffsbesatzung, Kohlenverbrauch und ähnliche Kosten nicht mehr zu Lasten des Verfrachters, sondern der Schiffsgemeinschaft; dann treten die Bestimmungen des Frachtvertrages, die Konnossementsklauseln, außer Kraft, insbesondere auch die Freizeichnung vom nautischen Verschulden, so daß der Reeder die Folgen eines durch Verschulden des Kapitäns herbeigeführten hg.-Falles allein zu tragen habe (Ulrich I S. 44 ff.). Diese für die Reederei außerordentlich gefährliche, innerlich unhaltbare Theorie ist, wenigstens für Deutschland, durch die Entscheidungen des O. L. G. und R. G. im Falle Rossija 1905 (Ulrich III S. 230) wohl endgültig beseitigt worden.

Besonders bei dieser Theorie der scharfen Trennung zwischen dem Frachtvertrage und dem hg.-Verhältnisse, aber nicht nur bei ihr, sondern beim ganzen hg.-Recht, tritt zunächst das Bedenken auf, daß es an einem sicheren Erkennungsmerkmal für den Eintritt des hg.-Falles fehlt. Ich sehe ganz ab von der Schwierigkeit, ja Unmöglichkeit objektiver Feststellung des tatsächlichen Hergangs, für die nur die oft wissentlich oder unwissentlich gefärbten Aussagen beteiligter Zeugen zu Gebote stehen. Nur auf die grundsätzlichen Schwierigkeiten und Zweifel soll kurz eingegangen werden.

Nach H. G. B. § 100 ist das Entscheidende für das Vorliegen eines hg.-Falles eine gemeinsame Gefahr. Aber eine gemeinsame Gefahr liegt bei einer Seereise stets vor; in jedem Augenblick ist das Schiff und damit die Ladung vielfachen Gefahren ausgesetzt. Der Begriff muß daher eingeschränkt werden. Nach den Protokollen und der auch in wiederholten Erkenntnissen ausgesprochenen allgemeinen Ansicht ist eine gegenwärtige, eingetretene Gefahr erforderlich, nur im Falle des Anlaufens eines Nothafens genügt eine drohende Gefahr (Ulrich I, S. 11 ff.). Aber wann droht eine Gefahr, wann ist sie eingetreten? Wenn der Barometer sinkt und das Herannahen eines Orkans anzeigt, oder wenn der Orkan da ist, oder erst wenn er schweren Schaden angerichtet hat? Die Gefahr hat stets etwas Zukünftiges im Auge, sie ist die größere oder geringere Wahrscheinlichkeit eines künftigen Übels. Ob das Übel größer oder geringer wird, läßt sich nicht vorher sehen, ob die Wahrscheinlichkeit des Eintritts des Übels eine größere oder geringere ist, läßt sich objektiv nicht feststellen, zumal nicht nachher am grünen Tische. Die Zweifelhaftigkeit der Entscheidung zeigen die von Ulrich angeführten Erkenntnisse, z. B. wenn das Laschen eines in einer Boe gebrochenen Mastes nicht als hg. anerkannt wird, weil schönes Wetter war; wenn das Leerpumpen eines im Hafen leck gesprungenen Schiffes nicht als hg. anerkannt wird, weil das Wasser zunächst nur die Ladung beschädigte, die Gefahr des Wegsinkens des Schiffes nur eine drohende gewesen sei, die sich zudem mit fortschreitender Entlöschung verminderte. Auch aus legislativen Gründen ist die Unterscheidung bedenklich. Der Kapitän soll rechtzeitig die ihm erforderlichen Maßregeln ergreifen, nicht damit warten, bis es zu spät ist. Kann man es aber einem Kapitän verdenken, wenn er mit einer ihm richtig erscheinenden Maßregel wartet, weil das Gericht die Gefahr noch nicht für dringend genug halten und seinem Reeder die ganzen Kosten aufbürden könnte? Sehr bezeichnend ist ein in der Naut. Zeitschrift „Hansa“ 1910 Seite 1123 mitgeteilter Fall. Ein Schiff war nahe der schwedischen Küste auf steinigen Grund festgeraten; Maschinenmanöver, um das Schiff aufzubringen, waren erfolglos, auch Abschleppversuche eines herangekommenen Bergungsdampfers. Der Kapitän wollte Ladung werfen, ein auf dem Bergungsdampfer gekommener Lloyds Agent verbot es aber, da die See ruhig sei; am nächsten Tage würden Leichter kommen. In der Nacht kam stürmisches Wetter auf, so daß der Bergungsdampfer in tieferes Wasser flüchten mußte. Das Schiff stieß stark, trieb dann aber ab und gelangte in den Hafen. Während die Peilungen gleich nach der Strandung kein Wasser im Schiff ergeben hatten, waren nach dem Abkommen einzelne Räume des Schiffes voll Wasser; welchen Schaden das Schiff genommen hat, ist aus dem Bericht nicht ersichtlich. Offenbar wäre die Leichterung gerechtfertigt gewesen, denn die knappe Rettung, die nur einem Zufall zu danken war, zeigt die vorhandene ernste Gefahr. Wäre aber Ladung geworfen und das Schiff noch bei ruhigem Wetter unversehrt abgekommen, so ist sehr möglich, daß die Ansicht des Lloyds Agenten Anerkennung gefunden hätte, und der Reeder die geworfene Ladung hätte ersetzen müssen. Wegen dieser Zweifelhaftigkeit tritt Bousquet, Commentaire pratique des règles de York et d'Anvers, 1903, dafür ein, auf das Moment der Gegenwärtigkeit der Gefahr kein Gewicht zu legen. Damit geht aber die ganze Grundlage der Unterscheidung zwischen Frachtvertrag und hg., die ganze Grundlage dieser letzteren in die Brüche.

Ein in gemeinsamer gegenwärtiger Gefahr vorsätzlich zugefügter Schaden ist hg. In der vorsätzlichen Zufügung des Schadens liegt das charakteristische Merkmal der hg., im Gegensatz zu dem durch höhere Gewalt herbeigeführten, den jeder selbst zu tragen hat. Aber was ist der innere Grund dieser Unterscheidung? Der Kapitän, der pflichtmäßiger Weise einen Schaden zufügt, um größeres Unglück abzuwenden, handelt unter dem Zwange der durch die höhere Gewalt geschaffenen Sachlage. Aus dem Grunde hat man auch davon abgesehen, die Schadenszufügung als eine „freiwillige" zu bezeichnen (Ulrich I, S. 19). Entspricht es der Billigkeit, daß, wenn der Sturm den Mast des kenternden Schiffes bricht und dadurch die Gefahr beseitigt, der Reeder den Schaden allein trägt, daß aber die Ladung beizutragen hat, wenn der Kapitän den Elementen nachhilft? Daß bei zufälliger Strandung, auch wenn der Kapitän, um eine Kollision zu vermeiden, nahe an den Strand heranfuhr auf die Gefahr hin, aufzulaufen, jeder seinen eigenen Schaden trägt, daß aber, wie nach deutschem Recht, selbst bei unvermeidlicher Strandung, wenn der Kapitän das Schiff an der unter den gegebenen Umständen günstigen Stelle auf den Strand setzt, der entstandene Schaden gemeinsam getragen wird? York-Antwerp Rule (Y. A. R.) V behandelt, der englischen Praxis entsprechend, die absichtliche Strandung nicht als hg.-Fall, wenn ohne diese Maßregel das Schiff unvermeidlich sinken oder auf den Strand (Felsen) treiben würde. An sich rationeller; doch entsteht dann die schwierige Unterscheidung zwischen der gegenwärtigen Gefahr und dem unvermeidlichen Untergange. Und mit Recht bemerkt Bousquet (S. 242), daß dieser Gesichtspunkt bei allen hg.-Maßregeln zutreffe; stets sei der geopferte Gegenstand ohne die Maßregel dem Untergange verfallen. Der der R. V zugrunde liegende Gedanke führt bei konsequenter Durchführung zur Beseitigung der ganzen hg. Ein merkwürdiger Mangel an Logik ist es, daß die englische Praxis, und so auch R. V., jede Strandung um einen Brand zu löschen, als hg. behandelt, obgleich gerade in diesem Falle der Untergang in der Regel unvermeidlich sein würde.

Noch schärfer tritt der hier berührte Gesichtspunkt hervor bei Y. A. R. III, nach der der bei Löschung eines Brandes verursachte Schaden vergütet wird, jedoch nicht für Schiffs- oder Ladungsteile, die selbst vom Feuer ergriffen gewesen sind. Nach deutscher Rechtsprechung (Ulrich I, S. 118; H. G. B. erwähnt diesen Fall nicht besonders) wird auch der den vom Feuer ergriffenen Gegenständen zugefügte Löschungsschaden vergütet, und zwar der Wert, den die Güter in angebranntem Zustande bei Beginn der Löschtätigkeit hatten. Mit Recht bemerkt Ulrich, daß, abgesehen davon, daß dieser Wert schwer festzustellen sein werde, die Löschtätigkeit kein Opfer, sondern einen Nutzen für die betreffenden Gegenstände bewirke. Trägt R III diesem Gesichtspunkte Rechnung, so doch nur halb, denn ohne die Löschtätigkeit würden auch die anderen Gegenstände unrettbar verloren sein.

Ein vorsätzlich in unmittelbarer Gefahr gebrachtes Opfer wird aber nur dann in hg. vergütet, wenn es „vom Kapitän oder auf dessen Geheiß“ gebracht wird. So wenigstens nach deutschem Recht (§ 700); in den fremden Rechten wird hierauf meistens kein Gewicht gelegt. Wenn ein Schiffsoffizier mit der Mannschaft, weil der Kapitän vielleicht den Kopf verloren hat (betrunken ist), in höchster Not den Mast kappt, so muß der Reeder den Schaden allein tragen, den der Ladung dabei zugefügten Schaden allein ersetzen. Er haftet für das nautische Verschulden das Kapitäns, obgleich er sich von der Haftung frei gezeichnet hat und obgleich der Fehler von der anderen Besatzung wieder gutgemacht ist. Wenn die Berger von dem verlassenen Schiff Ladung werfen, um es vom Strande abzubringen, so tragen die geretteten Werte zu ihrem Ersatze nicht bei; der Geschädigte muß seinen Schaden allein tragen. Auch ein Satz, der mit den Grundsätzen der Billigkeit — mit der alle Schriftsteller diese Lehre begründen, da sie daran verzweifeln, sie mit dem Recht, der Logik, in Einklang zu bringen — in Widerspruch zu stehen scheint.

Das vorsätzlich vom Kapitän gebrachte Opfer muß gebracht sein „zur Errettung von Schiff und Ladung.“ Hieran knüpft der namentlich in England lebhaft geführte Streit zwischen dem common safety und dem common benefit Prinzip an. Manche

Schriftsteller, namentlich Bousquet, der überall die Widersprüche der Lehre durch möglichst weite Ausdehnung der gemeinsamen Tragung des Schadens zu lösen sucht, treten für das letztere Prinzip ein. In der Tat ist nicht recht einzusehen, warum, wenn namentlich die Kosten des Anlaufens eines Nothafens gemeinsam getragen werden, dies nicht der Fall sein soll, wenn das Schiff, weil die Kohlen knapp geworden, nur langsam fahren kann, und nun ein Schlepper angenommen wird, um dem Schiff seine neue Charter zu erhalten und die empfindliche Ladung vor Verderb zu bewahren. Allerdings aber würde, wie oben bei „Gefahr" erwähnt, dann die Grenze zwischen solchen, und den „gewöhnlichen und außergewöhnlichen Kosten der Reise", die nach H. G. B. 621 der Reeder zu tragen hat, kaum zu ziehen sein. Y. A. R. haben denn auch in Übereinstimmung mit H. G. B. das common safety Prinzip angenommen. Über die Schwierigkeit und Zweifelhaftigkeit der Unterscheidung zwischen den in § 621 erwähnten und den in hg. zu vergütenden Aufwendungen, z. B. den Aufeisungskosten, je nachdem der Reeder mit ihnen rechnen mußte oder nicht, Schäden durch außergewöhnliche Beanspruchung des Segelwerks (Prangen) oder der Maschine, um das Schiff vorm Angrundkommen zu bewahren oder von diesem abzubringen — Zweck der Segel und der Maschine sei, das Schiff im Wasser, nicht auf festem Boden fortzubewegen! — vergl. Ulrich I, 25 ff., 123 a. a. O.

Aber wird denn überhaupt das Opfer gebracht, um Schiff und Ladung zu retten? Das mochte der Fall sein, als alle an dem Unternehmen Beteiligten noch selbst an Bord zu sein pflegten; es mochte auch noch der Fall sein, als der Spruch entstand: Navigare necesse est, vivere non necesse est. Aber bei der heutigen, jenen rauheren Zeiten gegenüber außerordentlich gesteigerten Bewertung des Menschenlebens ist diese Auffassung nicht mehr haltbar. Sein eigenes Leben mag und muß vielleicht der Kapitän für die ihm anvertrauten Werte in die Schanze schlagen; im Übrigen muß er in erster Linie auf die Rettung der an Bord befindlichen Menschen, der Passagiere wie auch der Schiffsbesatzung, bedacht sein, die nicht mehr an dem Unternehmen beteiligt, sondern gegen festen Lohn angestellt ist. Nun fällt ja wohl stets das zur Rettung der Werte Geeignete mit dem zur Rettung der Personen Geeigneten zusammen. Aber denke man sich einen Fall, in dem der Kapitän die Wahl hat zwischen einer Maßregel, durch die Schiff und Ladung bei Opferung der Besatzung, oder einer anderen, durch die die Besatzung bei Opferung von Schiff und Ladung gerettet würde. Würde es nicht allgemeiner Entrüstung begegnen, wenn der Käpitän die erstere Maßregel ergriffe, würde es nicht allgemein gerechtfertigt gehalten werden, wenn die Besatzung einem solchen Befehl den Gehorsam verweigerte? Es ist so: nicht zur Rettung von Schiff und Ladung, sondern zur Rettung der an Bord befindlichen Menschen, die zum Ausgleich des Opfers nicht beitragen, wird das Opfer gebracht. Schon damit, abgesehen von allem anderen, ist der hg. ihre Grundlage, ihre Berechtigung entzogen.

Und endlich! Nicht allein die vorsätzlich zugefügten Schäden selbst, sondern auch „die durch solche Maßregeln ferner verursachten Schäden“ sollen als hg. vergütet werden. Wir haben oben gesehen, daß ein innerer Grund zu der Unterscheidung, ob ein Schaden durch höhere Gewalt direkt zugefügt wird oder indirekt, indem diese zu vorsätzlicher Zufügung desselben zwingt, nicht vorhanden ist. Viel weniger noch liegt ein Grund für diese Unterscheidung bei den unbeabsichtigten Folgen solcher Schadenszufügungen vor. Ursache und Wirkung ist für die Ladung dieselbe, ob die Luke durch den vom Sturm gebrochenen oder durch den vorsätzlich gekappten Mast eingeschlagen und nun die Ladung durch das eindringende Wasser beschädigt wird. Warum soll der Schaden in einem Falle von dem Ladungseigner allein, in dem anderen Falle von der ganzen Schiffsgemeinschaft getragen werden?

Die vorstehenden Hinweise auf die logischen Unstimmigkeiten und praktischen Schwierigkeiten, denen man bei der Lehre von der hg. auf Schritt und Tritt begegnet, lassen sich aus jedem Werke, aus jedem Erkenntnisse über diese Frage beliebig vermehren. Hinzu kommen die mancherlei Abweichungen der verschiedenen hg.-Rechte — abgesehen von den Zweifeln, welches Recht im einzelnen Falle anzuwenden ist — die auch durch die Y. A. R., selbst wenn diese allgemein zur Anwendung kämen, nicht beseitigt werden. Denn diese Regeln bilden nicht, und wollen nicht bilden, ein in sich abgeschlossenes, systematisches hg. Recht, vielmehr treffen sie nur für einzelne Fälle Vorschriften, die nicht nach den Regeln der Auslegung und Analogie auf andere Fälle anzuwenden sind. Nicht speziell behandelte Fälle sind aus dem System des jeweilig zur Anwendung kommenden Gesetzesrechts zu entscheiden. Ein wenig befriedigender Rechtszustand!

Wenn alle diese Nachteile und Mängel sich nicht in noch

viel größerem Umfange praktisch fühlbar machen, als es der Fall ist, so liegt der Grund dafür darin, daß die Havariegrosse-Fälle nicht nur hinsichtlich der Frage, wer und mit welchem Betrage Jeder beizutragen hat, sondern auch hinsichtlich der Frage, welche Schäden vergütungsberechtigt sind, von sachkundigen und geschäftsgewandten Dispacheuren erledigt werden, und daß deren Dispachen, auch wenn sie nicht nach Vorbesprechungen mit den Hauptbeteiligten, gewissermaßen im Vergleichswege, aufgemacht sind, selten angefochten werden, weil die Kosten und Unbequemlichkeiten eines unsicheren Prozesses meistens außer Verhältnis stehen zu dem günstigen Falles zu erstreitenden Nutzen. Auf diese Weise werden die Mängel verdeckt, nicht beseitigt.

Beseitigt würden aber alle diese Mängel und Zweifel mit einem Schlage, wenn man sich entschließen könnte, das ganze hg.-Recht über Bord zu werfen und zu der einfachen und logischen, den Grundsätzen des Frachtvertrages entsprechenden Vorschrift des § 621 zurückzukehren, nach der dem Verfrachter „alle gewöhnlichen und ungewöhnlichen Kosten der Schiffahrt“ allein zur Last fallen, wie es beim Landtransport der Fall ist und auch bei der Binnenschiffahrt bis zum Jahre 1895 im größten Teile Deutschlands der Fall war. Danach würden alle dem Schiff absichtlich zugefügten Schäden vom Verfrachter, alle unbeabsichtigten Folgen solcher Maßregeln von dem zu tragen sein, den sie treffen. Zweifelhaft könnte sein, wie es mit den der Ladung absichtlich zugefügten Schäden zu halten wäre. Berechtigt wäre es, den Verfrachter auch zu ihrem Ersatz zu verpflichten, wie er nach §§ 540, 541 zum Ersatze verpflichtet ist, wenn wegen eines Partikularschadens des Schiffes die Ladung verbodmet oder sonst über sie verfügt ist. Berechtigt wäre es aber ebenso zu sagen, der Kapitän hat die Maßregel unter dem Zwange der höheren Gewalt ergriffen; ob diese direkt oder durch Vermittelung des Kapitäns den Schaden zufügt, begründet keinen Unterschied; die Ladung muß diesen Schaden selbst tragen. — Nach dem geltenden Recht könnte die Entscheidung zweifelhaft sein; nach dem System des Entwurfs ergibt sich zweifellos die Entscheidung in letzterem Sinne. Die Maßregeln zur Rettung des Schiffes aus drohender Gefahr gehören zweifellos zur nautischen Tätigkeit des Kapitäns; deshalb kommt eine Haftung des Verfrachters für solche Maßregeln nicht in Frage. Nur der Kapitän selbst würde haften, falls ihm eine grobe Fahrlässigkeit zur Last fällt. Eine Haftung des Verfrachters würde allein dann in Frage kommen können, wenn nach Lage des Falles in der Opferung der Ladung ein Verstoß gegen die dem Kapitän obliegende Pflicht zur Bewachung der Ladung, also ein administratives Verschulden zu erblicken wäre. Das ist eine Tatfrage, die gewiß äußerst selten praktisch wird. Die von Heck, der die Mängel des hg.-Rechts nicht verkennt, gegen diese Lösung erhobenen Bedenken: der Kapitän könnte dann verleitet werden, lieber die Ladung zu schädigen, als seinen Dienstherrn, der ihn deswegen vielleicht seiner Stellung entsetzen könnte; in eine so mißliche Lage, zwischen Pflicht und Interesse zu entscheiden, dürfe man den Kapitän nicht bringen; auch der Verdacht, nicht lediglich nach objektiven Gesichtspunkten gehandelt zu haben, müsse von ihm ferngehalten werden — diese Bedenken erscheinen nicht begründet. Gegen eine derartige pflichtwidrige Handlungsweise des Kapitäns schützt seine Verpflichtung, vor Seeämtern und Gerichten sein Verfahren zu rechtfertigen, schützt die durch die Verkehrsentwicklung erleichterte Kontrolle über den Kapitän. Auch werden die Fälle, in denen der Kapitän die Wahl hat, ob er zur Beseitigung der Gefahr das Schiff oder die Ladung schädigen soll, nicht so gar häufig sein. Und schließlich trifft der Schaden nicht den Ladungseigner, sondern dessen Versicherer, der mit dieser Gefahr rechnen muß, der mit der viel größeren Gefahr anderweitiger Schädigung der versicherten Ladung durch nautisches Verschulden rechnen muß. Diese Lösung empfiehlt sich auch aus dem praktischen Gesichtspunkte, daß es erwünscht ist, dem Verfrachter einen Ausgleich zu bieten für den Fortfall der, wenngleich in der Sache unbegründeten, so doch altgewohnten Begünstigungen, die ihm das hg.-Recht bisher gewährt hat.

Wir kommen daher zu dem Ergebnisse, die hg. ganz zu beseitigen, jeden Teil die ihm zur Errettung aus gemeinsamer Gefahr zugefügten Schäden selbst tragen zu lassen.

Vergegenwärtigen wir uns, um die Wirkungen des gemachten Vorschlages zu übersehen, kurz die in den Y. A. R. aufgeführten hg.-Fälle.

R. I. Decksladung; Seewurf derselben gilt nicht als hg. Diese jetzige Ausnahme entspricht der vorgeschlagenen Regel.

R. II. Seewurf und sonstige Opfer an Schiff und Ladung sowie deren Folgen sollen als hg. vergütet werden. Die Schäden würden, wie erwähnt, von jedem selbst getragen werden.

R. III. Schaden, der durch Löschen eines Feuers entsteht, insbesondere wenn zu dem Zwecke das Schiff auf den Strand gesetzt oder angebohrt wird, soll als hg. vergütet werden, jedoch kein Schaden an Schiffs- oder Ladungsteilen, die selbst vom Feuer ergriffen gewesen sind. Es ist oben ausgeführt worden, daß aus theoretischen und praktischen Gründen sich empfiehlt, jeden Teil seinen Schaden selbst tragen zu lassen.

R. IV. Das Kappen von durch den Sturm gebrochenen Rundhölzern und dgl. soll nicht in hg. vergütet werden; entspricht dem Vorschlage.

R. V. Freiwillige Strandung. Die Unterscheidung, ob ein absichtlich auf den Strand gesetztes Schiff ohnedem unvermeidlich gesunken oder auf den Strand getrieben sein würde, ist außerordentlich schwierig. Die Beseitigung der hg. für jedes freiwillige Stranden kann keinen Bedenken begegnen.

R.VI. Schaden durch Prangen wird nur vergütet, wenn dadurch ein gestrandetes Schiff vom Strande abgebracht oder höher auf den Strand getrieben werden soll. Eine aus Zweckmäßigkeitsgründen eingeführte Einschränkung der hg.-Grundsätze. Auch hier wird der Vorschlag, keinerlei Schaden durch Prangen zu vergüten, keinen Bedenken begegnen.

R.VII. Schaden, den Maschine und Kessel erleiden bei Versuchen, ein an Grund geratenes und in gefährdeter Lage befindliches Schiff abzubringen, „wenn der Schaden nachweislich die Folge eines zur Ausführung gebrachten Entschlusses ist, das Schiff zum Zwecke der Errettung aus einer gemeinsamen Gefahr abzubringen, auf die Gefahr hin, daß ein solcher Schaden entstehe". Schon die Wortung zeigt die Mißlichkeit der Bestimmung. Schon die Frage, ob ein gestrandetes Schiff sich in gefährdeter Lage befindet, ist schwer zu entscheiden (s. den oben mitgeteilten Fall aus der Hansa); noch schwerer festzustellen ist, ob der Kapitän sich bewußt gewesen ist, daß eventuell ein Schaden an der Maschine eintreten werde. Hier tritt (wie auch beim Löschen eines Brandes und beim Prangen) besonders klar hervor, daß von einem Opfer nicht wohl gesprochen werden kann, da die Handlung nur die notwendige Gegenmaßregel gegen eine vorhandene Seenot ist, und der Schaden nicht beabsichtigt ist. Auch die gewöhnlichen Gefahren der See können das Schiff schädigen, der Kapitän kann sich auch solcher eventuellen Schädigung bewußt sein.

R.VIII. Bei Leichterung eines an Grund geratenen Schiffes (hier ist nicht gesagt, daß es sich in gefährdeter Lage befinden müsse) sollen die Extrakosten der Leichterung und der etwaigen Wiederverladung, Leichtermiete sowie der dadurch erlittene Verlust oder Schaden als hg. vergütet werden. Nur Extrakosten sollen vergütet werden; werden durch Belassung der Waren im Leichter Kosten der Lagerung am Lande gespart, so müssen diese gegengerechnet werden (Ulrich III S. 209). Eine umständliche Berechnung! Bei Anwendung des allgemeinen Rechts ergibt sich die einfache Regelung, daß das Schiff die Kosten, die Ladung die Gefahr ihrer Leichterung trägt.

R. IX. Verbrauch von Schiffsgegenständen oder Ladungsteilen als Brennmaterial soll dann, aber auch nur dann als hg. vergütet werden, wenn reichlich Brennmateriel an Bord war. Der Wert der Kohlen, die statt dessen hätten verbraucht werden müssen, soll gegengerechnet werden. Hier wird bei Beseitigung der hg. der Schaden nicht dem Geschädigten, sondern dem Reeder aufzulegen sein. Die Entscheidung, ob ein „reichlicher" Vorrat an Kohlen an Bord war, ist schwierig. Er darf nicht nur für die gewöhnliche Dauer der Reise unter günstigen Umständen ausreichen, es muß mit einem Mehrverbrauch infolge widriger Umstände gerechnet werden. Aber auf welchen Mehrverbrauch? Daß der Mehrverbrauch zu Lasten des Reeders geht, wird anerkannt; aber warum diesen dann nicht einfach zum Ersatz des an Stelle der Kohlen Verbrauchten verpflichten? Warum soll die Ladung beitragen, wenn der Kapitän, weil er — auch unverschuldet — zu wenig Kohlen an Bord hat, Schiffsinventar verfeuern muß?

R. X. u. XI. Wenn ein Schiff zur Vermeidung einer durch Opferung oder Zufall entstandenen drohenden Gefahr einen Nothafen anläuft, so werden als hg. vergütet:

a. die Kosten des Anlaufens, und wenn das Schiff mit der ursprünglichen Ladung oder einem Teil derselben den Hafen wieder verläßt, auch die Kosten des Auslaufens;
b. wenn zur Vermeidung einer drohenden gemeinsamen Gefahr oder zur Ausbesserung eines Haveriegrosse- oder Partikularschadens des Schiffes, der die Fortsetzung der Reise hindert, die Ladung entlöscht werden muß, die Kosten der Entlöschung;
c. wenn die Kosten der Entlöschung vergütet werden, so auch die Kosten der Lagerung der Waren und ihrer Wiedereinladung; wenn die Reise aufgegeben wird, werden die Lagerungskosten aber nur bis zu diesem Zeitpunkte vergütet;

d. wenn das Schiff im Nothafen repariert werden könnte, aber zur Kostenersparung nach einem anderen Reparaturhafen oder dem Bestimmungshafen geschleppt wird, oder die Ladung ganz oder teilweise anderweitig weiterbefördert wird, „so sollen die durch das Schleppen bezw. die Überladung und Weiterbeförderung entstandenen Extrakosten (bis zur Höhe der ersparten Extrakosten) von allen an dem Unternehmen Beteiligten im Verhältnis zu dem Betrage der ersparten Extrakosten getragen werden“;

e. (R XI) die Heuer und Unterhaltskosten der Schiffsbesatzung während des Aufenthalts im Nothafen; wenn das Schiff die Reise aufgibt, bis zu diesem Zeitpunkt.

Wegen der Nothafenkosten bestehen die meisten Zweifel. Deutschland behandelt die „Nothafelung“ als selbständigen hg.-Akt. Frankreich berücksichtigt sie nur als Folge der hg., England befolgt ein zwischen beiden stehendes System (Ulrich I, 82). Auch die Y. A. R. lassen manche Zweifel.

Bei der „Nothafelung“ wird nur drohende, nicht gegenwärtige Gefahr erfordert (s. oben). Das deutsche Recht verlangt einen Hafen; R. X nur einen Zufluchtsort. Sucht das Schiff vor einem Orkan irgend eine geschützte Bucht auf, so werden Lohn und Verpflegung der Mannschaft während des Aufenthalts als hg. vergütet; warum dann nicht auch während der Verlängerung der Reise durch widrige Winde?

Der Hafen muß wegen der Not angelaufen sein; wenn in R. Xb auch von Abgangs- und Zwischenhafen gesprochen wird, so ist das nur in dem Sinne zu verstehen, daß wegen der Not zu ihnen zurückgekehrt wird (Ulrich III, 213); dasselbe muß betreffs d. gelten, wo allgemein von einem Hafen oder Platze gesprochen wird, in dem sich ein Schiff in Haverei befindet. Weshalb werden aber Aufenthalts-, Entlöschungskosten etc., die zur Reparatur einer Partikularhaverei des Schiffes erforderlich sind, überall vergütet? Warum werden sie dann nicht auch vergütet, wenn der nächste Hafen, der nach dem Unfalle erreicht werden konnte, zufällig ein Anlaufshafen ist? Im Nothafen genügt zur Begründung der hg.-Vergütung schon die Entlöschung wegen drohender Gefahr, z. B. wenn das wegen Maschinenschaden eingelaufene Schiff leck springt; in anderen Häfen nur die gegenwärtige Gefahr.

Besonders künstlich ist die Bestimmung unter d. Wenn das Schiff im Nothafen der Kostenersparnis wegen nicht repariert wird, so werden die dadurch entstandenen Kosten verteilt, aber nur, wenn das Schiff im Nothafen repariert werden konnte. Kann es nicht repariert werden, so endet nach H. G. B. 630 der Frachtvertrag, die Ladungsbeteiligten haben Distanzfracht zu zahlen, der Schiffer hat eventuell die Ladung auf ihre Kosten weiter zu befördern. Nach englischem Recht hat der Verfrachter die Wahl, ob er den Frachtvertrag endigen lassen will, in welchem Falle er keine Fracht bekommt, oder ob er die Güter anderweitig auf seine Kosten weiterbefördern will, in welchem Falle er die vereinbarte Fracht bekommt. Für den Fall, daß das Schiff nicht repariert werden k a n n, ist also nach allen Rechten für eine hg.-Verteilung kein Raum. Wenn aber die Reparatur möglich, nur dem Reeder an diesem Platze zu teuer ist, dann sollen die Kosten der anderweitigen Weiterbeförderung der Güter verteilt werden, und ferner sollen auch die Schleppkosten nach dem billigeren Reparaturhafen oder dem Bestimmungshafen verteilt werden. Lediglich im Interesse des Reeders wird die Reparatur im Nothafen unterlassen, lediglich ihm werden Kosten erspart, denn, wenn er die Reise fortsetzen k a n n, so m u ß er es auch nach dem von der Bremer Konferenz des Comité Maritime zu allgemeiner Einführung empfohlenen englischen Grundsatz; wenn der Ladungsbeteiligte auf die Vollendung der Reparatur nicht warten will, das Gut zurückfordert und anderweitig weiterbefördert, so hat e r die Kosten zu tragen (H. G. B. 638). Nun könnte man ja meinen, die Bestimmnng solle einen Ausweg schaffen aus der für beide Parteien ungünstigen Lage. Für den Reeder ist die Reparatur des Schiffes an diesem Orte ungünstig, für den Ladungsbeteiligten ist die durch die Reparatur veranlaßte lange Verzögerung ebenfalls ungünstig; beiden wird geholfen, wenn die Ladung sofort auf gemeinsame Kosten weiterbefördert wird. Aber auf die Weise werden unklare Verhältnisse geschaffen; dergleichen kann von Fall zu Fall vereinbart werden, und solche Vereinbarungen werden fast stets durch die Beteiligten oder deren Versicherer getroffen werden; es kann aber nicht als gesetzliche Regel vorgeschrieben werden. Wollte man nun aber auch diese Erklärung für die Weiterbeförderungskosten gelten lassen, so versagt sie doch völlig für die Kosten des Schleppens des Schiffes nach einem anderen Reparaturhafen oder dem Bestimmungshafen. Übrigens ist auch hier wieder nicht einzusehen, weshalb diese Bestimmung nur im Nothafen gelten soll, nicht auch, wenn die gleichen Verhältnisse in einem vorgesehenen Anlaufshafen eintreten.

Erhebliche Schwierigkeiten macht endlich die Verteilung der Kosten in diesem Falle. Sie findet hier nicht, wie sonst stets bei der hg., statt über den Wert von Schiff, Fracht und Ladung, sondern es sollen „die durch das Schleppen bezw. die Überladung oder Weiterbeförderung entstehenden Extrakosten (bis zur Höhe der ersparten Extrakosten) von allen Beteiligten an dem Unternehmen im Verhältnis der ersparten Extrakosten getragen werden.“ Statt „ersparten Extrakosten“ soll es wohl heißen, wie auch nach der englischen Bestimmung (Ulrich III, 77) anzunehmen ist, „ersparten Kosten“, nämlich der Kosten, die die Reparatur im Nothafen und die Ausführung der Reise mit dem Schiff verursacht haben würde. Die „Extrakosten“, nämlich die Kosten, die durch die Weiterbeförderung der Ladung und durch das Schleppen des Schiffes entstehen, sollen nicht vergütet werden „bis zur Höhe der ersparten Extrakosten“, sondern „soweit sie die ersparten Kosten übersteigen.“ Auf die verwickelten Berechnungen, die sich aus dieser Bestimmung ergeben, näher einzugehen, würde hier zu weit führen, es mag deswegen auf Ulrich III, S. 77—79 verwiesen werden.

Gerade bei den Nothafenkosten zeigt sich, daß die Versuche, sie unter die hg. zu bringen, auf Schritt und Tritt zu unlogischen, unzweckmäßigen Ergebnissen führen, daß es unmöglich ist, eine einigermaßen sichere und praktisch brauchbare Grenze zu ziehen zwischen ihnen und den „außergewöhnlichen Kosten der Reise“, die nach dem H. G. B. und den allgemeinen Grundregeln des Frachtvertrages dem Verfrachter zur Last fallen; daß nur durch Rückkehr zu diesen Grundregeln klare Verhältnisse geschaffen werden, die schließlich auch für die Reeder vorteilhafter sind, als diese in ihrem Interesse geschaffenen Bestimmungen, die ihnen gelegentlich den erwarteten Schutz versagen; ein dann unerwartet eintretender Schaden trifft sie härter, als wenn sie von vornherein die Gefahr klar übersehen und ihr Geschäft danach einrichten können.

R.XII. Unvermeidliche Schäden der Ladung während der Entlöschung, Lagerung und Wiedereinladung sollen als hg. vergütet werden, wenn die Kosten als hg. vergütet werden. Die Regel ist hauptsächtlich für R.X, daneben auch für R.VIII von Bedeutung. Wie bei letzterer Regel bemerkt, sind nach allgemeinen Grundsätzen die fraglichen Kosten vom Schiff, die Schäden aber von der Ladung zu tragen. Diese Schäden sind durch die Güterversicherung gedeckt. Daß vermeidliche, d. h. von der Schiffsbesatzung oder von anderen verschuldete Schäden von dem Schuldigen bezw.

im Vertragsverhältnis von dessen Dienstherrn zu ersetzen sind (außer bei nautischem Verschulden), ist selbstverständlich.

Die Regeln XIII—XVIII betreffen nicht die Voraussetzungen der hg., sondern die Verteilung und kommen daher für den gegenwärtigen Zweck nicht in Betracht.

Außer den vorerwähnten hg.-Fällen, die es im Einzelnen vielfach abweichend regelt, führt H. G. B. in § 706 unter Nr. 5 und 6 die Verteidigung gegen Feinde oder Seeräuber und den Loskauf von Schiff und Ladung von diesen auf. Im Falle der Verteidigung sollen außer den Schäden, die Schiff und Ladung dabei erleiden, auch der verbrauchte Schießbedarf — also die Verwendung von Ausrüstungsgegenständen zu dem Zwecke, zu dem sie mitgenommen sind — als hg. vergütet werden, ebenso die den Mannschaften für die Verteidigung zu zahlenden Belohnungen und die Heilungs- oder Beerdigungskosten Verletzter oder Getöteter. Kann man diese Schäden wirklich als absichtlich vom Kapitän zugefügte bezeichnen? Beim Loskauf werden nur Schiff und Ladung genannt, nicht Gefangene, nur die durch den Unterhalt und die Auslösung von G e i ß e l n entstehenden Kosten sollen neben der Loskaufsumme von Schiff und Ladung vergütet werden.

§ 706 N. 7 nennt die Verluste und Kosten, die bei der Beschaffung der zur Deckung der hg. während der Reise erforderlichen Gelder entstehen, u. a. den Verlust an während der Reise verkauften Gütern. Auch diese Frage regelt sich nach dem Vorschlage einfach und sachgemäß. Wer den Schaden zu tragen hat, hat auch die Kosten der Beschaffung der zu seiner Beseitigung erforderlichen Gelder zu tragen. Muß beispielsweise eine infolge eines Opfers durchnäßte Ware getrocknet werden, so sind die zur Beschaffung der erforderlichen Gelder aufzuwendenden Kosten vom Ladungsbeteiligten zu tragen.

Außer den vorstehenden kennt H. G. B. noch zwei Fälle u n e i g e n t l i c h e r hg. Nach § 732 ist, wenn der Kapitän während der Reise wegen eines Partikularschadens über Ladungsteile verfügt, und der Ladungseigner aus dem allein haftenden Schiffsvermögen keinen vollen Ersatz erhalten kann, der Ausfall von allen Ladungsbeteiligten nach den Grundsätzen der hg. zu vergüten. Dieser Fall erledigt sich ohne weiteres, wenn entsprechend dem englischen Recht, den Venediger Beschlüssen und meinem Vorschlage der Verfrachter für die zur Fortsetzung der Reise abgeschlossenen Kreditgeschäfte persönlich haftet. Einen durch Insolvenz des Reeders eintretenden Ausfall wird der Ladungseigner, wie heute nach englischem Recht, tragen müssen, d. h. sein Versicherer trägt ihn.

Nach § 635 sollen, wenn wegen einer Verfügung von hoher Hand (§ 629) das Schiff im Abgangshafen oder einem Zwischenhafen liegen bleiben muß, die Kosten des Aufenthalts wie Nothafenkosten verteilt werden, auch wenn die Erfordernisse der hg. nicht vorliegen. Diese Erfordernisse liegen nie vor. Es fehlt vor allem die gegenwärtige Gefahr, dann die vorsätzliche Schädigung (die Unterwerfung unter die Verfügung kann als solche nicht aufgefaßt werden), dann auch in zwei von drei möglichen Fällen, nämlich wenn die Verfügung das Schiff allein, oder die Ladung allein betrifft, die Gemeinsamkeit. Der Schaden des Aufenthalts trifft nur das Schiff (Kost und Lohn der Besatzung); das Ausladen der Ladung ist an sich nicht erforderlich. Nimmt der Ladungseigner die Ladung, um sie vor Verderb zu schützen oder aus anderen Gründen, aus dem Schiffe heraus, so hat er die Kosten zu tragen. Auch hier bieten die allgemeinen Regeln des Frachtvertrages die beste Grundlage, auf der die Beteiligten je nach Lage des Falles die zweckmäßigste Lösung vereinbaren werden.

Sehr viel näher steht der eigentlichen hg. ein anderer Fall, nämlich der der Hülfleistung in Seenot; ja eine Hülfleistung, die nicht hg. wäre, ist außer aus dem äußeren Grunde, daß das Schiff in Ballast fährt oder nur Güter des Reeders an Bord hat, nicht wohl denkbar. Alle Erfordernisse der letzteren liegen vor; die gemeinsame gegenwärtige Gefahr, das freiwillige Opfer — die Annahme der Hülfe gegen Entgelt — zu gemeinsamer Errettung. Die Hülfleistung wird aber in allen Seerechten mit der Bergung zusammen behandelt, bei der „Schiff oder Ladung ganz oder teilweise der Verfügung der Schiffsbesatzung entzogen waren" (§ 740) und bei der daher andere rechtliche Voraussetzungen vorliegen, als bei der hg. Wenn die Hülfleistung in allen Seerechten von der hg. getrennt behandelt wird, so hat das seinen Grund darin, daß sie in tatsächlicher Beziehung der Bergung außerordentlich nahe steht, so zwar, daß neuerdings die Neigung vorherrscht, die in der rechtlichen Behandlung beider noch bestehenden Unterschiede ganz zu beseitigen (Schaps zu § 740 Anm. 25; Entwurf der Diplomat. Konferenz 1905). Es liegt kein Grund vor, von dieser Behandlung der Bergung und Hülfleistung abzuweichen.

VI. Begründung des Entwurfs.

Bei Aufstellung des beigefügten Entwurfes eines für alle Verkehrsarten gemeinsamen Frachtrechts bin ich mir völlig bewußt, wie gewagt dieses Unternehmen ist. Aber er will ja keine Grundlage für eine gesetzliche Regelung oder eine internationale Vereinbarung sein. Namentlich für eine solche Vereinbarung würden manche Bestimmungen zu streichen oder wesentlich zu kürzen sein, die ich aufgenommen habe, um keine Bestimmung der vier deutschen Frachtrechte unberührt zu lassen, um zu zeigen, daß alle sich in diesen Rahmen gut einfügen. Die Aufstellung des Entwurfs hat mir dazu gedient, die im Vorstehenden dargelegten Gedanken durch den Versuch der Formulierung im Einzelnen auf ihre Richtigkeit und Durchführbarkeit zu prüfen. Daneben will er eine bequeme Übersicht der Ergebnisse bieten, zu denen ich gelangt bin. Sein Zweck ist erreicht, wenn er auch Andere zur Prüfung dieser Ergebnisse anregt, wie ich hoffe, dem Grundgedanken Freunde erwirbt und sie veranlaßt, an deren zweckmäßiger Ausgestaltung mitzuwirken.

Wie schon unter II ausgeführt, scheiden die Abschnitte 1 und 2 des 4ten Buches des H. G. B.: „Allgemeine Vorschriften“ und „Reeder und Reederei“, für unsere Betrachtung aus. Die in ihnen enthaltenen Bestimmungen gehören nicht ins Frachtrecht und werden daher in andere Gesetze zu verweisen sein, oder sind nach den früheren Ausführungen überhaupt zu streichen. Das Letztere ist der Fall hinsichtlich des Begriffs der Schiffsbesatzung (§ 481), der Bestimmungen über die Reederhaftung (§§ 485, 486), über den Ausrüster (§ 510); es gilt ferner, wie zu § 5 des Entwurfs auszuführen sein wird, hinsichtlich des Begriffs des Heimatshafens (§ 480).

Dasselbe gilt endlich auch von der Bestimmung, daß in ein segelfertiges Schiff keine Zwangsvollstreckung angeordnet, auch ein solches Schiff nicht mit Arrest belegt werden darf, es sei denn, daß die Schuld, wegen deren diese Maßregeln stattfinden sollen, zum Zwecke der bevorstehenden Reise eingegangen ist (§ 482). Legt man den Begriff der Segelfertigkeit strenge aus, so daß alle zum Auslaufen erforderlichen Förmlichkeiten erfüllt, alle Papiere an Bord sein müssen, so ist, da dies beim heutigen Verkehr meistens erst im Augenblicke des Abgangs der Fall ist, die Vorschrift fast illusorisch; daher meinen manche Schriftsteller (Schaps zu § 482), man dürfe dies nicht so streng nehmen. Wo ist die Grenze? Ist das Schiff ausgefahren, so muß der Zustand der Segelfertigkeit als fortbestehend angenommen werden bis zur Beendigung der eingegangenen Frachtverträge, also auch im Zwischenhafen. Aber wann sind bei den heutigen Rundreisen die bei Beantragung des Arrests eingegangenen Frachtverträge beendigt, und wie soll namentlich der Gläubiger erfahren, in welchem Hafen das der Fall ist? Eine „zum Behuf“ der bevorstehenden Reise eingegangene Schuld ist nicht, so wird gesagt, eine „bei Gelegenheit“ der Reise eingegangene Verbindlichkeit gegen den Absender. Aber R. G. hat Arrest wegen Forderung auf Zeichnung richtiger Konnossemente zugelassen. Weshalb aber nur die Ausnahme bewilligen für Ansprüche „zum Behuf“ der bevorstehenden Reise, also für Lieferung von Ausrüstungsgegenständen u. dergl.? Weshalb sollen diese Schiffsgläubiger, die in § 754 erst an 6. Stelle stehen, vor den anderen bevorzugt werden? Tatsächlich werden Schiffe, die einen Kollisionsschaden angerichtet haben, im nächsten Hafen angehalten, bis sie Sicherheit stellen; tatsächlich pflegen die Empfänger die Fracht nur auszuzahlen gegen Sicherheitsleistung des Schiffsmaklers für ihre Ansprüche aus dem Konnossement; die Schiffsmakler würden sich kaum dazu bereit erklären, wenn sie nicht mit der Festhaltung des Schiffes rechnen müßten. Man sagt daher, die Ausnahme sei dahin aufzufassen, daß sie für alle Ansprüche gelte, die nicht vorher geltend gemacht werden konnten. Das steht aber nicht da; das kann für irgendwelche Forderungen gegen den Reeder so gut zutreffen, wie für Reiseverbindlichkeiten. Das Angemessenste würde scheinen, die Ausnahme denen zu gewähren, und nur denen, denen nach bisherigem Recht nur das Schiffsvermögen haftet, die ihrer Ansprüche verlustig gehen, wenn das Schiff nach der Ausreise untergeht, denen nach dem Vorschlage des Entwurfs aus wirtschaftlichen Gründen neben der persönlichen Haftung des Verfrachters noch ein privilegiertes Recht am Schiff gegeben ist. Aber weshalb wird überhaupt auf die Segelfertigkeit Gewicht gelegt, die den Erfolg des Vorgehens des Gläubigers vom Zufall abhängig macht? Dem an der Reise Beteiligten ist es kaum störender, ob das Schiff festgehalten wird, wenn es segelfertig ist, oder ob dies einige Tage früher geschieht, nachdem sein Gut verladen ist. Die ganze Ausnahmebestimmung ist heutzutage entbehrlich und eher schädlich. Ist der Verfrachter zahlungsfähig, so wird er vermöge der überall bestehenden telegraphischen Verbindungen den Gläubiger so schnell befriedigen oder sicherstellen, daß kein störender Aufenthalt entsteht. Ist er insolvent, so haben die in Mitleidenschaft gezogenen Reisebeteiligten es sich selbst zuzuschreiben. Für die Schaffung gesunder Verhältnisse im Frachtverkehr kann es nur nützlich sein, wenn die Absender veranlaßt würden, sich etwas mehr um die Verfrachter zu kümmern, mit denen sie abschließen, ihr Gut nicht Verfrachtern anzuvertrauen, die ihnen keine Garantie bieten, die vielleicht ihr Geschäft, wie die Single Ship Companies, geradezu darauf angelegt haben, den Gläubigern alle Mittel für ihre Befriedigung zu entziehen. Es wird daher befürwortet, den § 482 ganz zu streichen.

Nach diesen Vorbemerkungen gehen wir zum Entwurf selbst über.

1. Verfrachter, Frachtführer. §§ 1—7.

§ 1. Der Verfrachter.

Der Entwurf geht im § 1, wie das allgemeine Frachtrecht § 425, von der Begriffsbestimmung des Verfrachters aus, der, um über diesen Punkt gleich Klarheit zu schaffen, hinzugefügt ist, daß es keinen Unterschied macht, ob die Beförderung mit eigenen oder fremden Transportmitteln ausgeführt wird. Damit erledigt sich die oben erörterte Frage wegen Ausrüsterverhältnis und Unterfrachtvertrag (§§ 510, 662). Das Verhältnis zwischen dem Eigentümer und Benutzer des Schiffes berührt den Frachtvertrag nicht; im Allgemeinen werden auf dasselbe die Bestimmungen über die Miete Anwendung finden, soweit es nicht, wie meistens geschieht, vertragsmäßig in allen Einzelheiten geregelt ist. — In Abs. 2 und 3 sind die Bestimmungen der §§ 451, 452, 663 angefügt, nach denen ein Kaufmann auch bei nicht gewerbsmäßiger Beförderungsübernahme als Frachtführer gilt, die staatlichen Postverwaltungen dagegen nicht. Die Berechtigung und Notwendigkeit dieser beiden Bestimmungen soll hier nicht näher geprüft werden.

§§ 2—7. Der Frachtführer.

§ 2 gibt im Abs. 1 die Begriffsbestimmung des Frachtführers (Kapitän, Schiffer, Fuhrmann), die keiner weiteren Bemerkungen bedarf. In Abs. 2 und 3 sind Spezialbestimmungen des Seerechts übernommen, im wesentlichen aus dem Grunde, um keine in ihm enthaltenen Vorschriften zu übergehen.

§ 3. Über die Haftung des Frachtführers würden an sich keine Bestimmmungen erforderlich sein; sie ist dieselbe, wie die Haftung jedes Angestellten. Zu der Haftung des Dienstherrn für den Schaden, den er bei Ausführung der von diesem übernommenen Verpflichtungen dem Berechtigten zufügt, tritt nach B. G. B. 823 seine persönliche Haftung hinzu. Aber diese Haftung ist von geringer Bedeutung; sie wird fast nie in Anspruch genommen. Damit erledigt sich auch die Verschiedenheit, die zwischen H.G.B. 512 Abs. 2 und B. Sch. G. 7 besteht, indem nach ersterem der Schiffer dadurch, daß er auf Anweisung des Reeders gehandelt hat, von der Haftung den anderen Beteiligten gegenüber nicht befreit wird, während nach letzterem der Schiffer, der auf Anweisung seines Dienstherrn gehandelt hat, von der Haftung befreit wird, sofern er diesen genügend unterrichtet hatte. In diesem Falle fehlt es an dem Vorsatz oder der Fahrlässigkeit des Frachtführers, die nach B. G. B. 823 seine Haftung begründen. — Wenn trotzdem § 3 im Abs. 1 die Haftung des Frachtführers für die Anwendung ordentlicher Sorgfalt bei allen seinen Dienstobliegenheiten ausspricht, so geschieht es hauptsächlich, um hieran im Abs. 2 die Ausnahme hinsichtlich des nautischen Verschuldens anzuknüpfen. Wegen dieser Ausnahme ist auf die Ausführungen Seite 33 ff. zu verweisen.

§ 4. Auch die sehr eingehenden Vorschriften des Seerechts und des B. Sch. G. über die Dienstobliegenheiten des Schiffers sind eigentlich nicht erforderlich. Ihre Aufnahme, wenn auch in sehr abgekürzter Form, scheint aber ratsam, namentlich um die Verpflichtnngen hervorzuheben, die der Frachtführer bei Unfällen gegenüber der Ladung und den Ladungsbeteiligten hat. Nicht aufgenommen sind jedoch die Bestimmungen über das Tagebuch (H. G. B. 519—521) und über die Verklarung (H. G. B. 522—525; B. Sch. G. 11—14). Sie werden in andere Gesetze (erweiterte Seemannsordnung?) zu verweisen sein.

§ 5. Von materieller Bedeutung sind die Vorschriften über die Dienstbefugnisse des Frachtführers, seine Befugnisse zur Vornahme von Rechtshandlungen für den Verfrachter. Aus der selbständigen Stellung, die er als Führer des Transports einnimmt, ergibt sich, daß er zur Vornahme aller Geschäfte und Rechtshandlungen befugt sein muß, die die Ausführung der Frachtverträge mit sich bringt und die zur Fortsetzung der Reise erforderlich sind, einschließlich der Anstellung von Klagen. Hinzuzufügen empfiehlt sich, daß er auch das Transportmittel und die Fracht verpfänden (über Verbodmung s. Seite 174 ff.) und im Falle dringender Notwendigkeit das Transportmittel sogar verkaufen kann, und zwar namentlich, weil ihm diese Befugnis im B. Sch. G. § 15 Abs. 2 abgesprochen ist. Für den deutschen Binnenschiffsverkehr ist dies Verbot gerechtfertigt; auch für den Seeverkehr würde es heute wohl angänglich sein, da der Schiffer fast stets in der Lage sein wird, sich deswegen telegraphisch mit dem Reeder zu verständigen, und das bei so wichtigen Maßregeln dann selbstverständlich tun muß. Aber einerseits ist die Erteilung der Befugnis unbedenklich, weil, wenn die Einholung der Genehmigung des Verfrachters möglich war und nicht erfolgt ist, ernste Bedenken gegen den guten Glauben des Dritten begründet sind; andererseits sind beim Binnenschiffsverkehr und beim Karawanenverkehr in entfernten Ländern (auch diese Verhältnisse müssen in einem allgemeinen Frachtrecht berücksichtigt werden) auch heute noch Fälle denkbar, in denen diese Befugnis des Frachtführers unentbehrlich ist.

Die Beschränkung der Befugnis des Kapitäns oder Schiffers, durch Wechsel oder in anderer Weise den persönlichen Kredit des Reeders in Anspruch zu nehmen (§ 529; B. Sch. G. § 15 Abs. 2) verliert ihre Bedeutung mit der vom Entwurf vorgeschlagenen Beseitigung der beschränkten Haftung.

Dagegen scheint die weitere Beschränkung des B. Sch. G. § 15 Abs. 2 dahin, daß der Frachtführer keine Frachtverträge abschließen darf, nach dem, was in den allgemeinen Ausführungen über die heutige Stellung des Frachtführers, und insbesondere des Kapitäns, gesagt ist, gerechtfertigt und zweckmäßig. Seine Aufgabe ist nach § 2 die Beförderung von Gütern, die Ausführung der vom Verfrachter abgeschlossenen Frachtverträge, nicht der Abschluß neuer Frachtverträge. Soll er auch dazu befugt sein, so mag der Reeder ihm eine Vollmacht mitgeben. Die Verhältnisse liegen in dieser Beziehung heute in der Seeschiffahrt nicht anders als in der Binnenschiffahrt.

Nach H. G. B. 526, B. Sch. G 16 besitzt der Frachtführer die erwähnten Befugnisse aber nur außerhalb des Heimatshafens.

Der Heimatshafen ist nach § 480 der Hafen. „von dem aus die Seefahrt mit dem Schiffe betrieben wird". Nur in das Schiffsregister dieses Hafens darf nach § 6 des Gesetzes über das Flaggenrecht der Kauffahrteischiffe vom 22. Juni 1899 das Schiff eingetragen werden, abgesehen von gewissen in Abs. 2 erwähnten Fällen, in denen dem Reeder die Wahl des Heimatshafens freisteht. Nach § 17 muß ein ins Register eingetragenes Schiff seinen Namen und den des Heimatshafens an jedem Bug und am Heck tragen. Von welchem Hafen aus die Schiffahrt betrieben wird, ist heute aber nicht immer leicht zu entscheiden, z. B. wenn eine Hamburger Reederei Fahrten von Stettin nach New York, von New York nach Rio de Janeiro unterhält. Würde festgestellt werden, daß der Hafen, in dem das Schiff registriert ist, dessen Name sich auf ihm befindet, nicht derjenige ist, von dem aus die Schiffahrt mit ihm betrieben wird, so würde das hinsichtlich der Haftung des Reeders für die vom Kapitän abgeschlossenen Geschäfte sehr bedenkliche Folgen haben können.

Aber dieser Begriff des Heimatshafens, dem B. Sch. G. den Ort gleichstellt, „an dem der Schiffseigner eine Geschäftsniederlassung hat", wird vollends bedenklich angesichts der neuerdings so häufigen Vercharterungen der Schiffe, der Einstellung eines fremden Schiffes in eine Linie. Angenommen, die von Hamburg fahrende Bremer Hansa-Linie stellt ein Hamburger Schiff in ihre Linie ein und besetzt es mit einem ihrer Kapitäne. Dieser macht bei einem hiesigen Lieferanten, der ihn als Kapitän der Linie kennt, eine übliche Bestellung; dabei wird der Name des Schiffes, und daß es hier beheimatet ist, nicht erwähnt oder der Lieferant läßt es unbeachtet. Es entstehen irgendwelche Differenzen; dann ist die Linie befugt, ihre Zahlungsverbindlichkeit überhaupt in Abrede zu stellen. Der Begriff des Heimatshafens hängt mit dem Schiffseigentum zusammen; er kann nicht verwendet werden zur Begrenzung der Befugnis des Kapitäns in der Vertretung des Verfrachters.

Die Beschränkung der Befugnis gilt auch nicht ausnahmslos. Nach § 526 ist der Kapitän zur Annahme der Schiffsmannschaft auch im Heimatshafen befugt; nach B. Sch. G. § 16 dazu nicht, aber zur Ausstellung der Ladescheine. Daß dies in § 526 nicht erwähnt ist, erklärt sich wohl daraus, daß nach der früheren Fassung des § 642 die Ausstellung des Konnossements ein selbständiges Recht und eine selbständige Pflicht des Kapitäns war.

Die Ausdehnung der Befugnisse des Kapitäns auf den Heimatshafen ist unbedenklich. Der Reeder und Verfrachter, der dem Kapitän in so großem Umfange seine Interessen anvertraut und anvertrauen muß, kann ihm auch das Vertrauen schenken, daß er im Heimatshafen, unter seinen Augen, seine Befugnisse nicht mißbraucht. Sehr häufig würden bei einem Mißbrauche der Art Zweifel gegen den guten Glauben der Lieferanten gerechtfertigt sein. Die Ausdehnung ist zweckmäßig, weil für viele derartige Geschäfte, ebenso wie für die Annahme der Mannschaft, der Kapitän der geeignetste Vertreter des Verfrachters ist, er sie besser ausführen kann, als der Verfrachter selbst. Es würde sehr umständlich sein, wenn bei allen solchen Geschäften der Kapitän eine Vollmacht seines Dienstherrn vorzeigen müßte, um dessen Haftung dem Lieferanten gegenüber zu begründen. Daher kennen auch manche fremden Rechte, namentlich das englische (soviel ich weiß) diese Beschränkung nicht.

§ 6 wiederholt die Vorschrift des § 533, B. Sch. G. 17, 19, nach der aus Rechtsgeschäften, die der Schiffer innerhalb seiner gesetzlichen Befugnisse abschließt, nicht er persönlich, sondern nur der Reeder dem Dritten gegenüber verpflichtet wird, es sei denn, daß dieser nicht in gutem Glauben war, d. h. wußte oder wissen mußte, daß das Bedürfnis für das Geschäft nicht oder nicht in dem Umfange vorlag, oder daß der Reeder die Befugnisse des Schiffers beschränkt hatte, kurz, daß dieser nicht als ordentlicher, pflichttreuer Schiffer handelte. Dies ergibt sich aus der gesetzlichen Vollmacht, brauchte daher eigentlich nicht ausgesprochen zu werden. Ganz überflüssig erscheint die Aufnahme des § 532, nach dem der Schiffer, der aus eigenen Mitteln Vorschüsse leistet, dem Reeder gegenüber keine größeren Ansprüche hat, als ein Dritter. Woher sollte er diese größeren Rechte ableiten? Außerdem ist der Fall gewiß sehr selten.

§ 7 behandelt die Befugnisse des Frachtführers der Ladung gegenüber. Sie ergeben sich aus seiner Verpflichtung, für das Beste der Ladung zu sorgen; d. h. er muß, wenn dies im Interesse der Ladung geboten ist, zur Erhaltung des Ganzen oder zur Ausführung der Reise über einen Teil der Ladung verfügen, ihn verkaufen, verpfänden — eventuell auch die ganze dem Verderb ausgesetzte Ladung verkaufen können. Hieraus ergibt sich, daß er über die Ladung zur Erhaltung des Schiffs, wenn diese Erhaltung nicht zur Fortsetzung der Reise dient, nicht verfügen darf (§ 528).

Hinsichtlich der Verfügung über die Ladung zur Fortsetzung der Reise unterscheiden §§ 538—541 den Fall der großen Haverei und den der besonderen Haverei des Schiffes. Im ersteren Falle hat der Schiffer die freie Wahl zwischen allen geeigneten Maßregeln, d. h. er muß diejenige Maßregel ergreifen, die mit dem geringsten Nachteil verbunden ist. Im anderen Fall darf er über die Ladung nur verfügen, wenn dem Bedürfnisse auf anderem Wege nicht oder nur mit unverhältnismäßigem Schaden des Reeders abgeholfen werden kann. Auch in diesem Falle darf er aber die Ladung nie allein, sondern nur mit Schiff und Fracht zusammen verbodmen. Das gleiche bestimmt § 680. Die Unterscheidung der beiden Fälle, und die Beschränkung der Bewegungsfreiheit des Kapitäns im letzteren Falle scheint nicht gerechtfertigt, da auch in diesem Falle der Verfrachter das Gut gemäß §§ 611, 612 ersetzen muß (§ 541), und sogar, unbegründeter Weise, wenn er beim Verkauf des Gutes einen höheren Preis erzielt, als den Wert am Bestimmungshafen, diesen ganzen Preis erstatten muß (§ 612 Abs. 2; siehe darüber zu § 41). Der Kapitän sollte stets die Freiheit der Wahl der zweckmäßigsten Maßregel haben. Daß er ohne besondere Veranlassung, die er darlegen und beweisen muß, zur Erfüllung einer Verpflichtung des Verfrachters nicht über die Ladung verfügen darf, versteht sich von selbst. Übrigens muß er in solchen Fällen, wenn tunlich, die Weisungen des Verfrachters eventuell auch der Ladungsbeteiligten einholen (§ 4), und heutzutage wird das fast stets tunlich sein.

Daß der Kapitän nicht über den persönlichen Kredit der Ladungsbeteiligten verfügen kann (§ 537) ist im allgemeinen selbstverständlich. Aber es sind Fälle denkbar, in denen Ausnahmen von dieser Regel geboten sind. Es kann vorkommen, daß Aufwendungen für das Gut zu machen sind, und daß der Verkauf eines Teiles der Ladung oder ihre Verbodmung sehr unvorteilhaft ist. Es kann vorkommen, daß zur Betreibung der Wiedererlangung entzogener Ladung Aufwendungen erforderlich sind. Diese Fälle scheint Schaps zu § 537 Anm. 17 übersehen zu haben. Soll dann der Kapitän nur auf den Verfrachter ziehen dürfen, auch wenn er einen Wechsel auf den Ladungsbeteiligten zu günstigeren Bedingungen erhalten kann? Es erscheint richtig, auch in diesem Falle dem pflichtmäßigen Ermessen des Kapitäns freie Hand zu lassen. Auch das in diesen Bestimmungen liegende Mißtrauen gegen den Kapitän ist ein Überrest aus alter Zeit. Die Beschränkungen sind bei der heutigen leichteren Kontrolle, selbst wenn man mit der Möglichkeit zweifelhafter Elemente in diesem Stande rechnet, nicht mehr begründet.

Wegen der Verbodmung ist auf die Ausführungen über die Bodmerei am Ende der Begründung (Seite 174 ff.) zu verweisen.

2. Frachtbrief, Ladeschein. §§ 8—11.

Im allgemeinen Frachtrecht, das nach § 454 auch auf den Eisenbahnverkehr Anwendung findet, sofern nicht in dem ihn betreffenden Abschnitt des H. G. B. oder in der Eisenbahn-Verkehrsordnung anderes bestimmt ist, und das nach B. Sch. G. § 26 mit Ausnahme der §§ 428, 429, 437, 438, 444 auch auf den Binnenschiffahrts-Verkehr Anwendung findet, folgt auf die Begriffsbestimmung des Frachtführers die Bestimmung über den Frachtbrief; auch das Seefrachtrecht spricht nach Erwähnung der drei Arten von Frachtverträgen (Verfrachtung im Ganzen, Teil- und Stückgutverfrachtung) zuerst von der Frachturkunde (§ 557). Dem folgt der Entwurf, fügt aber den Bestimmungen über den Frachtbrief unmittelbar diejenigen über den Ladeschein (Konnossement) an, die in den anderen Frachtrechten erst an späterer Stelle erwähnt werden.

Nach § 426 kann der Frachtführer die Ausstellung eines Frachtbriefes verlangen, der vom Absender zu unterschreiben ist, wobei eine mechanische Vervielfältigung der Unterschrift genügt. Nach § 557 kann im Seeverkehr nur bei der Verfrachtung im Ganzen oder bei der Teilverfrachtung jede Partei die Errichtung einer schriftlichen Urkunde über den Vertrag (Charterpartie) verlangen. Im Stückgutverkehr tritt das Konnossement an die Stelle des ja überhaupt nur auf Verlangen auszustellenden Frachtbriefes; ein anderer Grund, weshalb in diesem Verkehr kein Frachtbrief ausgestellt werden sollte, liegt nicht vor.

Nach § 444, 445 kann — d. h. „ist auf Verlangen des Absenders“, wie H. G. B. 642 und B. Sch. G. 72 genauer sagen — vom Frachtführer über die Verpflichtung zur Auslieferung des Gutes ein Ladeschein ausgestellt werden, der von ihm unterzeichnet werden muß; hier ist nicht gesagt, daß die Unterschrift auf mechanischem Wege hergestellt werden kann, doch empfiehlt es sich, in Rücksicht auf das Bedürfnis des Massenverkehrs und um mehrfach aufgetauchte Zweifel zu beseitigen, dies auszusprechen. — Der Absender hat dem Frachtführer auf Verlangen eine von ihm unterschriebene Abschrift des Ladescheins auszuhändigen. Diese Abschrift des Ladescheins deckt sich, da auch der Inhalt der beiden Scheine im wesentlichen derselbe ist (auf Abweichungen im Einzelnen braucht hier nicht eingegangen zu werden) mit dem Frachtbrief.

Hiermit stimmen §§ 642—644 über das Konnossement durchaus überein. Wenn gesagt wird, daß die Ausstellung des Konnossements „nach Beendigung jeder einzelnen Abladung“ und „unverzüglich gegen Rückgabe des etwa bei der Annahme der Güter erteilten vorläufigen Empfangsscheines“ zu erfolgen hat, so ist das ohne erhebliche Bedeutung, namentlich, nachdem 1900 hinzugefügt worden ist, daß auch über Güter, die zur Beförderung übernommen, aber noch nicht abgeladen sind, ein Konnossement ausgestellt werden kann. Ebenso ist ohne Bedeutung, daß so viele Konnossemente auszustellen sind, wie der Ablader verlangt. Wenn früher die Ausstellung des Konnossements ausschließlich dem Schiffer übertragen war, so ist auch diese Besonderheit gefallen; jetzt kann die Ausstellnng „an Stelle des Schiffers durch einen anderen dazu ermächtigten Vertreter des Reeders“, d. h. durch den Verfrachter, erfolgen, wie dies B. Sch. G. § 72 direkt ausspricht, wo aber noch an der Ausstellung nach der Verladung festgehalten wird.

Auch hinsichtlich der dinglichen Wirkungen der Übergabe des Scheines stimmen § 450 und 647 durchaus überein, nachdem an letzterer Stelle als Voraussetzung dieser Wirkung nicht mehr die erfolgte Abladung an Bord, sondern die Übernahme durch den Verfrachter bezeichnet ist.

Namentlich aber stimmen Ladeschein und Konnossement darin überein, daß sie maßgebend sind für das Rechtsverhältnis zwischen dem Verfrachter und dem Empfänger (§§ 446, 651). Es erscheint unrichtig, wenn Wüstendörfer (S. 325), allerdings in Übereinstimmung mit manchen anderen Schriftstellern, einen Unterschied zwischen beiden Scheinen behauptet, dahin, daß der Verfrachter aus dem Ladeschein des § 446 dem Empfänger nicht hafte, wenn er das vom Absender erhaltene aber unrichtig bezeichnete Gut abliefert, sofern er beweist, daß ihn inbezug auf die Unrichtigkeit der Bezeichnung kein Verschulden treffe, während der Verfrachter aus einem reinen Konnossement für die Richtigkeit der Bezeichnung des Gutes absolut hafte; und wenn er ferner behauptet, daß der Ladeschein des B. Sch. G. § 72 ff. zwischen jenen beiden Scheinen in der Mitte stehe. Derselben Ansicht ist auch Ritter, Handelsgesb.

zu § 446 Anm. 4, der ausführt, die Wirkung schuldhaft unrichtiger Bezeichnung sei nur Schadensersatzpflicht; sei die Beschaffenheit des übernommenen Gutes geringer als die bezeichnete, so hafte der Frachtführer wie für Beschädigung; sei das bezeichnete Gut ganz oder teilweise nicht übernommen, so hafte er wie für Total- oder Teilverlust; sei anderes als das bezeichnete Gut übernommen, so hafte er wie für Teilverlust. Es ist nicht recht klar, weshalb im letzteren Falle nur wie für Teilverlust gehaftet wird, und namentlich, welche andere Wirkung über die Schadensersatzpflicht hinaus sonst noch eintreten könnte. — Aber die ganze Unterscheidung zwischen dem Ladeschein und dem Konnossement erscheint unrichtig. Die § 446 und 651 sagen in fast wörtlicher Übereinstimmung, daß der Schein entscheidet (651: maßgebend ist) für das Rechtsverhältnis zwischen dem Verfrachter und dem Empfänger; § 651 fügt dem hinzu: „insbesondere hat die Ablieferung der Güter nach dem Inhalte des Konnossements zu erfolgen.“ Das Wort „insbesondere“ spricht klar aus, daß es sich hier nicht um etwas Neues, sondern nur um eine Anwendung der vorher ausgesprochenen Regel handelt, die also auch für die gleiche Regel des § 446 gelten muß. Die gegenteilige Auslegung dieses Paragraphen stützt sich auf § 444, nach dem „über die Verpflichtung zur Auslieferung des Gutes ein Ladeschein ausgestellt werden kann“, durch eine m. E. ungerechtfertigte Betonung der Worte „des Gutes“, im Sinne von: „des übernommenen Gutes“. Danach würde der Ladeschein nur von Bedeutung sein hinsichtlich des Verfügungsrechts des Absenders (§§ 433, 447 Abs. 3), und für die, nur im Falle des Konkurses bedeutungsvolle dingliche Wirkung des Scheines. Denn die Verpflichtung, das übernommene Gut dem Empfänger abzuliefern, ergibt sich schon aus dem Frachtvertrage.

Die dem Ladeschein nach jener Auffassung nur zukommende beschränkte Bedeutung besitzt in Wirklichkeit das Frachtbrief-Duplikat des Eisenbahnverkehrs, das, zwischen dem Frachtbrief und dem Ladeschein in der Mitte stehend, deutlich die Entwickelung von jenem zu diesem zeigt. Das Frachtbrief-Duplikat beschränkt das Verfügungsrecht des Absenders in gleicher Weise wie der Ladeschein (H. G. B. 455 Abs. 2, Berner Vertrag Art. 15), Anweisungen des im Besitz des Ladescheins befindlichen Absenders beschränken die Rechte des Empfängers am Bestimmungsort (Berner Vertrag Art. 16), im übrigen kann aber auch der Eisenbahn gegenüber der Empfänger nach Ankunft des Gutes am Bestimmungsorte die Rechte aus dem Frachtvertrage in eigenem Namen, also nicht nur in Vertretung des Absenders, geltend machen (H. G. B. 435, Berner Vertrag Art. 16). Aber das Frachtbrief-Duplikat hat, wie Art. 8 des Berner Vertrags ausdrücklich betont, nicht die Bedeutung „eines Konnossements (Ladescheins)“. Diese Nebeneinanderstellung der beiden Bezeichnungen im internationalen Eisenbahn-Frachtrecht spricht, nebenbei bemerkt, für ihre oben vertretene Gleichartigkeit. Das Frachtbrief-Duplikat unterscheidet sich vom Konnossement oder Ladeschein einmal darin, daß ihm die dingliche Wirkung fehlt. Aber dieser Unterschied ist bei der wohl stets anzunehmenden Solvenz der Eisenbahnen für die hier in Betracht kommenden Forderungen ohne erhebliche Bedeutung, da das Forderungsrecht aus dem Frachtvertrage eng an das Duplikat geknüpft ist. Wegen dieses Punktes hätte kaum Veranlassung vorgelegen, den Unterschied zwischen Duplikat und Ladeschein im Art. 8 des Vertrages so scharf zu betonen. Wichtig aber ist der Unterschied, daß die Bahn nicht nach Art. 446 dem Empfänger nach Maßgabe, nach dem Inhalte, des Duplikates haften will. Dadurch wird dem Duplikat in außerordentlich viel höherem Maße, als durch den Mangel der dinglichen Wirkung, die Eigenschaft als Repräsentant der Ware, die Fähigkeit als negotiabeles Papier zu dienen, genommen, wie denn auch der Frachtbrief, und demgemäß das Duplikat, nach § 426, Berner Vertrag Art. 6, nicht an Order gestellt werden kann, wie der Ladeschein (§ 445). Aber die leichte Übertragbarkeit der Ware, schon bevor man sie in Händen hat, durch Übertragung der sie vertretenden Urkunde ist ein dringendes Verkehrsbedürfnis, und bei der heutigen Entwickelung des Durchgangsverkehrs, bei dem die verschiedenen Beförderungsarten an der Ausführung einer einheitlichen Beförderung beteiligt sind, ist es ein dringendes Verkehrsbedürfnis, daß die Empfangsbescheinigungen aller Verfrachter über die ihnen übergebenen Güter diese Fähigkeit besitzen. Dazu ist aber erforderlich, daß der Verfrachter dem Empfänger nicht nur haftet für die richtige Ablieferung der von ihm übernommenen Güter, sondern daß er absolut haftet für die Richtigkeit der Bezeichnung des Gutes auf dem Schein, sofern nicht diese Haftung in deutlicher Weise auf dem Schein in bestimmten, mit dem Verkehrsinteresse vereinbaren Grenzen beschränkt ist. Mögen daher über die Bedeutung des Ladescheins de lege lata verschiedene Meinungen möglich sein, mag selbst die von mir vertretene Ansicht in dieser Beziehung unrichtig sein, darüber ist meines Erachtens ein Zweifel nicht möglich, daß de lege ferenda für alle Beförderungsarten ein einheitlicher Ladeschein mit der angegebenen strikten Bedeutung erforderlich ist. Ich halte es für einen Kardinalfehler, des in sonstiger Beziehung höchst verdienstvollen Werkes Wüstendörfer's, daß er diesen Gesichtspunkt verkennt und die Annäherung des Konnossements an den Ladeschein (wie er ihn auffaßt) durch Abschwächung der Haftung ex scriptura herbeiführen will. Er liefert hierdurch m. E. einen schlagenden Beweis für die Bedenklichkeit der von ihm befürworteten teleologischen Gesetzesauslegung. Auf diese Auffassung und darauf, wie hinsichtlich der Haftung aus dem Ladeschein die Bedürfnisse des Warenverfrachters mit den Interessen des Verfrachters in Übereinstimmung zu bringen sind, wird bei der Frage der Haftung aus dem Ladeschein (Entw. § 38) näher einzugehen sein.

Mit der dargelegten Bedeutung des Ladescheins stimmt die Bestimmung der §§ 446, 651 überein, daß die nicht in ihm aufgenommenen Bestimmungen des Frachtvertrages dem Empfänger gegenüber unwirksam sind. Wenn dem an beiden Stellen hinzugefügt wird: „sofern nicht der Ladeschein ausdrücklich auf sie Bezug nimmt“, und im § 651 ferner, daß, wenn in Ansehung der Fracht auf den Frachtvertrag verwiesen wird, hierin die Bestimmungen über Löschzeit, Überliegezeit und Liegegeld nicht einbegriffen sind, so sollten diese Zusätze gestrichen werden. Der Ladeschein ist für den Empfänger maßgebend, er muß alles für den Nehmer des Scheines Relevante enthalten. Der Nehmer darf hinsichtlich seiner Rechte und Pflichten gegenüber dem Verfrachter nicht auf andere Urkunden verwiesen werden, von denen er bei Annahme des Scheins in der Regel keine Kenntnis hat, jedenfalls nicht zu haben braucht, von denen die Parteien ihm zu dieser Zeit keine Kenntnis zu geben brauchen. Derartige Bezugnahmen sind die Quelle vieler Streitigkeiten. Die Hinzufügung des § 651 könnte höchstens von Wert sein für die Streitfrage, ob Liegegelder der Fracht gleichzuachten sind. Doch ist diese Frage ziemlich müßig, wenn nur ausgesprochen wird, daß sie dem Empfänger gegenüber dieselben Rechte gewähren, wie die Fracht.

Die weiteren Bestimmungen über die Verpflichtung des Unterverfrachters, der das Gut mit dem Ladeschein übernommen hat (449), über das Verfügungsrecht des Absenders und Empfängers bei Ausstellung eines Ladescheins (§ 447 2 u. 3, 659), über die

Ablieferung des Gutes an den durch den Ladeschein Legitimierten (447, 448), welches Verhältnis in 645—650 in Rücksicht auf die aus der Ausstellung mehrerer Ladescheine möglicherweise entstehenden Verwickelungen näher ausgeführt ist, ferner die Auslegungsregeln für Konnossementsklauseln (653—658), ergeben sich aus der in §§ 446, 651 festgestellten Bedeutung des Scheins, werden aber besser bei den betreffenden Verhältnissen erörtert.

3. Das Frachtgut. §§ 12—15.

Nach § 426 Abs. 2 haftet der Absender dem Frachtführer für die Richtigkeit und Vollständigkeit der Angaben des Frachtbriefes; nach § 427 haftet er dem Frachtführer, sofern nicht diesem ein Verschulden zur Last fällt, für alle Folgen, die sich aus dem Mangel, der Unzulänglichkeit oder Unrichtigkeit der Begleitpapiere ergeben. — Das Eisenbahnfrachtrecht fügt § 467 hinzu, daß die Bahn für Güter, die unrichtig bezeichnet sind, oder hinsichtlich deren die vorgeschriebenen Sicherheitsmaßregeln unterlassen sind, ihrerseits nicht haftet. Dies ergibt sich aus den allgemeinen, später zu erörternden, Vorschriften über die Haftung des Verfrachters. — Für das Seerecht bestimmt § 591, daß der Absender innerhalb der Zeit, während der er die Güter zu liefern hat, auch die erforderlichen Papiere zu liefern hat. § 563 bestimmt ferner, daß der Absender, der Güter verladet, deren Aus- oder Einfuhr verboten ist, oder hinsichtlich deren die Zoll-, Steuer- oder Polizeivorschriften übertreten sind, sofern ihn dabei ein Verschulden trifft, nicht nur dem Verfrachter, sondern allen an dem Transport Beteiligten haftet. Dadurch, daß er mit Zustimmung des Schiffers gehandelt hat, wird seine Verantwortlichkeit den übrigen Personen gegenüber nicht ausgeschlossen. Er kann aus der Konfiskation der Güter keinen Grund herleiten, die Zahlung der Fracht zu verweigern. Gefährden die Güter den übrigen Transport, so kann der Schiffer sich ihrer entledigen. Dasselbe trifft — was selbstverständlich ist — nach § 564 auch zu, wenn die Güter ohne Wissen des Schiffers an Bord gebracht sind. — B. Sch. G. § 45 entspricht § 563, und spricht nur weitergehend aus, daß die Zustimmung des „Frachtführers", also nach der Ausdrucksweise des Entwurfs „des Verfrachters" den schuldigen Absender von der Haftung den übrigen Personen gegenüber nicht befreit. Nach § 563 könnte zweifelhaft sein, ob nicht die Zustimmung des Verfrachters selbst den Absender von der Haftung befreit, doch entspricht seine trotzdem den anderen Beteiligten gegenüber bestehende Haftung B. G. B. 823 und ist auch praktisch für die Verkehrssicherheit erforderlich wegen der schwerwiegenden Folgen, die namentlich aus der vorschriftswidrigen Verladung gefährlicher Güter entstehen können. Der § 563 (B. Sch. G. 45) umfaßt die §§ 426, 427; nur tritt nach letzteren die Haftung des Absenders dem Verfrachter gegenüber stets ein, sofern nicht diesen ein Verschulden trifft, also auch, wenn den Absender kein Verschulden trifft. Das ist bei dem weitergehenden Tatbestande des § 563, sowie der in ihm ausgesprochenen Haftung auch den anderen am Transport Beteiligten gegenüber nicht angänglich. Der § 12 schließt sich daher dem § 563 (45) an.

Aber auch der Fall bedarf der Erwähnung, daß die Güter die Sicherheit des Transports oder die Ausführung der Reise gefährden, ohne daß den Absender ein Verschulden trifft. Eine solche Gefährdung kann eintreten entweder durch die natürliche Beschaffenheit der Güter (wenn selbstentzündliche Güter sich stark erhitzen) oder durch eine Verfügung von hoher Hand (unerwarteter Erlaß eines Einfuhrverbots, Ausbruch eines Krieges). Die letzteren Fälle sind in §§ 628 ff. in schwer übersichtlicher Weise behandelt. Eine einfache und klare Lösung ergibt sich, wenn ausgesprochen wird, daß in beiden Fällen der Verfrachter, wenn die Gefährlichkeit vor Annahme des Gutes eintritt, sie zurückweisen, wenn sie während der Reise eintritt, sie ausladen oder sich notfalls ihrer entledigen kann. Dies geschieht im § 13.

§ 14 wiederholt die Bestimmung des § 562 (B. Sch. G. § 43), daß der Verfrachter statt der bedungenen Güter andere annehmen muß, sofern dadurch seine Lage nicht verschlechtert wird.

§ 15 nimmt in verallgemeinerter Fassung die Bestimmung des § 558 auf, daß in die Verfrachtung des Schiffs im Ganzen die Kajüte nicht einbegriffen ist. Die Aufnahme ist erfolgt, um keine materielle Bestimmung des Seerechts unberücksichtigt zu lassen. Ob die Aufnahme erforderlich ist, erscheint zweifelhaft.

4. Beladung. Rücktrittsrecht. §§ 16—26.

H. G. B., und ihm folgend B. Sch. G., behandeln die Beladung zuerst für die Verfrachtung des Schiffs im Ganzen, dann für die Teilverfrachtung und endlich für die Stückgutverfrachtung. § 556 unterscheidet zwei Arten von Frachtverträgen: die Verfrachtung des Schiffs im Ganzen und die Stückgutverfrachtung; die Teilverfrachtung betrachtet er als eine Unterart der Verfrachtung im Ganzen. Diese Zweiteilung ist in der Sache begründet; es ist ein wesentlicher Unterschied, der auch in den rechtlichen Verhältnissen der Parteien seine Wirkung äußern muß, ob ein Absender das ganze Transportmittel in Anspruch nimmt, so daß die Reise lediglich für ihn, für seine Zwecke und daher nach seiner Bestimmung unternommen wird, oder ob der Verfrachter eine Reise unternimmt und Absender auffordert, sich an ihr zu beteiligen. Die Verfrachtung eines bestimmt bezeichneten Raumes oder verhältnismäßigen Teiles des Schiffes als Unterart der Verfrachtung des Schiffes im Ganzen, wie es § 556 Nr. 1 darstellt, kann aber nicht wohl vorkommen. Nur Einer kann die Reise bestimmen, der Verfrachter oder der Absender, nicht aber mehrere Absender. Das Letztere ist nur dann möglich, wenn die mehreren Absender sich untereinander vereinigt haben, wenn sie dem Verfrachter gewissermaßen als Einheit gegenübertreten, wobei natürlich die verschiedensten Nebenvereinbarungen getroffen werden können, z. B. dahin, daß für die Verpflichtungen dem Verfrachter gegenüber jeder Absender nur im Verhältnis seines Teiles haftet. Es bleibt aber immer eine Verfrachtung des Schiffes im Ganzen. Normativbestimmungen für den Fall einer Mehrheit von Absendern zu treffen, empfiehlt sich nicht wegen der Seltenheit dieser Fälle und weil, wenn sie vorkommen, die Verhältnisse sehr verschieden liegen können. H. G. B. und B. Sch. G. behandeln aber hinsichtlich der Beladung und Entlöschung, abweichend von § 556, die Teilverfrachtung als eine selbständige, zwischen der Verfrachtung im Ganzen und der Stückgutverfrachtung in der Mitte stehende Art des Frachtvertrages, die erheblich mehr zur Stückgutverfrachtung hinneigt. Dies tritt namentlich im B. Sch. G. hervor, das in §§ 38, 53 der Verfrachtung eines verhältnismäßigen Teiles oder bestimmt bezeichneten Raumes des Schiffes diejenige von Stückgütern über 10000 kg gleichstellt, und damit anerkennt, daß die Dreiteilung des inneren Grundes entbehrt. Denn, ob eine Stückgutsendung 9000, 10000 oder 11000 kg wiegt, kann natürlich einen sachlichen Grund für die Unterscheidung nicht abgeben. Außerdem ist eine derartige, willkürliche Festsetzung einer Grenze höchst unzweckmäßig, da die Grenze ganz anders wirken muß bei Fahrzeugen von 30000 als von 130000 kg Tragfähigkeit. Demgemäß ist der Begriff der Teilverfrachtung ganz auszuscheiden und nur zu unterscheiden zwischen Verfrachtung im Ganzen und Stückgüterverfrachtung, wobei nur erwähnt werden kann, daß, wenn bei der Stückgutverfrachtung gewisse Besonderheiten der Verfrachtung im Ganzen nach Vertrag, örtlicher Verordnung oder Ortsgebrauch zur Anwendung kommen sollen, z. B. hinsichtlich der Bestimmung des Ladeplatzes, einer Liegezeit oder Überliegezeit, dann auch die hierfür bei der Verfrachtung im Ganzen getroffenen Bestimmungen als mutmaßlicher Vertragswille gelten sollen.

Bei Erlaß des H. G. B. bildete die Verfrachtung im Ganzen die Regel; die Stückgutverfrachtung steckte noch in den Windeln. Heute hat sie jene weit überflügelt. Trotzdem empfiehlt es sich, an der Anordnung des H. G. B. und B. Sch. G., die die Verfrachtung im Ganzen zuerst behandeln und bei den anderen Verfrachtungsarten auf sie Bezug nehmen, festzuhalten, weil der Natur der Sache nach die erstere Verfrachtungsart die eingehendste Behandlung erfordert.

Auch darin wird den beiden Gesetzen zu folgen sein, daß die Bestimmungen, obwohl inhaltlich für Beladung und Entlöschung übereinstimmend, für jeden dieser beiden Fälle gesondert behandelt werden. Die Anordnung des Stoffes schließt sich dadurch besser den tatsächlichen Hergängen an und wird übersichtlicher. Allerdings ist es nicht erforderlich, die, abgesehen von den aus den tatsächlichen Verhältnissen hervorgehenden und sich von selbst ergebenden Abweichungen, wörtlich übereinstimmenden Vorschriften zu wiederholen. Es genügt, bei der Entlöschung auf die für die Beladung gegebenen Bestimmungen zu verweisen.

a. Verfrachtung des ganzen Transportmittels. §§ 16—25.

§§ 16—21. Beladung.

§ 16 wiederholt die Bestimmung des § 560 über das Hinlegen des Transportmittels an den Ladeplatz mit den zweckmäßigen Zusätzen des B. Sch. G. § 27;

§ 17 diejenige des § 561, nach der der Absender das Gut an das Transportmittel zu liefern hat. Die Bestimmung des B. Sch. G. § 41, daß der Absender gepackte Güter auf das Schiff, lose Güter in das Schiff zu liefern hat, geht von dem Gesichtspunkte aus, daß die Flußschiffe meistens die zur Übernahme erforderlichen Vorrichtungen nicht besitzen, diese sich vielmehr am Lande befinden. Diese Voraussetzung trifft schon jetzt vielfach nicht mehr zu. Als allgemeine Regel eignet sie sich jedenfalls nicht, da die auf oder in dem Transportmittel zu verrichtenden Arbeiten Sache des Verfrachters sind. Für besondere Fälle ist auf die örtlichen Verordnungen oder Ortsgebräuche verwiesen.

§ 18 trifft Bestimmungen über den Beginn der Ladezeit gemäß § 567 mit den zweckmäßigen Zusätzen des B. Sch. G. § 27. Des Zusatzes, daß der Verfrachter auf Kosten des Absenders über die Abgabe der Anzeige eine öffentliche Urkunde errichten lassen kann (§ 571), wird es hier, wie in den anderen Fällen, wo dies vorgesehen ist, nicht bedürfen. Von solchen Formalitäten wird tunlichst abzusehen sein. Der Verfrachter wird sich durch Einschreibebrief oder sonst den Beweis sichern können.

§ 19 behandelt die Dauer der Ladezeit. Sie ist nach § 568, wenn sie nicht durch Vertrag, Verordnung oder Ortsgebrauch bestimmt wird, eine den Umständen angemessene. B. Sch. G. § 29 schreibt feste Fristen nach der Größe der Ladung vor, wenn nicht durch Vertrag (Ortsgebrauch gilt im Zweifel als stillschweigend vereinbart) oder Verordnung Abweichendes bestimmt ist. Die gesetzliche Festlegung bestimmter Fristen ist ungeeignet, weil die örtlichen Einrichtungen, und auch diejenigen des Schiffes, zu sehr in Betracht kommen. Wird demnach bei § 568 zu bleiben sein, so empfiehlt es sich doch, einen Anhalt dafür zu geben, was als „angemessen" zu erachten ist. Es ist davon auszugehen, daß die Ladezeit so zu bemessen ist, daß in ihr die Ladung bei ordnungsmäßiger Beschleunigung geliefert werden kann, aber für Behinderungen der Anlieferung, auch geschäftlicher Art, wie sie regelmäßig vorzukommen pflegen, ein mäßiger Spielraum gelassen wird. Dies spricht § 19 Abs. 1 aus.

Über die Berechnung der Ladezeit enthalten §§ 573—575 (597—599) Bestimmungen, die wenig klar und übersichtlich sind. Die Regel ist, daß die Tage, an denen der Absender durch Zufall an der Lieferung der Ladung verhindert ist, mitgezählt werden. Dies ist gerechtfertigt. Dabei werden drei Einzelpunkte erwähnt: 1) die Sonn- und Feiertage sollen mitgezählt werden. Dies widerstreitet dem oben erwähnten Grundgedanken der Ladezeit. 2) Nicht mitgezählt werden sollen die Tage (richtiger: „die Zeit", da bei den Behinderungen der Natur der Sache nach auch mit Teilen eines Tages gerechnet werden muß und allgemein gerechnet wird), an denen die Übernahme der Ladung verhindert wird. Die Übernahme der Ladung auf das Schiff ist nach § 561 Sache des Verfrachters; für einen ihn treffenden Zufall kann der Absender nicht aufkommen. Hier, in § 573 Abs. 2 N. 2, ist aber, im Gegensatz zu N. 1, nicht von jeder, sondern von der konkreten Ladung die Rede, und wohl die meisten Behinderungen dieser Art entstehen dadurch, daß bei Regen die konkrete Ladung leiden würde. Dies ist ein Zufall, der den Absender trifft, der daher ihm zur Last fallen sollte. 3) Nicht mitgezählt sollen nach § 573 Abs. 2 N. 1 die Tage (Zeiten) werden, an denen die Lieferung nicht nur der bedungenen, sondern jeder Art von Ladung an das Schiff durch Zufall verhindert wird. Das ist ein Zufall, der den Absender trifft. Daher bestimmt auch § 574, daß während der durch diese Zufälle verursachten Verzögerung der Absender Liegegeld zu zahlen hat; § 573 besagt also nur, daß um diese Zeit die Wartezeit verlängert wird, ein Punkt, auf den später einzugehen ist. Die für Zufälle dieser Art gegebenen Beispiele (Wind und Wetter) erwecken den Eindruck, als ob es sich nur um Behinderungen der Wasserzufuhr handele. Doch muß dasselbe offenbar auch bei Behinderungen der Landzufuhr, z. B. Sperrung der Straßen durch Schneefall, Feuer, Aufruhr, sowie unter Umständen für Streik gelten.

B. Sch. G. § 29 Abs. 3 stellt, wie § 573, den Grundsatz an die Spitze, daß die Tage in die Ladezeit einzurechnen sind, an denen der Absender „ohne sein Verschulden“ (wohl besser als: „durch Zufall“) an der Lieferung der Ladung verhindert ist. Nicht eingerechnet sollen werden 1) die Sonn- und Feiertage, entgegen § 573; dies ist richtig. 2) „die Tage, an welchen durch zufällige Ereignisse, insbesondere durch Hochwasser oder Eisgefahr, die Verladung nicht nur der bedungenen, sondern jeder Art von Gütern auf das Schiff verhindert ist.“ Diese N. 2 faßt die oben unter 2) und 3) behandelten beiden Punkte zusammen, in Rücksicht darauf, daß nach § 41 der Absender die Güter auf oder in das Schiff zu laden hat, daher die Verhinderung der Lieferung an das Schiff und die Verhinderung der Übernahme der Ladung derselben Beurteilung unterliegen. Aber freilich treffen diese beiden Zufälle danach den Absender, und somit steht dieser Schlußsatz des Absatzes in direktem Widerspruch mit dem in seinem Eingange ausgesprochenen Grundsatze. Auch hier liegt eine, zwar vom Absender unverschuldete, Behinderung der Lieferung der Ladung vor. Der Widerspruch lößt sich dadurch, daß von dem Grundsatze nur hinsichtlich der Behinderung der Verladung, also der Tätigkeit, die eigentlich Sache des Verfrachters ist, eine Ausnahme gemacht wird. Die Verhinderung der Lieferung an das Schiff, mag diese Behinderung beim Land- oder Wassertransport eintreten, trifft den Absender. Aber die Verladung, die Überladung der neben dem Schiff liegenden Ladung, wird selten durch einen Zufall, insbesondere nicht durch Hochwasser und Eisgefahr, verhindert werden. Es liegt daher nahe, den Begriff der Verladung doch wieder in dem weiteren Sinne aufzufassen, daß sie wie § 573 Abs. 2 N. 1 auch die Beförderung an das Schiff umfaßt. Dann tritt aber wieder jener Widerspruch hervor, auch ist nicht ersichtlich, weshalb der Absender die Behinderung des Transports vom Lande ans Schiff oder vom Speicher an den Kai nicht tragen soll, wohl aber den Zufall, der das rechtzeitige Eintreffen der Ladung am Abgangsorte behindert.

Hiernach werden von der Einrechnung in die Ladezeit nur auszuschließen sein die Sonn- und Feiertage und die Zeit, während welcher der Verfrachter, wenngleich ohne sein Verschulden, die ihm bei der Überladung obliegenden Arbeiten nicht ausführt, es sei denn, daß die Ausführung in Rücksicht auf die Art der überzunehmenden Ladung unterlassen ist. Hinzuzufügen empfiehlt sich, daß eine entsprechende Zeit außer Ansatz bleibt, wenn der Verfrachter die ihm obliegenden Arbeiten nicht mit ordnungsmäßiger Beschleunigung ausführt. Die bezügliche Verpflichtung des Verfrachters spricht B. Sch. G. 42, 56 selbständig aus. — Diesen Ausführungen entspricht § 19 Abs. 2.

Nach § 575 sollen für die Berechnung der Ladezeit anstelle von §§ 573, 574 Verordnungen und Ortsgebräuche dann, aber nur dann Anwendung finden, wenn sie nach § 568 für die Dauer der Ladezeit maßgebend sind, also nicht, wenn die Ladezeit durch Vertrag geregelt ist. Eine unzweckmäßige Bestimmung! Angenommen, eine Verordnung setzt für ein Schiff eine Ladezeit von 20 Tagen fest und bestimmt, daß in sie Sonn- und Feiertage, sowie die Tage, an denen die Lieferung jeder Art von Ladung ans Schiff verhindert ist, auch hinsichtlich der Liegegeldzahlung nicht eingerechnet werden sollen. Der Absender bedingt sich 30 Tage Ladezeit aus. Nun fallen in die Frist 4 Sonntage, Charfreitag und die beiden Ostertage, ferner ist während einiger Tage die Lieferung ans Schiff verhindert. Er hatte damit gerechnet, daß selbstverständlich die ortsübliche Berechnung der Liegezeit nach der Verordnung Anwendung finde, sieht sich aber hierin getäuscht, da ihm § 575 entgegengehalten wird. B. Sch. G. läßt Änderungen der Berechnungsweise durch Verordnung überhaupt nicht zu, da § 29

Abs. 4 sich ausdrücklich nur auf Abs. 2 bezieht. Das ist zu ändern; dem Ausgeführten entspricht § 19 Abs. 2.

Nach § 569 endet die Ladezeit, wenn nicht durch Vertrag ihre Dauer oder der Tag, an dem sie enden soll, festgesetzt ist, erst nach einer bezüglichen Erklärung des Verfrachters, auf die der schon erwähnte, wohl entbehrliche, § 571 Anwendung findet. Nach § 570 muß die Erklärung drei fortlaufende Tage vor Ablauf der Ladezeit oder Überliegezeit abgegeben werden, widrigenfalls die Frist sich bis nach Ablauf dreier Tage von der Erklärung an verlängert; doch ist nach dem Eingang der Bestimmung fraglich, ob sich dies nicht nur auf die Verpflichtung des Verfrachters zu warten bezieht. B. Sch. G. § 3 enthält eine ähnliche Bestimmung, die sich aber zweifellos nur auf die Wartezeit, nicht auf das Liegegeld, bezieht. Hier sind je nach der Größe der Ladungen Fristen von 1, 2 oder 3 Tagen für die Abgabe der Erklärung vorgeschrieben. — Solche Erkärung ist zweckmäßig, da bei den, wenn auch vereinfachten, Vorschriften über die Berechnung der Ladezeit Zweifel über deren Ablauf leicht möglich sind und es nur der Billigkeit entspricht, daß der Verfrachter dem Absender rechtzeitig anzeigt, wann dies nach seiner Meinung der Fall ist, damit der Absender, wenn auch unter Aufwendung von Extrakosten, die Ladezeit noch einhalten kann. Zweifel wegen des Ablaufs der Ladezeit sind auch bei vertragsmäßiger Festsetzung derselben möglich; nur wenn ihr Ablauf an einem bestimmten Tage vereinbart ist, bedarf es der Erklärung nicht. Die Erklärung sollte nicht nur für die Verpflichtung des Verfrachters zu warten, sondern auch für sein Recht auf Liegegeld maßgebend sein, wie nach § 569. Eine für alle Fälle maßgebende Frist festzusetzen, ist bei der Verschiedenheit der Umstände ungeeignet. Doch wird auszusprechen sein, daß sie eine dem angegebenen Zweck der Erklärung entsprechende Zeit vor Ablauf der Ladezeit abgegeben werden muß. Dies geschieht in § 19 Abs. 3.

§§ 20, 21. Überliegezeit. Wartezeit. — Ist die Ladezeit abgelaufen, so können zwei Fälle eintreten: entweder es ist eine Überliegezeit vereinbart oder nicht. Im letzteren Falle läuft mit der Ladezeit zugleich die Wartezeit ab, d. h. der Verfrachter braucht auf die Lieferung nicht länger zu warten. Tritt doch eine längere Inanspruchnahme des Fahrzeuges ein, wie es in dem analogen Falle der Entlöschung häufig vorkommt (§ 602), aber auch bei der Beladung in mehreren Fällen vorgesehen ist (§§ 628, 634), so hat der Verfrachter Anspruch auf Ersatz seines vollen Schadens. Davon unten. Ist aber eine Überliegezeit vereinbart, so hat während derselben der Verfrachter nur Anspruch auf Liegegeld. Die Überliegezeit wird ebenso berechnet wie die Ladezeit (§ 573). Das ist eine logische und sachgemäße Regelung. Davon weichen B. Sch. G. §§ 30, 31 in merkwürdiger Weise ab. Nach § 31 finden auf die Dauer und die Berechnung der Überliegezeit die Bestimmungen über die Ladezeit (§ 29 Abs. 2—4) mit der Maßgabe Anwendung, daß die Überliegezeit in Ermangelung einer besonderen Vereinbarung höchstens eine Woche dauert, was Makower-Löwe (Guttentag'sche Ausgabe) auffallender Weise im Sinne von 7 Werktagen auslegt. Bis soweit besteht, abgesehen von der Schlußbestimmung, Übereinstimmurg mit § 573. Nun bestimmt aber § 30, daß, wenn der Absender die Ladung nicht so zeitig liefert, daß die Beladung innerhalb der Ladezeit beendigt werden kann, dem Frachtführer für jeden Tag, um den die Ladezeit überschritten wird, Liegegeld gebührt, mit Ausnahme der Tage, an denen die Schiffahrt geschlossen ist. Also, auch wenn keine Überliegezeit vereinbart ist, erhält der Verfrachten nur Liegegeld, aber für jeden Tag, d. h. die Tage werden in ununterbrochener Reihenfolge gezählt, im Gegensatz zu § 29. Kein Liegegeld kann aber beansprucht werden für die Tage, an denen die Schiffahrt geschlossen ist. Das ist ein richtiger Gedanke, der aber unrichtiger Weise nur für einen Spezialfall ausgesprochen ist. Die Logik verlangt, die Vergütung stets auszuschließen, wenn die Verzögerung auch bei rechtzeitiger Lieferung der Ladung eingetreten wäre. Das deckt sich mit der obigen Vorschrift des H. G. B., daß während der Wartezeit der Schaden zu ersetzen ist; in diesen Fällen liegt aber kein vom Ladungsbeteiligten zu vertretender Schaden vor. — Es bleibt also nur die Abweichung, daß nach B. Sch. G. 30 nicht der volle Schaden, sondern nur Liegegeld zu zahlen ist. Hiervon weicht aber die analoge Bestimmung für die Entlöschung ab. Den §§ 30, 31 entsprechen §§ 49, 50. Letzterer behandelt die Überschreitung der Löschzeit bei Vereinbarung einer Überliegezeit, ersterer ohne solche. § 49 Abs. 1 entspricht dem § 30, allerdings ohne den Vorbehalt hinsichtlich der Tage, an denen die Schiffahrt geschlossen ist. Nun fügt aber ein im § 30 fehlender Abs. 2 hinzu, daß der Verfrachter außer dem Liegegelde den Ersatz eines höheren Schadens verlangen kann, der ihm durch Überschreitung der Löschzeit erwächst. Dieses findet, wie § 50 ausdrücklich bemerkt, bei Vereinbarung einer Überliegezeit nur Anwendung, wenn diese überschritten ist. Das Ergebnis ist, daß hinsichtlich der Entlöschung B. Sch. G. völlig mit H. G. B. übereinstimmt, und daß es nur hinsichtlich der Beladung eine sachlich nicht recht verständliche Abweichung enthält.

Hinsichtlich der Berechnung der vereinbarten Überliegezeit finden nach H. G. B. und B. Sch. G. die Vorschriften über die Berechnung der Ladezeit Anwendung. B. Sch. G. nimmt auch betreffs der Dauer der Überliegezeit auf die Vorschriften für die Ladezeit Bezug und kann dies, da für die Ladezeit bestimmte, nach der Größe der Ladungen abgestufte Fristen bestimmt sind, die bis zu 18 Tagen gehen. Die Überliegezeit soll aber in Ermangelung besonderer Vereinbarung höchstens eine Woche dauern. H. G. B. sieht aber in § 568, wie Entwurf § 18 Abs. 1, für die Ladezeit, wenn sie nicht durch Vertrag, Verordnung oder Gebrauch festgesetzt ist, nur eine angemessene Frist vor. Genügt das für die Ladezeit, da hier für die Angemessenheit feste Gesichtspunkte gegeben sind, so versagt diese Bestimmung für die Überliegezeit; bei ihr fehlt es an jedem Anhaltspunkt für die Beurteilung der Angemessenheit. § 568 schreibt daher vor, daß, wenn eine Überliegezeit, nicht aber ihre Dauer vereinbart ist, sie 14 Tage dauert. Eine solche Aushülfsbestimmung kann auch der Entwurf nicht entbehren. Er schließt sich aber in Rücksicht auf den inzwischen gesteigerten Wert der Zeit dem B. Sch. G. an, und setzt die Frist auf eine Woche fest.

Für die Höhe des Liegegeldes setzt B. Sch. G. § 32 für den Tag — angebrochene Tage gelten als voll — je nach der Tragfähigkeit des Schiffes bestimmte Beträge fest, vorbehältlich anderweitiger Vereinbarung oder Verordnung. Wie wiederholt bemerkt, sind derartige zahlenmäßige Festsetzungen ungeeignet. Nach § 572 ist das Liegegeld nach billigem Ermessen festzusetzen. Dabei soll auf die Umstände des Falles, insbesondere auf die Heuerbeträge und Unterhaltskosten der Besatzung und auf den dem Verfrachter entgehenden Frachtverdienst Rücksicht genommen werden. Hierdurch wird die Bedeutung des Liegegeldes und der Unterschied zwischen ihm und dem Ersatz des vollen Schadens nicht klar gekennzeichnet. Das Liegegeld soll nur ein Ersatz des direkten Schadens, der dem Verfrachter aus dem Aufenthalt erwachsenden Kosten, sein. Zu ihnen gehören, außer Lohn und Unterhalt der Besatzung, die Verzinsung und Amortisation des Werts des Schiffes, nach der Dauer des Aufenthalts bemessene Hafenkosten und dergl.

Ersatz für entgehenden Frachtverdienst, soweit er die Verzinsung und Amortisation des Schiffes übersteigt, gehört aber nicht hierher. Dies wird in § 20 Abs. 2 ausgesprochen, ferner, daß im Zweifel bei Bemessung des Liegegeldes angefangene Tage für voll gerechnet werden.

Nach Ablauf der Wartezeit, d. h. der Ladezeit oder der vereinbarten Überliegezeit, braucht, wie schon oben kurz erwähnt, der Verfrachter auf die Abladung nicht länger zu warten (§ 570, § 33). Diese Regel ist aber nicht strenge durchzuführen. Im Bestimmungshafen findet stets eine Überschreitung der Wartezeit statt, wenn der Empfänger die Entlöschung nicht bis zum Ablauf der Wartezeit beendigt hat (§ 602). Aber auch bei der Beladung sieht H. G. B. an mehreren Stellen eine Überschreitung der Wartezeit vor. So namentlich, wenn das bereits abgeladene Gut wieder ausgeladen werden soll (§ 581) oder verloren geht oder von einer Verfügung von hoher Hand betroffen wird (§§ 628, 634). In allen diesen Fällen bestimmt H. G. B., daß der Verfrachter sich zwar eine Überschreitung der Wartezeit gefallen lassen muß, aber auf Ersatz seines vollen Schadens Anspruch hat. Ähnlich liegt auch der schon erwähnte Fall, in dem die Lieferung jeder Art von Ladung an das Schiff verhindert wird (§§ 573, 574), nur daß dann die Wartezeit um die Dauer der Behinderung verlängert wird, also nur Liegegeld zu zahlen ist. Für diese Unterscheidung liegt ein innerer Grund nicht vor. In dem einen wie in dem anderen Falle ist der Absender ohne sein Verschulden an der Einhaltung der Wartezeit verhindert. Es ist gerechtfertigt, auch in dem letzterwähnten Falle dem Verfrachter den Anspruch auf Ersatz seines vollen Schadens zuzusprechen. Dann liegt aber kein Grund vor, die Verpflichtung des Verfrachters auf die angeführten Fälle zu beschränken. Auch in allen anderen Fällen, in denen der Absender ohne sein Verschulden an der rechtzeitigen Lieferung der Ladung verhindert wird, sollte der Verfrachter verpflichtet sein, unter dieser Bedingung noch weiter zu warten, wenn der Absender vor Ablauf der Wartezeit darum nachsucht und sich verpflichtet, binnen kurzer, den Umständen angemessener Zeit die Nachlieferung zu bewirken. Da der Verfrachter vollen Schadensersatz bekommt, hat er im allgemeinen keinen Grund die Nachfrist zu verweigern. Anders liegt es nur, wenn der Verfrachter sich ausbedungen hat, daß die Abladung bis zu einem bestimmten Tage beendigt sein muß (§ 576). Hieraus ergibt sich die Fassung des § 21.

§§ 22—24. Folgen nicht rechtzeitiger Lieferung der Ladung. Rücktritt. Wiederausladung.

Wenn bei Ablauf der Wartezeit der Absender keine oder nicht die volle Ladung geliefert hat, so sind zwei Fälle möglich:

1. Die Reise wird mit unvollständiger Reise angetreten. Dazu ist der Verfrachter nach Ablauf der Wartezeit mit den in § 21 erwähnten Einschränkungen befugt; der Absender kann es auch schon vor Ablauf der Wartezeit verlangen. Der Absender hat die volle Fracht zu zahlen und für etwa dem Verfrachter aus der Unvollständigkeit der Ladung erwachsende Nachteile Ersatz zu leisten (H. G. B. 578, 579; B. Sch. G. § 35). Diesen Fall behandelt der Entwurf ebenso in § 22.

2. Die Reise unterbleibt, weil entweder bis zum Ablauf der Wartezeit keine Ladung geliefert ist, oder der Verfrachter vom Vertrage zurücktritt, wozu er, wie im ersten Falle, auch vor Ablauf der Wartezeit befugt ist, § 23. Die Nichtlieferung von Ladung behandelt H. G. B. 585, B. Sch. G. 34. H. G. B. 577 behandelt noch den besonderen Fall, daß derjenige, der die Ladung liefern soll, dem Verfrachter trotz Bekanntmachung der Ladebereitschaft unbekannt bleibt, oder die Lieferung der Ladung verweigert. B. Sch. G. läßt diesen Fall mit Recht unerwähnt; er wird kaum vorkommen, und wenn er vorkommen sollte, ergeben sich die Folgen von selbst.

Das Rücktrittsrecht des Absenders vor Antritt der Reise d. h. bis der Absender den Frachtführer abgefertigt hat, oder die Wartezeit verstrichen ist, behandelt H. G. B. § 580, B. Sch. H. § 36.

Dem Verfrachter gebührt eine Entschädigung, die H. G. B. mit dem unschönen Worte „Fautfracht" bezeichnet; vielleicht empfiehlt sich statt des einfachen „Entschädigung" (B. Sch. G.) die Bezeichnung „Reugeld". Dies Reugeld ist in H. G. B. 580 auf die Hälfte, in B. Sch. G. § 34 auf ein Drittel der Fracht festgesetzt. Nach anderen Rechten, z. B. dem englischen, ist der im konkreten Falle festzustellende effektive Schaden zu ersetzen. Das Letztere erscheint wegen der Schwierigkeit der Feststellung unzweckmäßig. Ob man die Hälfte oder ein Drittel der Fracht bestimmen will, kann späterer Erwägung vorbehalten bleiben. Vielleicht empfiehlt es sich, in diesem und den später zu erwähnenden Fällen die niedrigeren Sätze des B. Sch. G. anzunehmen, dagegen von jeder Anrechnung der Fracht für Güter, die der Schiffer als Ersatz von anderen Absendern annimmt, abzusehen. Hierauf ist später noch zurückzukommen. Durch das Reugeld werden Ansprüche auf entstandenes Liegegeld nicht berührt (H. G. B. 586, B. Sch. G. 34); andere Nebenforderungen, die § 586 erwähnt, können in diesem Falle kaum in Frage kommen. Daß der Anspruch auf Reugeld nicht durch die Ausführung der im Vertrage bezeichneten Reise bedingt ist (§ 586 Abs. 2) ist selbstverständlich.

Wird das Rücktrittsrecht ausgeübt, nachdem ein Teil der Ladung bereits geliefert ist und dieser wieder ausgeladen werden muß, so muß der Verfrachter sich die Wiederausladung gefallen lassen, selbst wenn dadurch die Wartezeit überschritten wird, hat aber, soweit dies der Fall, Anspruch auf Ersatz seines vollen Schadens und auf Ersatz der Kosten der Ein- und Wiederausladung (H. G. B. 581, B. Sch. G. § 36 Abs. 2). In Rücksicht auf die jetzt (wenigstens bei Stückgütern) häufigen Fälle der Lieferung der Güter auf den Schuppen des Verfrachters empfiehlt sich, in letzterer Beziehung zu sagen „Kosten der Annahme, Verladung und Rücklieferung des Gutes.“

B. Sch. G. 36 Abs. 4 fügt hinzu, daß, wenn der Absender die Wiederausladung über die Wartezeit hinaus verzögert, der Verfrachter befugt ist, die Ausladung seinerseits auf Kosten des Absenders zu bewirken und das Gut zu hinterlegen. Dies erklärt sich aus der bei § 17 besprochenen Bestimmung des B. Sch. G., daß die Ladungsbeteiligten das Gut auf oder in das Schiff zu bringen haben, eine Bestimmung, deren Streichung befürwortet ist.

Hier sind auch die Fälle zu erörtern, in denen bei zusammengesetzten Reisen der Rücktritt vor Antritt eines späteren Reiseabschnitts erfolgt, die H. G. B. an den Rücktritt nach Antritt der Reise (§ 582, Entwurf § 24) anschließt. War das Schiff für Aus- und Rückreise verfrachtet, oder hatte es in Ausführung des Frachtvertrages eine Zureise in Ballast zu machen, so treten nach § 583 die Wirkungen wie beim Rücktritt vor Beginn der Reise ein, mit dem Unterschiede, daß das Reugeld statt der Hälfte zwei Drittel der Fracht beträgt. Bei anderen zusammengesetzten Reisen hat der Absender, wenn er vor Antritt des letzten (richtiger: eines späteren) Abschnittes zurücktritt, nach § 584 die volle Fracht zu zahlen, doch kommt von dieser „ein angemessener Bruchteil in Abzug, sofern die Umstände die Annahme begründen, daß der Verfrachter infolge der Aufhebung des Vertrages Kosten erspart oder Gelegenheit zu anderweitigem Frachtverdienst gehabt habe. Der Abzug darf in keinem Falle die Hälfte der Fracht übersteigen.“

Was zunächt die Zureise in Ballast betrifft, so erscheint zweifelhaft, ob hier überhaupt eine zusammengesetzte Reise vorliegt. In der Regel wird die Zureise nicht „in Ausführung“, sondern „zur Ausführung“ des Frachtvertrages erfolgen. Dann liegt eine einfache Reise vor. Eine verschiedene Behandlung, je nachdem das eine oder das andere der Fall ist, scheint sachlich kaum gerechtfertigt. Der Verfrachter verpflichtet sich, zu einer bestimmten Zeit das Schiff im Abladehafen für die Reise zur Verfügung zu stellen. Darauf allein kommt es dem Ablader an; ob das Schiff die Reise dahin mit Ladung oder in Ballast macht, ist ihm gleichgültig, er braucht es gar nicht zu wissen. In der Regel wird es dem Verfrachter freistehen, wenn sich ihm nach Abschluß des Vertrages eine Fracht nach dem Abladehafen, oder auch nach einem anderen Hafen bietet, sie anzunehmen, wenn das Schiff nur rechtzeitig den Abladehafen erreicht. Hiermit stimmt auch § 640 überein, nach dem bei einer Behinderung der Reise nach §§ 628—639 die Reise bei einer Zureise in Ballast erst als angetreten gilt, wenn sie aus dem Abladehafen angetreten ist. Allerdings stimmt hierzu nicht der folgende Satz, nach dem in solchem Falle der Verfrachter für die Zureise in Ballast eine nach den Regeln der Distanzfracht zu berechnende Vergütung erhält. In dem im wesentlichen gleichliegenden Falle des § 583 ist die Entschädigung auf $^1/_6$ der Gesamtfracht festgestellt (der Unterschied zwischen $^1/_2$ und $^2/_3$), ohne Rücksicht auf das Verhältnis der Zureise zur Hauptreise.

Bei der Verfrachtung für Aus- und Rückreise liegt wirklich eine zusammengesetzte Reise vor, doch ist nicht ersichtlich, weshalb sie anders zu behandeln ist, als andere derartige Reisen. Ob die verschiedenen Abschnitte der Gesamtreise in immer anderen Häfen enden, oder ob der letzte Abschnitt wieder zum Ausgangshafen zurückführt, und ob das schon bei dem zweiten Abschnitt der Fall ist, sollte keinen Unterschied begründen. So faßt auch § 640 Abs. 2 die Hin- und Rückreise mit anderen zusammengesetzten Reisen zusammen.

Wie begrifflich unklar, so sind diese Bestimmungen auch praktisch unbefriedigend. Welche Fracht soll für die Berechnung des Reugeldes maßgebend sein, die Gesamtfracht oder die Fracht für den nicht zur Ausführung kommenden Reiseabschnitt? Schaps sagt zu § 583 Anm. 6, stets die Gesamtfracht. Nehmen wir eine Hin- und Rückreise. Das Schiff soll mit Industrieerzeugnissen nach Chile gehen, mit Salpeter zurück für eine Gesamtfracht von 60 000 Mk.

Dann erhält der Verfrachter, wenn der Befrachter in Chile zurücktritt, zwei Dritteile der Gesamtfracht, also 40 000 Mk. Die Ausfracht mit 30 000 Mk. ist verdient. Für die nicht ausgeführte Rückreise erhält der Verfrachter 10 000 Mk., also ein Drittel Reugeld, während er, wenn nur die Reise von Chile nach Hamburg bedungen wäre, die Hälfte, also 15 000 Mk. erhalten hätte. War vereinbart, daß für die Ausreise eine höhere Fracht, 40 000 Mk., berechnet werden sollte, was bei zusammengesetzten Reisen vorkommen kann (Schaps l. c. Anm. 1), so bekommt der Verfrachter für die unterbliebene Rückreise gar kein Reugeld; er büßt die vereinbarte Fracht der Rückreise einfach ein. War nur die Reise von Chile nach Hamburg zu 60 000 Mk. vereinbart, aber mit einer im Vertrage erwähnten Zureise in Ballast, und der Befrachter tritt in Chile zurück, so erhält der Verfrachter ebenfalls 40 000 Mk. War eine Zureise nötig, aber im Frachtvertrage nicht erwähnt, so erhält der Verfrachter nur 30 000 Mk. Der Umstand, daß im Vertrage die Zureise in Ballast als Teil der Vertragsreise erwähnt ist, erhöht das Reugeld um 10 000 Mk.

Bei anderen zusammengesetzten Reisen, bei denen, wie erwähnt, ein Grund zu anderer Behandlung als bei Hin- und Rückreise nicht vorliegt, erhält der Verfrachter die volle Fracht mit einem angemessenen Abzug. Dieser soll die Hälfte der Fracht nicht übersteigen, kann also bis an die Hälfte der Fracht herangehen. Ist hier auch die Gesamtfracht gemeint? Die Reise besteht aus vier gleichen Abschnitten; vor dem letzten wird zurückgetreten. Nun kann bis zur Hälfte der Gesamtfracht gekürzt werden, so daß der Verfrachter nur etwas über die halbe Fracht erhält? Das kann nicht gemeint sein. Die Bestimmung, oder diese Auffassung derselben, ist ziemlich unerheblich, da ja die Verhältnisse des einzelnen Falles zu berücksichtigen sind; aber auf die Unstimmigkeit ist doch hinzuweisen. Was ist aber ein „angemessener“ Abzug? Zwei Gesichtspunkte werden für die Beurteilung angegeben. Einmal die Kostenersparnis — das ist eine ziemlich sichere Grundlage. Dann aber, und das wird das Wichtigere sein, die Gelegenheit zu anderweitigem Frachtverdienst. Wie soll der Befrachter, der dem Reedereigeschäft fernsteht, dem Verfrachter nachweisen, daß er anderweitigen Frachtdienst, und in welcher Höhe, hätte machen können?

Die Schwierigkeiten lösen sich in einfacher und befriedigender Weise, wenn man, wie im Havariegrosse- und Versicherungsrecht, bei zuzammengesetzten Reisen jeden Reiseabschnitt als selbständige Reise ansieht. Das entspricht in diesem Falle ganz besonders der Sachlage und macht die Bestimmung von drei verschiedenen Sätzen für das Reugeld — die Hälfte, zwei Dritteile, volle Fracht unter unsicheren Abzügen — entbehrlich. Bei der Aus- und Rückreise erhält der Verfrachter, wenn beide Abschnitte zu je 30000 Mk. bewertet sind, 30000 + 15000 = 45000 Mk., war die Ausreise zu 40000, die Rückreise zu 20000 berechnet, 40000 + 10000 = 50000 Mk. Besteht die Reise aus vier gleichen Abschnitten, so erhält der Verfrachter, wenn der Rücktritt vor dem vierten Abschnitt erfolgt, $^3/_4 + {}^1/_8$, wenn er vor dem zweiten Abschnitt erfolgt $^1/_4 + {}^3/_8$ der Gesamtfracht. Ebenso bei der Zureise in Ballast, wenn sie wirklich nach Maßgabe des Vertrages als Teil der vereinbarten Frachtreise anzusehen sein sollte. Dann wird auch der für sie anzurechnende Teil der Gesamtfracht leicht zu bestimmen sein. Ist sie aber, wie meistens der Fall sein wird, nicht als Teil der vereinbarten Frachtreise anzusehen, so kommt sie bei der Bemessung des Reugeldes nicht in Betracht. Das entspricht der Natur der Sache. Will der Verfrachter sich damit nicht begnügen, so muß er im Vertrage für den Fall des Rücktrittes sich ein höheres Reugeld ausbedingen. Ob hierbei das Reugeld, wie der Entwurf es, B. Sch. G. folgend, tut, statt der Hälfte auf ein Drittel festgesetzt wird, ändert an der Sachlage ersichtlich nichts. — Der Fall der zusammengesetzten Reisen erledigt sich mit der im § 23 Abs. 1 aufgenommenen Bestimmung, daß bei solchen Reisen jeder Reiseabschnitt als selbständige Reise anzusehen ist.

§ 24 behandelt den Rücktritt **nach Antritt** der Reise in Übereinstimmung mit H. G. B. 582, B. Sch. G. § 37. Der Absender hat alle Verpflichtungen, wie bei regelmäßiger Beendigung der Reise, zu erfüllen und außerdem die Mehrkosten der Ausladung gegenüber denjenigen am Bestimmungsort und die Kosten, die dem Verfrachter durch den Aufenthalt entstehen, zu ersetzen.

§ 25. Anweisung des Absenders und Empfängers während der Reise.

In den §§ 23, 24 ist die Frage beantwortet, welche Verpflichtungen der Absender dem Verfrachter gegenüber zu erfüllen hat, wenn er die Wiederausladung der Güter vor der Ankunft am Bestimmungsorte verlangt. Hieran schließt sich die Frage, wieweit der Verfrachter in Rücksicht auf seine Stellung zum Empfänger solchem Verlangen des Absenders, und inwieweit er bezüglichen Anweisungen des Empfängers Folge leisten darf und muß. Diese Frage ist im Seerecht nicht besonders behandelt, außer in einer Sonderbestimmung hinsichtlich des Konnossements (§ 659). Dagegen ist sie im allgemeinen Frachtrecht §§ 433, 434, und damit auch für das Binnenschiffahrtsrecht, geregelt. Diese Bestimmungen werden an dieser Stelle aufzunehmen und ihnen die besonderen Vorschriften anzufügen sein, die in §§ 447 Abs. 2 und 3, 455 Abs. 2, 659 Abs. 1 und 2 für den Fall der Ausstellung von Ladescheinen getroffen sind.

b. Stückgut-Verfrachtung. § 26.

Die §§ 16—25 hatten die Verfrachtung des Schiffes im Ganzen im Auge. Im § 26 sind, H. B. G. und B. Sch. G. folgend, die Abweichungen aufzuführen, die beim Stückgutverkehr platzgreifen. Für die Teilverfrachtungen verweist H. G. B. 587 hinsichtlich der Liegezeit und Überliegezeit lediglich auf die für die Verfrachtung im Ganzen getroffenen Bestimmungen, für den Stückgutverkehr bestimmt H. G. B. 588, daß die Abladung auf die Aufforderung des Verfrachters ohne Verzug zu bewirken ist. B. Sch. G. 38 gibt für Teilverfrachtungen über die Liegezeit konkrete Bestimmungen, die, wie früher bemerkt, sich für eine allgemeine Regelung nicht eignen, für den Stückgutverkehr bestimmt § 39 Abs. 1 dasselbe wie 588 Abs. 1. § 40 fügt hinzu, daß in den Fällen der §§ 38, 39 der Verfrachter an einem ortsüblichen Ladeplatz anzulegen hat, und daß, wenn durch Vereinbarung dem Absender das Recht zur Anweisung des Ladeplatzes eingeräumt ist, § 27 Abs. 2 und 3 Anwendung finden. Inhaltlich bestimmt H. G. B. dasselbe, da der von dem Ladeplatze handelnde § 560 allgemein, nicht nur, wie B. Sch. G. 27, für die Verfrachtung im Ganzen gilt. Bei Stückgutverfrachtungen kann von einer Anweisung des Ladeplatzes durch den Absender im allgemeinen nicht die Rede sein. Wie früher ausgeführt, ist die Unterscheidung zwischen Teil- und Stückgutverfrachtung unhaltbar; erstere ist nur eine Unterart der letzteren. Daher ist nur der Stückgutverkehr zu erwähnen, und für ihn die Bestimmung des § 588 Abs. 1 (39 Abs. 1) aufzunehmen. Nach dem Vorbilde von B. Sch. G. ist aber hinzuzufügen, daß, wenn bei größeren Mengen von Stückgütern durch Vertrag, Verordnung oder Ortsgebrauch dem Absender das Recht der Anweisung des Liegeplatzes oder auf Liegezeit oder Überliegezeit zusteht, die Bestimmungen über die Verfrachtung im Ganzen (§§ 16—20) Anwendung finden. Dem entspricht § 26 Abs. 1.

Abs. 2 führt die Abweichungen auf, die von §§ 21—25 beim Stückgutverkehr platzgreifen, entsprechend §§ 587—589. Die erste Abweichung, daß der Verfrachter sich die Überschreitung der Wartezeit nicht gefallen zu lassen braucht, ist neu, wie die Bestimmung, wenigstens in dieser Allgemeinheit, neu ist. Die zweite entspricht § 587 Nr. 2 (§ 38 Nr. 3). Wenn dort, über § 581 hinausgehend, gesagt ist, daß der Absender, der die Wiederausladung verlangt, außer den Kosten auch den Schaden zu ersetzen hat, der dadurch verursacht ist, so ist das im Entwurf fortgelassen. Der Grund der Abweichung des § 587 vom § 581 liegt darin, daß bei der Verfrachtung des Schiffs im Ganzen ein Schaden an anderen Gütern nicht entstehen kann. Aber durch die Wiederausladung kann ein Schaden überhaupt nicht entstehen, außer durch Nachlässigkeit der Leute des Verfrachters oder durch Mangelhaftigkeit der Einrichtungen des Schiffes, und solcher Schaden sollte nicht dem Absender zur Last fallen.

Die dritte Abweichung betrifft das Reugeld. Es beträgt nach §§ 587, 588 die volle Fracht, von der jedoch die Fracht für die Güter, die der Verfrachter anstelle der nicht gelieferten Güter angenommen hat, in Abzug kommt, also die effektive Fracht der Ersatzgüter, nicht wie in § 584 ein schätzungsweiser Betrag für die Gelegenheit anderweitigen Frachtverdienstes. War schon letzterer Bestimmung gegenüber die Schwierigkeit der Bemessung des Abzuges hervorzuheben, so trifft das hier in noch höherem Maße zu. Wie soll der Absender dem Verfrachter nachweisen, welche Güter, und zu welcher Fracht, er von Anderen anstelle der von ihm selbst nicht gelieferten Güter angenommen hat? Der Absender wird in der Regel nicht wissen, ob nicht auch neben seinen Gütern das Schiff noch Platz für die anderen Güter hatte. Die Lage des Absenders in dieser Beziehung wird auch nicht durch die, auffallender Weise nur für die Stückgüterverfrachtung (§ 588 Abs. 2) getroffene Bestimmung erleichert, daß der Verfrachter, der den Anspruch auf Reugeld geltend machen will, hiervon dem Absender bei Verlust des Anspruchs vor der Abreise Anzeige machen muß; trotz der Anzeige wird der Absender kaum die Grundlagen für den von ihm geltend zu machenden Abzug ermitteln können. Entschieden zweckmäßiger ist das System des B. Sch. G. § 38 Abs. 1, nach dem das Reugeld auf die Hälfte der Fracht — gegen ein Drittel bei Verfrachtungen im Ganzen — festgesetzt ist, dagegen aber von allen Abzügen für Ersatzgüter abgesehen wird. Dem folgt der Entwurf.

Nachdem so die Rechte und Pflichten des Absenders hinsichtlich der Lieferung des Gutes und während der Reise erörtert sind, empfiehlt es sich, bevor zu den Vorgängen am Bestimmungsorte übergegangen wird, die Verpflichtungen des Verfrachters betreffs der Reise zu behandeln, die im H. G. B. und B. Sch. G. an verschiedenen Stellen verteilt sind.

5. Die Verpflichtungen des Verfrachters betreffs der Reise. §§ 27—29.

§ 27. Beschleunigung der Reise.

Die Verpflichtung des Frachtführers zu tunlichster Beschleunigung der Reise ist nach H. G. B. 516, B. Sch. G. 9 schon im § 4 ausgesprochen. Nach § 428 Abs. 1 ist die Beförderung, wenn darüber weder durch Vertrag noch durch Ortsgebrauch Bestimmung getroffen ist, in einer den Umständen angemessenen Frist zu bewirken. Dasselbe bestimmt B. Sch. G. § 42 Abs. 1, und ähnlich sagt H. G. B. 590, daß, wenn ein Schiff auf Stückgüter angelegt und die Zeit der Abreise nicht festgesetzt ist, auf Antrag des Befrachters der Richter nach den Umständen des Falles den Zeitpunkt zu bestimmen hat, über den hinaus der Antritt der Reise nicht verschoben werden darf. — § 429 erwähnt neben der Ersatzpflicht des Verfrachters für Verlust und Beschädigung des Gutes auch diejenige wegen Versäumung der Lieferzeit, und nach § 438 erlöschen alle Ansprüche gegen den Verfrachter, wenn die Fracht bezahlt und das Gut angenommen ist. Beide Bestimmungen wiederholt B. Sch. G. im § 62. Das Eisenbahnfrachtrecht fügt, in Rückauf die in § 471 ausgesprochene Beschränkung der Vertragsfreiheit der Bahn hinsichtlich ihrer Haftung, dem im § 466 Abs. 1 ausgesprochenen gleichen Grundsatze in Abs. 2—4 hinzu, daß der Schaden nur bis zur Höhe des im Frachtbriefe angegebenen Interesses an der Lieferung, und in Ermangelung einer solchen Angabe nur bis zur Höhe der Fracht ersetzt wird. Der Eisenbahn-Verkehrsordnung bleibt überlassen zu bestimmen, inwieweit ohne den Nachweis eines Schadens eine Vergütung zu gewähren ist. Wenn die Versäumung der Lieferzeit durch Vorsatz oder grobe Fahrlässigkeit der Bahn herbeigeführt ist, kann der Ersatz des vollen Schadens beansprucht werden.

Wenn auch in der Regel der Verfrachter schon im eigenen Interesse die Reise tunlichst beschleunigen wird, und insbesondere die Verkehrsart, bei der ein Schiff auf Stückgüter angelegt und mit der Abreise gewartet wurde, bis sich allmählich eine genügende Ladung zusammengefunden hatte, durch den Verkehr der Liniendampfer mit festen Abgangstagen überholt ist, so empfiehlt sich doch, eine bezügliche Vorschrift aufzunehmen. Damit ist auch über die Haftung des Verfrachters alles Erforderliche gesagt; er haftet für den Schaden, der durch Außerachtlassen der erforderlichen Sorgfalt hinsichtlich der Beschleunigung der Beförderung entsteht. Diese Haftung mit der Annahme des Gutes erlöschen zu lassen, liegt keine Veranlassung vor; hinsichtlich des Verlusts oder der Beschädigung der Güter liegt sie in dem Interesse aller Beteiligten an schleuniger Erledigung wegen der Schwierigkeit späterer Feststellung des Tatbestandes. Auch für die Beschränkung der Vertragsfreiheit, die der Entwurf hinsichtlich der Haftung für Verlust und Beschädigung empfiehlt, liegt in dieser Beziehung kein Grund vor, doch empfiehlt sich die Aufnahme der Bestimmung, daß vorbehältlich anderer Vereinbarung der Ersatzanspruch wegen Verzögerung den Betrag der Fracht nicht übersteigen soll. Die Bestimmung, daß bei Vorsatz oder grober Fahrlässigkeit des Verfrachters für den vollen Schaden gehaftet wird, wird später bei der Haftung (§ 41) näher zu erörtern sein.

§ 28. Reisekosten.

Hier ist gemäß § 621 ausgesprochen, daß dem Verfrachter die gewöhnlichen und außergewöhnlichen Kosten der Reise zur Last fallen. Wegen der Beseitigung der in diesem Paragraphen für die große Haverei gemachten Ausnahme ist auf die bezüglichen Ausführungen im allgemeinen Teil zu verweisen.

§ 29. Zufällige Verhinderung des Antritts oder der Fortführung der Reise.

Diesen Gegenstand behandelt H. G. B. in §§ 628—641, und zwar gemeinsam für Behinderungen durch Ursachen, welche das Schiff, und durch solche, welche die Ladung betreffen. Dadurch wird die Übersichtlichkeit der Bestimmungen beeinträchtigt. Es empfiehlt sich zunächst die Zufälle zu erörtern, die die Ladung betreffen.

Nach § 628 tritt der Vertrag außer Kraft, wenn vor Antritt der Reise die im Vertrage speziell bezeichneten oder durch Übernahme seitens des Verfrachters spezialisierten Güter verloren gehen. Jedoch kann, wenn der Verlust noch während der Wartezeit eintritt, der Absender das Außerkrafttreten des Vertrages dadurch abwenden, daß er unverzüglich erklärt, andere Güter liefern zu wollen, und mit der Lieferung noch innerhalb der Wartezeit beginnt. Er hat aber die durch die Nachlieferung entstehenden Mehrkosten und bei Überschreitung der Wartezeit den vollen, dem Verfrachter dadurch entstehenden Schaden zu zahlen. Dies gilt nach § 641 auch für Stückgutverfrachtungen.

Dies ist ein weitgehendes Entgegenkommen gegen den Absender, das mit §§ 585, 573 (Entwurf §§ 23, 19) in Widerspruch steht. Den Absender trifft der Zufall, freilich ohne sein Verschulden. Darauf nehmen aber auch jene Bestimmungen keine Rücksicht. Liegt ein größeres Verschulden des Absenders vor, wenn durch eine Betriebsstörung, oder selbst eine Vernachlässigung des Fabrikanten, oder durch einen Eisenbahnunfall die Lieferung des Gutes verzögert wird, als wenn es verloren geht? Schon zu § 19 ist darauf hingewiesen, daß es keinen Unterschied machen kann, ob durch einen Zufall die Lieferung an das Schiff, oder seine Weiterbeförderung an den Abladeort verhindert wird. Ausdrücklich ist in § 19, entsprechend § 573, ausgesprochen, daß in die Liegezeit oder Überliegezeit die Tage eingerechnet werden, an denen der Absender durch Zufall an der Lieferung der Ladung verhindert wird. Wird die Wartezeit, wenngleich ohne Verschulden des Absenders überschritten, so braucht der Verfrachter nicht länger zu warten, sondern hat Anspruch auf Reugeld. Den Absender trifft es nicht weniger schwer, wenn er Reugeld zahlen muß, weil die rechtzeitige Ankunft der Ware verhindert ist, als weil sie zu Grunde gegangen ist, wenn die nur der Art nach, als wenn die speziell bezeichnete Ware verloren gegangen ist. Weshalb soll dem ganz unbeteiligten Verfrachter bei diesem Zufall die teilweise Vergütung für seinen entgangenen Gewinn versagt werden, die ihm in den anderen Fällen zugebilligt ist? § 585 (Entw. § 23) trifft einen billigen Ausgleich. Dabei sollte es auch in diesem Falle belassen werden. Die im zweiten Satze dem Absender gegebene Befugnis, das Außerkrafttreten des Vertrages unter mäßiger Überschreitung der Wartezeit zu vermeiden, ist in § 21 verallgemeinert worden.

Nach § 629 können beide Teile vom Vertrage zurücktreten, ohne zur Entschädigung des anderen Teiles verpflichtet zu sein, wenn vor Antritt der Reise durch Verfügung von hoher Hand (Einfuhr-, Ausfuhrverbote, kriegerische Ereignisse) die Versendung der nach dem Frachtvertrage zu liefernden Güter (auch der nur nach Art und Gattung bestimmten) für eine voraussichtlich erhebliche Zeit verhindert ist. Dies gilt nach § 641 Nr. 1 auch für Stückgüter, nur ist bei diesen das Rücktrittsrecht für beide Teile nicht an eine längere Dauer des Hindernisses gebunden. — Hier trifft im Wesentlichen das zu § 628 Gesagte zu. Auch hier trifft der Zufall den Absender. Güter, die die Reise gefährden, sei es wegen ihrer natürlichen Beschaffenheit oder aus rechtlichen Gründen (Kontrebande) braucht der Verfrachter nicht anzunehmen; sie gelten als nicht geliefert (Entw. § 13). Warum der Absender der Güter, die von einer derartigen Verfügung betroffen werden, ohne Entschädigungpflicht soll zurücktreten können, der Absender von Gütern, die sich auf dem Vortransport erhitzt haben und gefährlich geworden sind, aber nicht, ist schwer ersichtlich. Es ist eine Härte gegen den Verfrachter, dem Absender zu gestatten, die Folgen des Zufalls, die seine Ladung betroffen haben, auf jenen abzuwälzen. Das Richtige erscheint auch hier, es bei der Regel des § 585 (Entw. §§ 13, 23) zu belassen.

Wird nur ein Teil der Güter von einer der in §§ 628, 629 genannten Verfügungen betroffen, so kann der Absender nach § 636 Abs. 1 entweder Ersatzgut liefern oder unter Zahlung von Reugeld vom Vertrage zurücktreten; d. h. es tritt die Regel des § 580, 581 ein; ein fernerer Grund, es auch dann bei der Regel zu belassen, wenn die ganze Ladung von dem Zufall betroffen wird. Nach Abs. 2 soll der Absender, der weder Ersatzgut liefert noch vom Vertrage zurücktritt, der also die Ausführnng der Reise mit der unvollständigen Ladung verlangt, volle Fracht zahlen, unter allen Umständen aber den den übrigen Transport gefährdenden Ladungsteil, wenn dieser schon eingeladen ist, wieder zurücknehmen; d. h. es tritt die Regel des § 578 (Entw. § 22) ein. Bei Teilladungen und Stückgütern kann nach § 641 Nr. 2 der Befrachter nicht vom Vertrage zurücktreten, d. h. er hat auch für die betroffenen, eventuell wieder auszuladenden Güter die volle Fracht zu zahlen, wie nach §§ 587, 588. Nach dem Vorschlage in § 26 würde hier die halbe Fracht zu zahlen sein.

Wenn n a c h dem Antritt der Reise das Gut verloren geht, so tritt nach § 633 der Vertrag außer Kraft, d. h. es ist keine Fracht zu zahlen. Dies ist schon in § 617 gesagt, und wird im Entwurf an späterer Stelle, bei Frachtzahlung (§ 35), auszuzusprechen sein.

Wenn n a c h Antritt der Reise das Gut von einer der im § 629 erwähnten Verfügungen betroffen wird, so kann nach § 634 Abs. 1 jeder Teil ohne Entschädigungspflicht zurücktreten; jedoch hat, wenn das Gut ausgeladen wird, der Verfrachter Anspruch auf Distanzfracht. Der Verfrachter ist verpflichtet, vor und nach Auflösung des Vertrages für das Beste der Ladung zu sorgen. Das letztere ist bereits im Entw. § 4 ausgesprochen. Im übrigen trifft auch hier das zu §§ 628, 629 Gesagte zu. Wenn das Gut von einer derartigen Verfügung betroffen wird, so unterliegt das derselben Beurteilung, wie wenn es seiner gefährlichen Beschaffenheit wegen ausgeladen werden muß. Der Zufall betrifft den Absender; es ist nicht billig, den Verfrachter darunter leiden zu lassen. Außerdem ist nach dem mehrerwähnten Beschluß der Bremer Konferenz die Distanzfracht zu beseitigen. Die Regel des § 582 (Entw. § 24) bietet auch für diese Fälle die zweckmäßigste Regelung. Dies um so mehr, als sie schon jetzt nach § 636 Abs. 3 zur Anwendung kommt, wenn nur ein Teil des Gutes von der Verfügung betroffen wird, und nach § 641 Nr. 1 u. 2, wenn es sich um Stückgüter handelt.

§ 639 trifft über die Kosten der Wiederausladung Bestimmungen entsprechend §§ 581, 582, Entw. §§ 23, 24; § 640 wegen zusammengesetzter Reisen ist bereits zu § 23 erörtert worden.

Hiernach erledigen sich sämtliche Vorschriften über die Behinderung der Reise durch Zufälle, die die Ladung betreffen, durch die vorhergehenden allgemeinen Bestimmungen.

Was nun die Zufälle angeht, die das Schiff betreffen, so tritt der Frachtvertrag außer Kraft, wenn das Schiff vor Antritt der Reise (628), er endet, wenn es nach Antritt der Reise (630) verloren geht. Der Unterschied zwischen beiden Fällen besteht darin, daß in letzterem Distanzfracht zu zahlen ist, soweit der gerettete Wert der Güter reicht. Wie schon mehrfach erwähnt, ist auf der Bremer Konferenz des Comité Maritime 1909 einstimmig beschlossen worden, die Distanzfracht zu beseitigen, ein wichtiger Beschluß in der Richtung der hier gemachten Vorschläge, der Zurückführung des Seerechts auf die Grundsätze des allgemeinen Frachtrechts. Diesen entsprechend tritt, wenn nach dem Frachtvertrage die Ausführung der Reise mit einem bestimmten Schiffe vereinbart ist, der Vertrag außer Kraft, wenn vor Antritt der Reise das Schiff, mit dem nach dem Frachtvertrage die Reise ausgeführt werden soll, verloren geht oder von einer Verfügung betroffen wird, die die Ausführung der Reise dauernd oder während einer erheblichen Zeit verhindert, und zwar sowohl wenn es sich um die Verfrachtung des Schiffs im Ganzen, als auch wenn es sich um Stückgutverfrachtung handelt. In allen anderen Fällen bleibt der Frachtvertrag an sich bestehen, sowohl wenn das im Vertrage nicht vereinbarte, aber für seine Ausführung vom Verfrachter in Aussicht genommene Schiff vor Antritt der Reise, als auch wenn das vereinbarte oder nicht vereinbarte Schiff nach Antritt der Reise verloren geht oder an der Ausführung der Reise verhindert wird. Dem Verfrachter muß aber das Recht zustehen, vom Vertrage zurückzutreten. Er kann also entweder den Vertrag mit einem anderen Schiffe ausführen, in welchem Falle ihm bei Ablieferung der Güter natürlich die vereinbarte Fracht zusteht, oder den Vertrag nicht ausführen, in welchem Falle ihm kein Anspruch auf Fracht zusteht. Im letzteren Falle hat nach §§ 535, 632 (Entw. § 4) der Schiffer, und demgemäß auch der Verfrachter, das Interesse der Ladung wahrzunehmen, insbesondere sie, wenn dies in ihrem Interesse liegt, auf ihre Kosten anderweitig an den Bestimmungsplatz zu befördern.

Ein Aufenthalt, den die Reise durch zufällige Ereignisse erfährt, die das Schiff betreffen, übt nach § 637 auf die Rechte und Pflichten der Parteien keinen Einfluß, sofern dadurch „der erkennbare Zweck des Vertrages nicht vereitelt wird." Der Absender kann während eines längeren Aufenthalts die bereits in das Schiff geladenen Güter auf seine Kosten und unter Ersatz des dadurch verursachten Schadens ausladen und wieder einladen; unterläßt er die Wiedereinladung, so hat er die volle Fracht zu zahlen. — Die letztere Bestimmung hebt § 638 für den Fall, daß das Schiff ausgebessert werden muß, noch besonders hervor, indem er ausspricht, daß der Absender die Wahl hat, ob er die Wiederherstellung des Schiffes abwarten oder die Güter herausnehmen will, in welchem Falle er dieselben Verpflichtungen hat, wie bei Ablieferung der Güter am Bestimmungsorte. Wenn ihm hier nur das Recht zugesprochen ist, „die ganze Ladung" herauszunehmen, so ist nicht einzusehen, weshalb er nicht auch einen Teil der Ladung unter diesen Bedingungen sollte herausnehmen können. Selbstverständlich würde er solchenfalls dem Verfrachter auch die aus der Unvollständigkeit der Ladung entstehenden Kosten ersetzen müssen (578). Ebensowenig ist einzusehen, weshalb nach § 641 Nr. 4 der Absender im Falle des § 638 Stückgüter nur dann soll zurücknehmen können, wenn das ganze Schiff entlöscht werden muß. Daß der Absender ein Recht darauf nur hat, wenn dadurch weder eine Verzögerung der Reise verursacht, noch eine Umladung erforderlich wird, ist bereits im Entwurf § 26 Abs. 3 gesagt.

Aber der Absender ist nur verpflichtet, einen durch Zufälle, die das Schiff betreffen, verursachten Aufenthalt abzuwarten, wenn dadurch „der erkennbare Zweck des Vertrages nicht vereitelt wird" oder, wie es wohl besser heißen wird, „wenn die voraussichtliche Dauer der Behinderung den Umständen nach nicht als erheblich zu erachten ist." Hiermit ist der Boden für eine dem konkreten Falle entsprechende Verständigung der Parteien gegeben.

H. G. B. 428 Abs. 2 räumt dem Absender das Recht ein, bei jeder zeitweiligen Behinderung des Antritts oder der Fortsetzung der Reise, die ohne sein Verschulden eintritt, vom Vertrage zurückzutreten; er hat aber dem Verfrachter, sofern diesen dabei kein Verschulden trifft, für die Vorbereitung der Reise, die Wiederausladung und den zurückgelegten Teil der Reise eine angemessene Entschädigung zu zahlen. Dasselbe spricht B. Sch. G. § 71 aus, macht davon aber, anscheinend ohne genügenden Grund, eine Ausnahme für den Fall der Überwinterung, in welchem der Absender nur nach Maßgabe der oben bei §§ 23, 24 erörterten §§ 36—39 zurücktreten kann. Die Ausnahme kommt für ein allgemeines Frachtrecht jedenfalls nicht in Betracht. Die Regel geht einesteils zu weit zu Gunsten des Absenders, indem sie ihm bei jedem, auch unerheblichen Aufenthalt den Rücktritt gestattet, andererseits zu Gunsten des Verfrachters, indem sie ihm auch bei erheblichem Aufenthalt Distanzfracht zubilligt.

Wenn in §§ 637, 638 am Ende hinzugefügt ist, daß bei einer Zeitverfrachtung für die durch die Reparatur des Schiffes oder durch Verfügung von hoher Hand verursachte Verzögerung keine Fracht zu zahlen ist, so ergibt sich das aus den Vorschriften über die Miete, als welche nach dem früher Ausgeführten die Zeitverfrachtung aufzufassen ist. Ins Frachtrecht gehört daher diese Bestimmung nicht.

§ 635, nach dem die Kosten des durch eine Verfügung von hoher Hand verursachten Aufenthalts nach den Grundsätzen der großen Haverei verteilt werden sollen, ist bereits in dem Abschnitte über die große Haverei behandelt und nach dem dort Ausgeführten zu streichen.

Den vorstehend dargelegten Gesichtspunkten entspricht § 29.

6. Entlöschung. Ablieferung des Gutes. §§ 30—33.

§ 30. Entlöschung.

In den einleitenden Bemerkungen zu dem Abschnitt 4 über die Beladung ist bereits erwähnt, daß es der ausführlichen Wiederholung der für die Beladung gegebenen Vorschriften für die Entlöschung, wie H. G. B. und B. Sch. G. sie geben, nicht bedarf, daß vielmehr bei der Entlöschung der Hinweis auf jene Vorschriften genügt. Demgemäß bestimmt § 30, daß §§ 18—21 (für Verfrachtungen im Ganzen) und § 26 Abs. 1 (für Stückgutverfrachtungen) sinngemäße Anwendung finden.

Hinzugefügt werden muß nur, daß

1) der Verfrachter nach Ankunft am Bestimmungsorte den Empfänger zur Abnahme des Gutes aufzufordern hat, eventuell durch öffentliche Bekanntmachung,
2) bei Abnahmeverzug der Verfrachter zur Hinterlegung des Gutes befugt ist, und solchenfalls
3) den Empfänger, und wenn dieser unbekannt ist oder die Abnahme verweigert den Absender, von den getroffenen Maßnahmen zu benachrichtigen hat.

Diese H. G. B. und B. Sch. G. entsprechenden Bestimmungen geben zu Bemerkungen keinen Anlaß.

§ 31. Ablieferung.

Das allgemeine Frachtrecht enthält im § 435 die im Seerecht nicht ausdrücklich wiederholte Bestimmung, daß nach Ankunft des Gutes am Bestimmungsorte der Empfänger die Rechte aus dem Frachtvertrage im eigenen Namen geltend machen kann. Nach § 436 wird der Empfänger durch Annahme des Gutes und des Frachtbriefes verpflichtet, dem Verfrachter nach Maßgabe des Frachtbriefes Zahlung zu leisten. Dies ist eine Wiederholung des im § 435 durch die Worte „gegen Erfüllung der sich daraus ergebenden Verpflichtungen" Gesagten. § 614 sagt zunächst, daß der Empfänger durch Annahme des Guts verpflichtet wird, die Fracht und Nebenkosten zu bezahlen, und fügt im Abs. 2 hinzu, daß der Verfrachter das Gut gegen Bezahlung der Fracht und Nebenkosten auszuliefern hat. § 615 ergänzt dies dahin, daß der Verfrachter die Güter nicht auszuliefern braucht, bis auch die Beiträge zur großen Haverei und für Bergungs- und Hülfskosten bezahlt oder sichergestellt sind. Die Bestimmung des Abs. 2, daß, wenn die Güter für Rechnung des Verfrachters verbodmet sind, der Verfrachter sie vor der Auslieferung von der Bodmereischuld zu befreien hat, ist, weil selbstverständlich, entbehrlich. — Hierher gehört auch die Bestimmung des § 448, § 650, daß der Verfrachter, wenn ein Ladeschein ausgestellt ist, zur Auslieferung des Gutes nur gegen Rückgabe des quittierten Scheines verpflichtet ist. Diese Bestimmung wird in Rücksicht auf die häufig vorkommenden Teilablieferungen dahin zu ergänzen sein, daß der Verfrachter die Bescheinigung der Ablieferung auf dem Frachtbriefe, wenn ein Ladeschein ausgestellt ist auf diesem, und nach völliger Ablieferung die Rückgabe des quittierten Ladescheins verlangen kann. — Endlich gehört hierher die Antwort auf die Frage, wie es bei der vorgeschriebenen Zug-um-Zug-Leistung zu halten ist, wenn sich Streitigkeiten über die Forderungen des Verfrachters ergeben. § 624 beantwortet die Frage dahin, daß der Verfrachter auch zur Ablieferung verpflichtet ist, wenn die streitige Summe öffentlich hinterlegt ist. Der ferneren Bestimmung, daß der Verfrachter nach Ablieferung der Güter zur Erhebung der hinterlegten Summe gegen entsprechende Sicherheitsleistung befugt ist, wird es nicht bedürfen. — Diese eng zusammengehörenden Vorschriften faßt der Entwurf im § 31 zusammen.

§ 32. Ablieferung bei Ausstellung eines Ladescheins.

Einige näheren Bestimmungen sind für den Fall erforderlich, wenn ein Ladeschein ausgestellt ist, namentlich in Rücksicht auf den im Seerecht, und ihm folgend im § 9 allgemein vorgesehenen Fall, daß mehrere Ladescheine ausgestellt sind. Diese Bestimmungen geben §§ 645—649. § 645 schreibt zunächst vor, daß das Gut an den legitimierten Inhaber auch nur einer Ausfertigung ausgeliefert werden muß, und bezeichnet im Abs. 2, in Übereinstimmung mit § 447 Abs. 1, als legitimiert denjenigen, auf dessen Namen der Schein lautet oder auf den er, wenn er an Order lautet, durch Indossament übertragen ist.

Nach § 646 muß der Verfrachter, wenn sich mehrere legitimierte Inhaber melden, alle zurückweisen, das Gut hinterlegen und alle ihm bekannten Inhaber hiervon benachrichtigen. Der Abs. 2, nach dem der Verfrachter befugt ist, über sein Verfahren eine öffentliche Urkunde errichten zu lassen und sich wegen der Kosten an die Güter zu halten, ist entbehrlich. Derartige Formalitäten sollten möglichst beseitigt werden. § 647 handelt von der dinglichen Wirkung des Konnossements, Entw. § 11.

§ 648 regelt den Fall, daß mehrere legitimierte Inhaber vorhanden sind, also mehrere das dingliche Recht an der Ware (den

Besitz) haben; er regelt dies dahin, daß andere legitimierte Inhaber des Ladescheins dies dingliche Recht nicht zum Nachteil des legitimierten Inhabers geltend machen können, der, weil er sich zuerst gemeldet hatte, die Auslieferung des Gutes erlangt hat.

§ 649 behandelt die Frage, wem von mehreren Konnossementsinhabern, die sich melden, bevor der Schiffer die Güter ausgeliefert hat, der Vorrang am Gute gebührt. Die Fassung erregt Zweifel hinsichtlich des Verhältnisses dieser Bestimmung zum § 646. Es handelt sich um den Vorrang der mehreren Inhaber an dem gemäß 646 hinterlegten Gut; daß der Vorrang demjenigen gebührt, dessen Konnossement von dem gemeinsamen Vormanne zuerst begeben ist, ist sachgemäß.

Diesen Bestimmungen entspricht der § 32.

§ 33. Nichtabnahme des Gutes.

Die Frage, wie es mit den Ansprüchen des Verfrachters sich verhält, wenn das Gut vom Empfänger nicht abgenommen wird, ist im allgemeinen Frachtrecht nicht beantwortet. Dies ist eigentlich auch nicht erforderlich. Die Antwort ergibt sich für den Regelfall, daß der Wert des Gutes den Betrag der Forderungen übersteigt, aus dem Pfandrecht des Verfrachters (§ 440, Entw. § 44), im übrigen daraus, daß der Frachtvertrag zwar dem Empfänger selbständige Rechte einräumt, daß aber das ursprüngliche Vertragsverhältnis zwischen Absender und Verfrachter bestehen bleibt. Zu größerer Klarheit empfiehlt es sich aber doch, dies, § 627 entsprechend, ausdrücklich auszusprechen. Die allerdings hiermit eng zusammenhängenden Bestimmungen der §§ 625, 626 werden besser bei der Regelung des Pfandrechts des Verfrachters aufgenommen.

7. Fracht. §§ 34—36.

§§ 34, 35. Fracht für verlorenes Gut. Überlassung des Gutes für die Fracht.

Mit diesen in §§ 616—620 behandelten und einigen anderen Fragen hat sich im Frühjahr 1909 eine in Paris tagende Kommission des Comité Maritime beschäftigt und einen aus fünf Artikeln bestehenden Entwurf aufgestellt. Art. 1 spricht den Grundsatz aus, daß für nicht am Bestimmungsorte angekommenes Gut keine Fracht zu zahlen ist, Art. 2 zählt die Ausnahmen von dieser Regel auf, Art. 3 behandelt die Frage der Distanzfracht, Art. 4 Lieferungsverzug des Absenders und Reugeld, Art. 5 stellt die Liegegelder hinsichtlich des Pfandrechtes am Gut der Fracht gleich.

Art. 4 und 5 gelangten auf der Bremer Konferenz vom Herbst 1909 nicht zur Erörterung; im Entwurf ist ersterer in §§ 22—24, letzterer in § 44 behandelt. Art. 3 wurde durch den schon mehrfach erwähnten einstimmigen Beschluß betr. Abschaffung der Distanzfracht erledigt (Entw. § 29). Lebhafte Erörterungen riefen Art. 1 und 2 hervor, doch gelangten dieselben nicht zum Abschluß, vielmehr wurden diese beiden, wie die beiden letzten Artikel an die durch einige Mitglieder verstärkte Pariser Kommission zurückverwiesen mit dem Auftrage, der nächsten Konferenz einen vervollständigten Entwurf vorzulegen.

Nach Art. 2 soll, entgegen der in Art. 1 aufgestellten Regel, trotz des Verlustes Fracht gezahlt werden:

1) für Güter, die in hg. vergütet werden,
2) für Güter, deren Verlust Folge ihrer natürlichen Beschaffenheit ist,
3) für Güter, die wegen ihres beschädigten Zustandes verkauft sind,
4) für Güter, die zur Deckung von Aufwendungen für das Schiff verkauft sind.

Zu diesem Falle ist hinzugefügt, daß der Verfrachter den Wert, den die Güter bei Ankunft am Bestimmungsort gehabt hätten, zu ersetzen hat — eine Frage, die mit der hier erörterten nicht in direktem Zusammenhange steht.

Der Fassung nach sind dies alle Fälle, in denen trotz Nichtankunft des Gutes Fracht zu zahlen ist. Das ist aber, wie auch in Bremen hervorgehoben ist, nicht der Fall, ist auch nicht die Meinung. Nicht erwähnt sind z. B. die Güter, die nicht in ihrem eigenem Interesse, sondern im Interesse der anderen Ladung, die sie in ihrem beschädigten Zustande gefährden, verkauft oder zurückgelassen sind; nicht erwähnt sind die Güter, die von der Behörde (z. B. wegen Ansteckungsgefahr) vernichtet oder (z. B. wegen Verstoß gegen die Merchandise Marks Act) konfisziert sind. Es zeigt sich hier die Gefahr, einzelne seerechtliche Fragen losgelöst von den Grundregeln des Seerechts, durch Spezialbestimmungen regeln zu wollen. Aber der Mangel leitender Gesichtspunkte zeigt sich nicht nur bei dem, was fehlt, sondern auch bei dem, was ausgesprochen ist.

Ein leitender Gesichtspunkt des Frachtrechts, der in Nr. 4 nebenbei ausgesprochen ist, ist, daß, wenn für Verlust des Gutes

Ersatz zu leisten ist, der Ersatz in dem Werte des Gutes am Bestimmungsorte besteht, abzüglich der infolge des Verlustes ersparten Kosten. Hieraus ergibt sich N. 4 von selbst. Denn daß der Verfrachter das für Schiffs- oder Reisebedürfnisse verkaufte Gut ersetzen muß, braucht nicht gesagt zu werden. Ob aber der Verfrachter dem Empfänger den Wert der Ware abzüglich der Fracht zahlt, oder ob er ihm den vollen Wert zahlt und der Empfänger ihm die Fracht zurückzahlt, kommt auf dasselbe hinaus. Der Antrag Wuppesahl (deutscher Bericht über die Konferenz S. 18) spricht die zweite Alternative aus, H. G. B. 611, wohl korrekter und einfacher, die erste. Richtig ist die Begründung des Antrages, daß er alle denkbaren Fälle dieser Art umfasse, z. B. auch den, daß Ladung in hg. geworfen sei. Damit ist anerkannt, daß auch die Nr. 1 überflüssig ist, und nicht erst hätte der Regelung durch das hg.-Recht vorbehalten zu werden brauchen. Denn auch hier bekommt der Empfänger den Wert am Bestimmungsorte abzüglich der ersparten Kosten ersetzt, nur nicht vom Verfrachter, sondern von der hg.-Gemeinschaft, und der Verfrachter erhält die Fracht. Nach dem Entwurfe, der die hg. beseitigt, erledigt sich die Frage dahin, daß für geworfenes Gut keine Fracht zu zahlen ist.

Ein Mangel leitender Gesichtspunkte liegt auch in der Trennung der Nr. 3 und 4; denn ob ein Gut infolge seiner natürlichen Beschaffenheit verloren gegangen oder vom Kapitän nach seiner Verpflichtung, das Interesse der Ladungsbeteiligten wahrzunehmen, verkauft worden ist, kommt auf dasselbe hinaus. Der letzte Fall liegt ebenso, als ob der Ladungsbeteiligte selbst das Gut unterwegs zurückgenommen hätte, in welchem Falle er nach H. G. B. 582 (Entw. § 24) die volle Fracht zu zahlen hat. Die Folge der natürlichen Beschaffenheit ist es aber auch, wenn das Gut, weil es die übrige Ladung gefährdet, verkauft, oder aus sanitären Gründen oder weil es behördliche Vorschriften verletzt von einer Behörde vernichtet oder konfisziert wird. Deshalb bedürfen auch diese Fälle, wegen deren übrigens auf Entw. § 13 zu verweisen ist, keiner besonderen Erwähnung.

Inhaltlich decken sich demnach die Art. 1 und 2 völlig mit H. G. B. 617, 618 in denen von der Regel, daß für verloren gegangenes Gut keine Fracht zu zahlen ist, nur die eine Ausnahme gemacht wird, daß der Verlust Folge der natürlichen Beschaffenheit des Gutes ist, wobei zweckmäßiger Weise hinzugefügt ist, daß der Verlust unterwegs gestorbener Tiere im Zweifel als Folge ihrer natürlichen Beschaffenheit gilt.

Die Regel besagt, positiv ausgesprochen, daß für abgeliefertes Gut, mag es auch in noch so beschädigtem oder entwertetem Zustande abgeliefert sein, die volle bedungene Fracht zu zahlen ist; ob der Verfrachter für die Beschädigung Schadensersatz zu zahlen hat, ist eine andere Frage. Daß H. G. B. die Regel in dieser Schärfe auffaßt, wird noch besonders bestätigt durch die Ausnahme, die es von ihr in § 616 macht, nach dem, wenn Behältnisse mit flüssigen Waren unterwegs ganz oder zum größten Teile ausgelaufen sind, sie dem Verfrachter an Zahlungsstatt für die Fracht und seine übrigen Forderungen überlassen werden können. Diese Ausnahme entbehrt aber der inneren Berechtigung. Läßt man sie für leergelaufene Fässer zu, so ist kein Grund, weshalb sie nicht auch in anderen Fällen zugelassen werden sollte, z. B. wenn Zement durch den Zutritt von Wasser zu Stein geworden ist, wenn Früchte völlig verdorben sind. Man müßte dann schon den Satz aufstellen, daß es dem Empfänger stets zusteht, dem Verfrachter das Gut an Zahlungsstatt für seine Fracht und sonstigen Forderungen zu überlassen.

Auf der Bremer Konferenz trat nun aber eine tiefgreifende Verschiedenheit der Auffassung hinsichtlich der Bedeutung der Regel des Art. 1 hervor. Die englischen und amerikanischen Delegierten vertraten den Standpunkt, daß der Verfrachter nur dann Anspruch auf die Fracht habe, wenn das Gut „in specie“ abgeliefert werde. Lord Justice Kennedy legte nach dem deutschen Bericht S. 9 (leider ist der ausführliche Bericht über die Konferenz noch nicht erschienen) diesen Standpunkt dahin dar, daß der Reeder natürlich volle Fracht erhalte für Gut, welches, wenn auch noch so beschädigt, den Bestimmungshafen erreicht; habe aber das Gut seine Gattung im Handelssinne verloren, so könne man nicht sagen, daß sie den Bestimmungshafen in specie erreicht habe. Das sei ein Unglücksfall, der den Reeder ebensogut treffe, wie den Ladungsinteressenten; solchenfalls sei keine Fracht zu zahlen. Ebenso bezeichnete er auch die Ausnahme Art. 2 Nr. 3 für widersinnig. Wenn der Schiffer die Ladung (à raison de leur état d'avarie provenant soit de leur nature ou vice propre, soit d'une fortune de mer) verkaufe, so löse er selbst die Reise auf und könne auf die Gegenleistung keinen Anspruch machen. — Und das war keine vereinzelte Auffassung, die etwa in der Hitze der Debatte einen schärferen Ausdruck gefunden hatte, als beabsichtigt war, sondern sie wurde auch von anderen englischen (mit einer Ausnahme) und amerikanischen Vertretern nachdrücklich vertreten und in Anträgen niedergelegt. Nur wenn ungesunde Ware abgeladen sei, sei Fracht zu zahlen, da liege eine Schuld des Absenders vor; nicht aber wenn gesunde Ware infolge ihrer natürlichen Beschaffenheit, vielleicht auch unter Mitwirkung eines Unfalls, verderbe (Acland). Der Reeder müsste die Natur der Ware ebensogut kennen, wie der Ablader; er müsse sich überlegen, ob er ihre Beförderung übernehmen wolle, und zu welcher Fracht (Page). — Hinsichtlich der unterwegs ihrer Beschaffenheit wegen verkauften Güter wurde ferner geltend gemacht, der Reeder könne nur dann Fracht beanspruchen, wenn die Güter beim Verkauf in einem Zustande waren, daß sie den Bestimmungsort in specie hätten erreichen können; denn sonst hätte der Reeder ja auch bei Weiterbeförderung keine Fracht erhalten. Ferner wurde in der Befürchtung, der Kapitän möge ohne Grund die Güter verkaufen, beantragt, die Fracht nur zuzubilligen, wenn der Verkauf notwendig war. Und endlich wurde betont, der Reeder dürfe nicht doppelte Fracht erhalten, die vereinbarte für die verkauften Güter und die neue Fracht für an deren Stelle angenommene. Es wurde des Längeren darüber verhandelt, welcher Teil dieser neuen Fracht dem Verfrachter zu belassen sei.

Hier liegt, wenn dies wirklich die festgewurzelte Auffassung des englisch-amerikanischen Rechts sein sollte, eine einschneidende und schwer zu überwindende Verschiedenheit in den Grundanschauungen über das Wesen des Frachtvertrages vor; und, wenn der Antwerpener Advokat Hostie in einer Besprechung dieser Fragen in der Revue de Droit Maritime vom Januar 1911 diese Anschauungen verteidigt, und auch ein von ihm abgedruckter deutscher Entwurf eines Frachtrechts ihnen teilweise sich anpaßt, so dürfte das ein Beweis dafür sein, wie bedenklich die Methode ist, die Gegensätze der verschiedenen Rechte zu überbrücken, statt einen inneren Ausgleich zu versuchen. Denn widerstreitet es nicht unseren Grundbegriffen vom Wesen des Frachtvertrages, dem Verfrachter seine Fracht zu versagen, wenn das Gut nicht in specie ankommt? Ihm die Gefahr des inneren Verderbs aufzubürden? Und zu welchen praktischen Konsequenzen würde das führen. Der Verfrachter würde die Fracht nicht nur zu bemessen haben nach den Kosten der Beförderung, er müßte auch die bei den verschiedenen Gütern verschiedene Gefahr des Verlustes der Fracht wegen Veränderung der wirtschaftlichen Art des Gutes in Rechnung ziehen. Er müßte ferner, da er den

Frachtanspruch behält, wenn die Ware in mangelhaftem Zustande verladen ist, jedesmal bei der Verladung eine genaue Untersuchung der Ware veranlassen. Das bestreitet zwar Hostie S. 12, aber seine Ausführungen beweisen das Gegenteil. Wenn er fragt, ob nicht ähnliche Streitigkeiten täglich zwischen Empfängern und Schiffern hinsichtlich der Ersatzleistung für Beschädigung vorkommen, wenn die Befreiungsklauseln nicht die Ersatzpflicht ausschließen, so ist die Frage eben zu verneinen. Im Seeverkehr dürften solche Fragen tatsächlich sehr selten sein, teils wegen der fast allgemeinen Anwendung der Klausel „Inhalt unbekannt", aber auch, wenn die Klausel keine Anwendung findet. Käme aber ein solcher Streitfall vor, so müßte eben der Verfrachter die mangelhafte Beschaffenheit bei der Abladung beweisen, was ihm ohne damals vorgenommene Untersuchung schwer möglich sein wird. Häufig sind solche Fälle allerdings im Flußverkehr oder waren es wenigstens, als die Verladungen noch meistens in offenen Kähnen erfolgten, und bei Getreideladungen von den Schiffern die Bescheinigung verlangt wurde, daß sie „gute, gesunde Ware" empfangen hätten, um der Gefahr zu begegnen, daß unterwegs ein Teil des Getreides bei Seite geschafft und die Veruntreuung durch Begießen der Ladung mit Wasser verdeckt werde. Da traten allerdings vielfach diese Beweisschwierigkeiten hervor; häufig ließen die Schiffer die Ware vor Abgang auf ihre Beschaffenheit untersuchen, und es bildete sich das Verfahren heraus, daß von beiden Parteien Proben versiegelt und in die Ladung getan wurden, wo sie der Veränderung in gleicher Weise, wie die übrige Ladung ausgesetzt sind. Will man im Seeverkehr, wo die Verhältnisse, die zu diesen Weiterungen geführt haben, nicht vorliegen, diese auch einführen und ist das möglich?

Eine Beschädigung, und sei sie noch so groß, soll den Frachtanspruch nicht ausschließen, aber eine Veränderung der Art. Wo hört bei Früchten oder sonstigen verderblichen Waren die Beschädigung auf und wo fängt die Veränderung an? Ist nicht ein zu sieben Achteln leergelaufenes Faß Wein immer noch Wein? Man kommt zu völlig willkürlichen, in der Praxis unerträglichen Entscheidungen.

Und wie soll es denn mit der Fracht gehalten werden? Soll der Verfrachter, der in specie veränderte Ware abliefert, für seine Leistung gar kein Entgelt erhalten, soll der Empfänger die Ware unentgeltlich beanspruchen können? Die Ware kann trotz der

Veränderung immer noch einen Wert haben. Die Steine, zu denen der Zement geworden ist, können zu Bauten verwendet werden. Auch Goldmünzen, die durch ein Feuer an Bord ihre Prägung verloren haben und zu Goldklumpen geworden sind, sind Gut anderer Art geworden. Soll der Empfänger für sie keine Fracht bezahlen? Das kann doch kaum die Meinung sein. Wollte man diesem Gedankengange folgen, so hat H. G. B. 616 den einzig logischen Weg gewiesen. Man müßte den Frachtanspruch an sich bestehen lassen, aber dem Empfänger gestatten, dem Verfrachter für seine Forderung das Gut zu überlassen. Aber dieser Gedanke ist nirgends erwähnt und es dürfte doch recht zweifelhaft sein, ob es sich empfiehlt, ihm näher zu treten.

Nicht minder fremdartig erscheinen uns die zu Nr. 3 geäußerten Ansichten. Der Kapitän, der die beschädigte Ladung in ihrem Interesse im Zwischenhafen verkauft, gibt seinerseits die Reise auf und kann daher keine Fracht beanspruchen! Und wenn man den Anspruch auch grundsätzlich anerkennen will, so doch nur unter der doppelten Voraussetzung, daß der Verkauf notwendig war und daß das Gut den Bestimmungsort in specie erreicht haben würde! Man würde den Ladungsbeteiligten, die man schützen will, damit einen schlechten Dienst erweisen. Notwendig ist der Verkauf nur, wenn das Gut die andere Ladung gefährdet. Da man dem Verfrachter nicht zumuten kann, daß er sich selbst schädigt (durch Einbuße der Fracht), würde der Kapitän die noch gut verkäufliche, aber dem Verderb entgegengehende Ware einfach ihrem Schicksal überlassen. Und wenn trotzdem der Kapitän, dem die Vergeudung des Werts der Ware leid tut, sie verkauft in der Hoffnung, daß der Empfänger freiwillig die Fracht zahlen oder daß das Gericht in diesem Falle in weiter Auslegung des Wortes „notwendig" ihm die Fracht zusprechen werde, so bekommt er doch keine Fracht, wenn nach dem Zustande des Gutes im Zwischenhafen anzunehmen ist, daß sie den Bestimmungshafen nicht in specie erreichen werde! Wie soll das festgestellt werden? Das ist doch von der Dauer der weiteren Reise, der Temperatur und Witterung und von allen möglichen sonstigen Zufälligkeiten abhängig, die auch kein Sachverständiger beurteilen kann. Und ist denn richtig, daß der Kapitän keine Fracht bekommt, wenn er das verderbende Gut verkauft, weil er sicher ist, daß es am Bestimmungsorte gänzlich wertlos ankommen würde? Soll er nicht durch rechtzeitigen Verkauf seinem Reeder die Fracht, dem Empfänger am Warenwert das retten, was noch zu retten ist?

Würde nicht der Ladungseigner, wenn er anwesend wäre, ebenso handeln, also das Gut zurücknehmen, und in diesem Falle nicht nur nach H. G. B. 582, sondern auch nach der Pariser Vorlage Art. 4 Abs. 3 die ganze Fracht zahlen müssen? Trotzdem sind diese Einschränkungen auch in dem erwähnten deutschen Entwurfe aufgenommen.

Was endlich die Fracht für Güter anbetrifft, die an Stelle der verkauften angenommen werden, so ist nicht ersichtlich, wie die Ansicht begründet werden kann, daß sie eigentlich ganz dem Ladungseigner des verkauften Gutes gebühre. Er (der Kapitän für ihn) hat das Gut zurückgezogen, er hat die Reise für beendigt erklärt, er hat das Gut gegen Zahlung der Fracht angenommen, der Frachtvertrag ist erledigt; was der Verfrachter weiter tut, ob er neues Gut annimmt oder nicht, berührt den Ladungseigner nicht. Daher fehlt auch jeder Maßstab dafür, wie die Fracht zwischen dem Verfrachter und dem Ladungseigner geteilt werden soll, der Eine wollte dem Verfrachter 10 %, ein Anderer 25 %, ein Dritter 50 % zubilligen, lediglich nach Gutdünken. Im übrigen ist wegen dieser Frage auf die Bemerkungen zu §§ 23, 24 zu verweisen.

Es ist dringend zu hoffen, daß bei den weiteren Beratungen die Vertreter Englands und der Vereinigten Staaten sich von der grundsätzlichen und praktischen Bedenklichkeit des von ihnen bisher eingenommenen Standpunktes werden überzeugen lassen; daß sie sich dem Grundsatze zustimmig erklären, daß der Verfrachter stets auf die Fracht Anspruch hat, wenn er das Gut, gleichviel in welcher Beschaffenheit, abliefert. Zweifelhaft kann nur sein, ob nicht jener Auffassung dahin Rechnung zu tragen sein möchte, daß auch, wenn der Verlust des Gutes Folge seiner inneren Beschaffenheit war, keine Fracht zu zahlen ist. Verlust infolge der inneren Beschaffenheit kann wohl nur vorkommen durch Schmelzen oder durch Verbrennen infolge von Selbstentzündung. Damit würde die andere Regel rein zur Durchführung gelangen, daß für verlorenes Gut keine Fracht zu zahlen ist.

§ 36. Frachtberechnung.

Abs. 1—3 wiederholen im H. G. B. gegebene Auslegungsregeln, die zu Bemerkungen keinen Anlaß bieten. Abs. 4 behandelt die Frage, ob die Fracht nach der abgeladenen oder nach der abgelieferten Menge zu berechnen ist. Weder der Pariser noch der vorerwähnte Entwurf treffen hierüber eine Bestimmung. Nach

H. G. B. 620 ist im Zweifel die abgelieferte Menge maßgebend; nach H. G. B. 656 ist die Mengenangabe des Konnossements entscheidend, wenn dieses nicht eine abweichende Bestimmung enthält; als solche gilt die Klausel „Menge unbekannt" nicht. Diese Vorschrift ist aber, wie auch die von Hostie (S. 9 ff.) vorgenommene Prüfung der verschiedenen möglichen Fälle ergibt, ungenau. Wie kann die Mengenangabe des Konnossements entscheidend sein, wenn dieses die Menge als unbekannt bezeichnet? Wie zu Entw. § 38 näher ausgeführt, bedeutet die Klausel „Menge unbekannt" (oder sollte bedeuten), daß der Verfrachter für Unrichtigkeiten der Angabe nicht haftet, die bei Anwendung ordnungsmäßiger Sorgfalt nicht zu entdecken waren. Wird weniger abgeliefert als im Konnossement angegeben, so ist nur für die geringere Menge Fracht zu zahlen, denn für nicht abgelieferte Güter wird keine Fracht geschuldet; wird mehr abgeliefert, so wäre es unbillig, dem Verfrachter die Fracht für die ganze beförderte Menge zu versagen. Für die gewöhnlichen Fälle ist also § 656 überflüssig und irreleitend. Aber die Güter können ohne äußere Einwirkung ihr Gewicht oder ihr Maß verändern; sie können in der Menge durch die Feuchtigkeit der Luft vermehrt, durch die Hitze vermindert werden. Nach § 656 würde in dieser Beziehung die Konnossements-Angabe maßgebend sein. Dies scheint aber unzweckmäßig. In der Regel wird bei der Abladung das Gewicht nicht mit der dazu erforderlichen Genauigkeit festgestellt, jedenfalls nicht kontrolliert. Auch ist nicht immer gesagt, daß die bei der Abladung vorhandene Menge die ihrer Natur bei normalen Verhältnissen entsprechendste ist. Daher scheint es richtig, namentlich im Interesse der Einfachheit, auch in dieser Beziehung das ausgelieferte Gewicht für maßgebend zu erklären, wenn nicht anderes vereinbart ist. Hinzuzufügen ist aber die der Billigkeit entsprechende und bereits in manche Konnossemente (z. B. Entwurf allgemeiner Regeln für Dampfer-Konnossemente [ausgehend] Regel X) aufgenommene Bestimmung, daß für Gewichtsvermehrung infolge Seebeschädigung keine Fracht zu zahlen ist.

8. Haftung des Verfrachters. §§ 37—42.

Wie in den allgemeinen Ausführungen über die Haftung des Verfrachters näher begründet, sieht der Entwurf, dem deutschen Eisenbahnfrachtrecht und den neueren Seegesetzen der Vereinigten Staaten und Australiens folgend und lebhaften, gleichzeitig in verschiedenen Ländern hervorgetretenen Bestrebungen der Kaufmannschaft Rechnung tragend, für die Haftung des Verfrachters für Verlust und Beschädigung des Gutes zwingende Bestimmungen vor. Liegt das Bedürfnis hierfür auch zunächst nur hinsichtlich des mehr und mehr monopolartig gestalteten Verkehrs der regelmäßigen Dampferlinien vor, so erscheint es doch unbedenklich, diese Regelung auch für den übrigen Frachtverkehr zu treffen, da dem Verfrachter keine weitergehenden Verpflichtungen auferlegt werden, als sich aus dem Wesen des Frachtvertrages ergeben, und daher von jedem Verfrachter erfüllt werden können und müssen. Immerhin bedürfen aber diese Bestimmungen des beabsichtigten zwingenden Charakters wegen besonders sorgfältiger Prüfung.

§ 37. Haftung aus dem Frachtvertrage.

Nach § 606 haftet der Verfrachter für den Schaden, der durch Verlust oder Beschädigung des Gutes in der Zeit von der Annahme bis zur Ablieferung entsteht, es sei denn, daß der Verlust oder die Beschädigung auf Umständen beruht, die durch die Sorgfalt eines ordentlichen Verfrachters nicht abgewendet werden konnten. Damit stimmt B. Sch. G. § 58 Abs. 1 wörtlich überein, § 456 für die Eisenbahn hat noch die alte, bei Revision des H. G. B. etwas geänderte Fassung. Für das allgemeine Frachtrecht erwähnt § 429 Abs. 1 neben Verlust und Beschädigung des Gutes noch die Versäumung der Lieferzeit (s. zu § 27).

B. Sch. G. § 58 Abs. 2 spricht, wie § 559, aus, daß die Haftung insbesondere dann ausgeschlossen ist, wenn der Schaden aus einem mangelhaften Zustande des Schiffes oder der Gerätschaften entstanden ist, der trotz der Sorgfalt eines ordentlichen Verfrachters nicht zu entdecken war, während für erkennbare Mängel der Fahrtüchtigkeit nach § 8 auch der Schiffseigner persönlich haftet. Beides bedarf keiner Erwähnung, weil es sich unmittelbar aus der Regel des Abs. 1 ergibt. Im übrigen ist auf die allgemeinen Ausführungen über Seetüchtigkeit zu verweisen.

Ebensowenig bedarf es der Bestimmung des § 565, daß der Verfrachter außer in Notfällen nicht ohne Erlaubnis der Absender die Güter in ein anderes Schiff umladen, und des § 566, daß er sie nicht ohne Erlaubnis des Absenders auf Deck verladen darf. Handelt er dieser Vorschrift zuwider, so haftet er nach der Grundregel für den Schaden.

Alle Frachtrechte bestimmen (§ 429 Abs. 2, 456 Abs. 2, 607, 58 Abs. 3), daß der Verfrachter für Kostbarkeiten, Kunstgegenstände, Geld und Wertpapiere nur haftet, wenn ihm diese Beschaffenheit oder der Wert der Güter bei der Übergabe angegeben worden sind. In den Hamburg-Bremer Konnossementsformularen ist diese Bestimmung auf alle Gegenstände ausgedehnt, deren Wert 2000 M. pro Collo übersteigt; das wird aufzunehmen sein.

Außer diesen Bestimmungen enthält das Eisenbahnfrachtrecht eine Anzahl weiterer Bestimmungen über die Haftung, die die hauptsächliche Veranlassung der Aufnahme eines besonderen Abschnittes über den Eisenbahnverkehr im H. G. B. sind, und die deshalb von besonderer Wichtigkeit sind, weil nach § 471 Vereinbarungen, durch die die Eisenbahn ihre gesetzliche Haftung ausschließt oder beschränkt, nichtig sind. B. Sch. G. hat einen großen Teil dieser weiteren Bestimmungen aufgenommen, obwohl es die Vertragsfreiheit in dieser Beziehung nicht beschränkt, im Wesentlichen, um den Verfrachter die in ihnen ausgesprochene Umkehrung der Beweislast hinsichtlich des Verschuldens zu gute kommen zu lassen. Der Entwurf muß wegen seiner Beseitigung der Vertragsfreiheit diese Beschränkungen der Haftung, die sich in zwei Verkehrsarten für die Ladungsbeteiligten als unbedenklich erwiesen haben, aufnehmen; sie dürften aber auch für den Seeverkehr genügen. Einige weitere Erleichterungen, die das Eisenbahnfrachtrecht hinsichtlich des Umfanges des zu leistenden Ersatzes vorsieht, werden bei § 41 zu erörtern sein.

Nach H. G. B. 459, B. Sch. G. 59 haftet der Verfrachter nicht:

1. Für den Schaden, der aus der Verladung in offenen Wagen bezw. auf Deck entsteht, wenn diese Beförderung vereinbart war; dies würde allgemein zu fassen sein: „aus der vereinbarten Art der Verladung.“

2. Für den Schaden, den die Güter durch mangelhafte oder ungenügende Verpackung erleiden. Hinzuzufügen wäre: „oder der aus ungenügender Bezeichnung der Güter entsteht.“

3. Für den Schaden, der aus dem Aufladen und Abladen und aus mangelhafter Verladung entsteht, wenn diese Arbeiten vom Absender und Empfänger besorgt werden.

4. Für den Schaden, den die Güter infolge ihrer eigentümlichen natürlichen Beschaffenheit erleiden.

5. Für den Schaden, den lebende Tiere erleiden. Diese Nr. dürfte zweckmäßig mit der vorhergehenden verbunden werden; denn Schaden oder Verlust von Tieren ist im Zweifel Folge ihrer natürlichen Beschaffenheit.

Außerdem führt § 459 als Nr. 6 noch den Schaden an, den Güter, einschließlich Tiere, denen nach Vereinbarung ein Begleiter beizugeben ist, aus der Gefahr erleiden, deren Abwendung durch die Begleitung bezweckt ist. Die Aufnahme dieser Bestimmung, die auch für andere Transportarten, z. B. für Munition und Sprengstoffe, praktisch werden kann, ist ratsam.

Die Fassung dieser Punkte ist außerordentlich umständlich: „in Ansehung der Güter, die . . . . ., für den Schaden, welcher aus der mit dieser Beförderungsart, Verpackung etc. verbundenen Gefahr entsteht.“ Die Fassung kann in obiger Weise vereinfacht werden, wobei nur zu beachten ist, daß zum Ausdruck kommt, daß die Haftung nur für den Schaden entfällt, der aus der fraglichen Gefahr den betreffenden Gütern selbst, nicht etwa anderen Gütern entsteht. Im übrigen wird, da alle diese Fälle als solche anzusehen sind, die bei Anwendung der Sorgfalt eines ordentlichen Verfrachters nicht abzuwenden sind, durch die Fassung anzudeuten sein, daß sie nicht Ausnahmen, sondern Anwendungsfälle der allgemeinen Regel sind.

Die Haftungsbefreiung oder Umkehrung der Beweislast in allen diesen Fällen wird keinen Bedenken begegnen, auch nicht hinsichtlich der Schäden durch schlechte Stauung, wenn diese von den Ladungseignern besorgt wird. Aber dies muß tatsächlich der Fall sein. Selbstverständlich kann die Wirkung nicht durch eine Klausel erreicht werden, daß die Stauer als die Angestellten des Absenders oder Empfängers angesehen werden sollen, wenn sie tatsächlich Angestellte des Verfrachters sind. Auch wenn die Ladungsbeteiligten tatsächlich die Ausführung dieser Arbeiten übernommen haben, hört damit die Verpflichtung des Kapitäns bezw. Verfrachters, für die Stauung zu sorgen, nicht auf; er hat die Arbeiter der Ladungsbeteiligten zu überwachen. Eine Haftung des Verfrachters tritt aber nur ein, wenn ihm eine Nachlässigkeit hierin nachgewiesen wird.

Im letzten Absatz dieses Paragraphen ist die Nichthaftung für nautisches Verschulden auszusprechen. Es genügt die Bezugnahme auf § 3.

§ 38. Haftung aus dem Ladeschein (Konnossement).

An die Haftung aus dem Frachtvertrage hat sich diejenige aus dem Ladeschein anzuschließen. Das allgemeine Frachtrecht enthält über sie nur die Bestimmung, daß der Ladeschein für das

Rechtsverhältnis zwischen dem Verfrachter und dem Empfänger entscheidet, und sie ist, wie zu § 11 ausgeführt, auch eigentlich genügend. Das Seerecht enthält aber in §§ 651—655, 657, 658 über diese Frage nähere Bestimmungen, die eingehenderer Erörterung bedürfen.

Um diese Bestimmungen, und namentlich die die Haftung aus dem Konnossement einschränkenden Klauseln („Inhalt, Menge unbekannt“) richtig würdigen zu können, ist es erforderlich, zunächst über die Bedeutung des Konnossements Klarheit zu erlangen. Daß es maßgebend ist für das Rechtsverhältnis zwischen Verfrachter und Empfänger, ist in §§ 446, 651 ausgesprochen; an letzterer Stelle ist, als Folgerung hieraus („insbesondere“) hinzugefügt, daß die Ablieferung der Güter an den Empfänger nach dem Inhalte des Konnossements zu erfolgen hat. Hieraus ergibt sich — und darüber besteht Einverständnis — der Unterschied zwischen der Haftung aus dem Frachtvertrage und aus dem Konnossemente dahin, daß während der Verfrachter nach ersterem nur für die Ablieferung der übernommenen Güter haftet — sofern nicht ihr Verlust oder ihre Beschädigung bei Anwendung der Sorgfalt eines ordentlichen Verfrachters nicht zu vermeiden waren —, der Verfrachter aus dem Konnossemente außerdem für die richtige Bezeichnung des Gutes auf dem Konnossemente haftet. Aber über den Grad dieser Haftung für die Bezeichnung des Gutes herrschen erhebliche Meinungsverschiedenheiten. Nach einer Ansicht (Schlodtmann) ist diese Haftung eine absolute, im Sinne einer Garantieübernahme für die Richtigkeit der Bezeichnung; nach der anderen Ansicht tritt die Haftung nur ein, wenn den Verfrachter hinsichtlich der Unrichtigkeit der Bezeichnung, hinsichtlich ihrer Nicht-Entdeckung, ein Verschulden trifft. Diese letztere Ansicht vertritt Brodmann (Goldschm. Zeitschr. 58 S. 591 ff.) und namentlich Wüstendörfer, Studien, Teil II, Abschn. III u. IV.

Aus den Protokollen der Handelsgesetzbuchs-Kommission ist eine klare Entscheidung dieser Frage für das geltende Recht nicht zu entnehmen; sie sprechen im allgemeinen, wie Wüstendörfer zugibt, mehr für die strengere Auffassung, doch finden sich gelegentlich auch Äußerungen, die für die gegenteilige Auffassung zu verwerten sind. Die Frage wird daher, namentlich de lege ferenda, vom praktischen Gesichtspunkte aus zu prüfen sein. Das tut auch Wüstendörfer, geht dabei aber m. E. von unrichtigen Anschauungen aus, und gelangt zu sehr bedenklichen Ergebnissen, denen nach der von ihm befürworteten teleologischen Gesetzesauslegung auch schon das geltende Recht angepaßt werden sollte. Er geht davon aus, daß bei dem vom heutigen Verkehr geforderten beschleunigten Massenverkehr, namentlich der Liniendampfer, die Übernahme einer Garantie für die Richtigkeit der Bezeichnung dem Seeverfrachter unmöglich sei. „Die Skripturhaftung ist ein welkendes Reis am Baume der deutschen Seegesetzgebung" (S. 459). Die Haftung könne auch aus dem reinen Konnossement nur für schuldhaft unrichtige Bezeichnung eintreten. Hiervon ausgehend sieht er in den Klauseln „Bezeichnung (Inhalt, Menge etc.) unbekannt" die Freizeichnung auch von bezüglichem Verschulden, so daß „die gesetzliche Skripturhaftung für die große Mehrzahl der Fälle zum toten Buchstaben wurde" (ebendas.) Auch wenn der Steuermann in einzelnen Fällen Kenntnis von der Ungenauigkeit der Angaben erhalte, und die Unrichtigkeit selbst durch probeweise Nachprüfung feststelle, so brauche er keine Stockung im Verladungsgeschäft eintreten zu lassen, dürfe sich vielmehr auf den Schutz des Reeders durch die Klauseln verlassen (S. 446). Nur eigene Arglist mache den Reeder trotz der Klauseln haftbar, vielleicht auch die Arglist seines Vertreters (S. 448; s. gegen letzteres § 41). Nur bei Nichtsverladung bleibe vielleicht noch ein durch Klauseln nicht zu beseitigender Rest der Skripturhaftung des § 651 bestehen. Aber auch wenn gar keine Ware der bezeichneten Art, sondern ganz anderes abgeladen ist (eine Kiste Eisenwaren statt Seidenzeug), so kann der Empfänger, dem dieses Gut angeboten wird, es entweder unter Geltendmachung von Schadensersatz für den etwaigen Minderwert annehmen, oder nur den Empfang ablehnen. „Dann kommt es weder zu einer Ablieferung an ihn, noch zu einer Ersatzleistung, und wegen der Fracht hält sich der Verfrachter dann nur an den Befrachter" (S. 425).

Ich glaube, in dieser Auffassung ist Wüstendörfer reederlicher, als die Reeder. Ich glaube nicht, daß unsere Reeder, wenn auf ein Konnossement „Bezeichnung unbekannt" statt 3 Kisten Seidenwaren 3 Fässer Nägel abgeladen sind, vom Empfänger verlangen würden, daß er entweder den Empfang unter Verzicht auf Schadensersatz ablehnt, oder wenn er Schadensersatz haben will, die andere Ware empfängt. Sie würden das schon deshalb nicht tun, weil sie sich dabei schlechter stehen würden, als wenn sie nach der strengeren Auffassung Schadensersatz wegen Nichtablieferung der bezeichneten Ware leisteten. Denn in beiden Fällen haben sie den Marktwert der Seidenwaren zu ersetzen; der Unterschied besteht nur darin, ob sie den von ihnen oder den vom Seidenhändler erzielten Verkaufspreis der Nägel dagegen zu rechnen haben, und im Zweifel werden sie die verkehrt abgeladene Ware besser verwerten, als der daran ganz uninteressierte Empfänger, von dem in diesem Falle besondere Bemühungen zur Wahrnehmung ihres Interesses kaum zu erwarten sind. Ich glaube aber auch, daß unsere Reeder, und besonders unsere Linienreedereien, in Rücksicht auf deren Betriebsverhältnis Wüstendörfer ja die Abschwächung der Skripturobligation für erforderlich hält, sich nicht weigern würden, Schadensersatz zu leisten, wenn ihr Kapitän ein Konnossement in Kenntnis der Unrichtigkeit der Bezeichnung gezeichnet hat. Wüstendörfer selbst sagt (S. 450), daß heute vielfach trotz vereinbarter Maßklauseln zugemessen wird, und S. 508 ff. führt er des Längeren aus, daß gerade im Großbetriebe die allgemeine Kontrollmöglichkeit wieder wächst, und daß die Reedereien eifrig bestrebt sind, sie zu steigern. Ich glaube endlich auch nicht, daß es im Interesse der Reederei liegt, sie auf die Bahn zu weisen, ihre rechtliche Verantwortlichkeit immer mehr zu verwässern, und damit in unabwendbarer Folge auch das Verantwortlichkeitsgefühl ihrer Angestellten zu schwächen, weil damit die Reedereien ihrer Aufgabe für den Verkehr nicht gerecht werden könnten, und das sich doch trotz aller Syndikate, Pools und sonstiger Mittel, den Verkehr zu monopolisieren, an ihnen selbst rächen würde.

Und damit kommen wir zur Kehrseite der Medaille, der Wirkung dieser Auffassung für das Konnossement. Das Konnossement vertritt die Ware; es ist das wichtigste Mittel zur Förderung und Beschleunigung des Warenumsatzes, zur Ausnutzung des Wertes der Ware, noch bevor man sie in Händen hat, noch während sie unterwegs ist. Das ist eine so allbekannte und so allgemein anerkannte Wahrheit, daß man sich fast scheut sie auszusprechen. Diese außerordentlich große wirtschaftliche Bedeutung des Konnossements erkennt natürlich auch Wüstendörfer an; aber er erkennt nicht an, daß sie durch die von ihm vertretene Abschwächung der Haftung des Verfrachters aus dem Konnossemente beeinträchtigt werde. Das Konnossement werde nicht sowohl auf den Kredit des Reeders als auf den des Abladers genommen; soweit der Reeder in Betracht komme, werde weniger auf den rechtlichen Inhalt des Konnossements, als auf den rein tatsächlichen Umstand gesehen, ob bei dem Betriebe des betreffenden Reeders auf ordnungsmäßige Ablieferung zu rechnen sei. Schließlich hafte die Versicherung. Auch die Konnossemente englischer Reedereien würden anstandslos genommen, obgleich die Haftung aus ihnen eine geringere sei (S. 460 ff., 507 ff.). Ähnliche Ausführungen finden sich auch bei Brodmann l. c.

Was das englische Recht betrifft, so kenne ich dieses, und namentlich die Gebräuche des englischen Waren- und Bankverkehrs, nicht genügend, um mir darüber ein Urteil erlauben zu können; nur scheint mir die sect. 3 der Bills of Lading Act, die dem Verfrachter den Exkulpationsbeweis vorbehält:

> that it was caused without any default on his part and solely by the fraud of the shipper or of the holder,

die Wüstendörfer als besonders schlagenden Beweis für eine seiner Auffassung entsprechende Regelung anführt, für das Gegenteil zu sprechen. Nur wenn die Unrichtigkeit allein auf den Betrug des Absenders oder Empfängers zurückzuführen ist, ohne jedes mitwirkende Verschulden des Verfrachters (also auch hinsichtlich der ihm obliegenden Kontrollierungspflicht) ist der Verfrachter frei! Im übrigen ist mir bekannt, daß unsere Bankierkreise die geringere Sicherheit, die ihnen die englischen Konnossemente gewähren, sehr wohl empfinden.

Wenn diese geringere Sicherheit, die in gleicher Weise durch die Befreiungsklauseln herbeigeführt wird, dem Konnossementsverkehr bisher keinen Abbruch getan haben, so erklärt sich das einerseits aus der Unentbehrlichkeit des Konnossementsverkehrs und der wirtschaftlichen Unmöglichkeit, sich den Klauseln zu widersetzen, andererseits aus der Unkenntnis oder Unterschätzung der Gefahr, welche Unterschätzung ihrerseits ihre Erklärung findet in dem von Wüstendörfer hervorgehobenen Umstande, daß der Verkehr sich mehr, als auf den rechtlichen Inhalt der Konnossemente, auf den ordnungsmäßigen und sorgsamen Betrieb der Reedereien verläßt. Aber ist nicht gerade dieses Vertrauen zu den Reedereien die schlagendste Widerlegung der Wüstendörferschen Theorie? Ist es nicht der schlagendste Beweis dafür, daß die Reeder und ihre Angestellten sich ihrer Verpflichtung, das Gut in Gemäßheit des Konnossements abzuliefern, voll bewußt sind? Beruht nicht dieses Bewußtsein auf der geltenden, von W. bekämpften, Anschauung von der strikten Haftung aus dem Konnossement? Würde dieses Bewußtsein und die auf ihm beruhende Sorgfalt nicht schwinden, wenn die Lehre zur Herrschaft gelangte, daß aus einem Konnossemente „Bezeichnung unbekannt" der Verfrachter für keinerlei Unrichtigkeit der Bezeichnung des Inhalts, der Verpackung, der Menge, der Marken hafte, sofern nicht dem Verfrachter selbst, und vielleicht — das ist aber sehr zweifelhaft — dem Kapitän eine Arglist nachzuweisen ist?

Und wenn Wüstendörfer weiter den Empfänger auf die Assekuranz vertröstet, so ist auch dieser Trost ein trügerischer. Er selbst weist darauf hin (S. 440), daß mit seiner Auffassung der Klauseln „Bezeichnung unbekannt" diese Bezeichnungen im Konnossement ihre Bedeutung als prima facie Beweis verlieren. Ist das aber der Fall, so gilt es nicht nur für die Haftung aus dem Konnossemente, es muß ebenso gelten hinsichtlich der Haftung ex recepto, ebenso für die Frachtberechnung — dann ist § 656 unerklärlich, daß bei Ausstellung eines Konnossements nicht die ausgelieferte, sondern die in ihm angegebene Menge maßgebend sein, und die Klausel „Menge unbekannt" nicht als gegenteilige Vereinbarung gelten soll — ebenso auch für das Versicherungsverhältnis. Dann wird auch der Assekuradeur nicht mehr das Konnossement als prima facie Beweis der Verladung anerkennen, sondern die Ersatzleistung verweigern, bis der Empfänger die probatio diabolica (wie W. selbst S. 589 sie nennt) erbringt, daß wirklich die betreffenden Waren in guter Beschaffenheit verladen sind.

Endlich sagt Wüstendörfer, und ebenso Brodmann, die wirtschaftliche Funktion des Konnossements habe ihre Grundlage nicht sowohl in dem Vertrauen, das der Nehmer dem Verfrachter, als in dem Vertrauen, das er dem Absender schenke. Eine fundamentale Verkennung der Sachlage! Warum legt denn der Verkehr, und ihm folgend das Gesetz, nicht auch der Faktura die Eigenschaft bei, die Ware zu vertreten, warum können nicht die Fakturen an Order gestellt und durch Indossament übertragen werden? Wie soll der spätere Käufer des Konnossements, der bevorschussende Bankier, der den Absender gar nicht kennt, dazu kommen, ihm ein solches Vertrauen zu schenken? Es ist doch leider eine unbestreitbare Tatsache, daß es in dieser unvollkommenen Welt auch schlechte Menschen gibt, auch unter den Absendern! Nein. Die Fähigkeit des Konnossements, der Träger des Warenumsatzes zu sein, liegt lediglich darin, daß es eine Empfangsbescheinigung eines

Dritten, am Warenumsatze Unbeteiligten ist, und daß dieser Dritte die Ware, deren Empfang er bescheinigt hat, inne hat für den jeweiligen Inhaber des Konnossements.

Und wohin kommt dann Wüstendörfer mit dieser seiner teleologischen Auslegung, deren Zweck es doch sein muß, ein klares, den tatsächlichen Verhältnissen und Bedürfnissen entsprechendes Recht zu schaffen? Er sagt S. 589: „Hier einen gerechten Ausgleich finden, heißt das Rätsel der Sphinx lösen," und alle Ausführungen am Schluß seines Werkes über den künftigen Rechtszustand sind Variationen über dieses Thema. Ich meine, er hat hiermit den Beweis geliefert, wie große Vorsicht bei der teleologischen Auslegung geboten ist, wie gewichtige Bedenken ihr entgegenstehen. Ich bin gewiß der Ansicht, daß es bei der Entscheidung von Rechtsstreitigkeiten, bei der Findung des Rechts, sich nicht handeln darf um ein weltfremdes Operieren mit abstrakten Begriffen, daß es bei der Unterordnung des einzelnen Falles unter die geltenden Rechtsregeln in erster Linie ankommt auf die Prüfung des berechtigten Interesses. Treffend sagt die Inschrift unseres neuen Oberlandesgerichts-Gebäudes: Justitia est ars boni et aequi. Hierauf nachdrücklich hingewiesen zu haben, ist ein unzweifelhaftes Verdienst Wüstendörfers, und ein nicht minder großes Verdienst von ihm ist es, auf Grund eingehenden Studiums der tatsächlichen Verkehrsverhältnisse nachgewiesen zu haben, wie unser heutiges Seerecht auf diese Verhältnisse nicht mehr paßt. Aber die Änderung des bisherigen Rechts durch den Richter oder Juristen im Wege der teleologischen Auslegung ist ein gefährliches Experiment. Dazu sind die Verhältnisse des Lebens zu vielgestaltig, da verfällt auch der Einsichtigste zu leicht in einseitige Anschauungen. Das kann nur die Allgemeinheit, das Gesetz. Daher ist auch eine zeitgemäße Änderung unseres Seerechts unter Mitwirkung aller Beteiligten, durch Gesetz, erforderlich.

In diesem wichtigen Punkte sollte m. E. das Gesetz vorschreiben, daß der Verfrachter für die Bezeichnungen im Konnossement an sich absolut haftet, daß ihm aber gestattet werden muß, durch Vorbehalt auf dem Konnossement die Haftung für solche Unrichtigkeiten der Bezeichnung abzulehnen, die bei Anwenduug der Sorgfalt eines ordentlichen Verfrachters nicht zu entdecken waren. Damit wird der Bedeutung dieses unentbehrlichen Verkehrs-Instrumentes Genüge getan, und den Verfrachtern wird nichts zugemutet, was zu leisten sie nicht in der Lage wären. Was die ordentliche Sorgfalt im einzelnen Falle verlangt, ist eine Tatfrage, die je nach den Verhältnissen verschiedener Beurteilung unterliegen kann.

Vergleichen wir mit diesem Satze die bezüglichen Bestimmungen des Seerechts und des B. Sch. G.

§ 652 spricht aus, daß der Verfrachter dem Empfänger für die Richtigkeit der im Konnossement enthaltenen Bezeichnung der Güter verantwortlich ist, und ergänzt dies im § 653 Abs. 3 — der, weil er nicht nur für den dort behandelten Fall, sondern für alle Fälle gilt, bisher im § 652 stände — dahin, daß diese Haftung durch die Übereinstimmung der abgelieferten Güter mit den übernommenen nicht ausgeschlossen wird. Dies ergibt sich übrigens schon aus § 651, nach dem „insbesondere“ die Ablieferung der Güter nach dem Inhalt des Konnossements zu erfolgen hat. — Daß die Güter im Ladeschein, wie auch im Frachtbrief, nach Art, Menge und Merkzeichen angegeben werden müssen, ist im § 8, entsprechend den geltenden Vorschriften, gesagt. Das ergibt sich aus dem Zweck dieser Urkunden; die Harter Act spricht es in sect. 4 zwingend aus. §§ 653, 654 behandeln näher die Bezeichnung der Art, § 655 die Bezeichnung der Menge, § 656 handelt von der Frachtberechnung und scheidet daher hier aus. Dasselbe gilt von § 657 („frei von Beschädigung“), der die Verpflichtung aus dem Frachtvertrage (Entw. § 37) betrifft; § 638 spricht aus, daß, wenn im Konnossement nicht das Gegenteil vermerkt ist, die Güter als in äußerlich guter Beschaffenheit verladen gelten.

Hinsichtlich der Bezeichnung der Art der Güter spricht § 653 Abs. 1 aus, daß der Verfrachter für sie an sich auch haftet, wenn ihm das Gut „in Verpackung oder in geschlossenen Gefäßen“ (das ist doch auch Verpackung) übergeben ist. Abs. 2 fügt aber hinzu, daß, wenn aus dem Konnossement ersichtlich ist, daß die Güter verpackt übergeben sind, der Verfrachter für die Richtigkeit der Bezeichnung nur haftet, wenn ungeachtet der Sorgfalt eines ordentlichen Schiffers die Unrichtigkeit nicht zu entdecken war. § 654 fügt hinzu, daß, wenn die Güter dem Schiffer verpackt übergeben sind, er in das Konnossement die Bemerkung „Inhalt unbekannt“ aufnehmen kann. Dann haftet er für Nichtübereinstimmung der Konnossementsangaben nur, wenn festgestellt wird, daß er einen anderen Inhalt, als den empfangenen, abgeliefert hat. — Diese Bestimmungen decken sich mit unserer Regel völlig bis auf den Schlußsatz, nach dem die Klausel „Inhalt unbekannt" eine weitergehende, der Wüstendörferschen Auffassung entsprechende Bedeutung hat.

Im B. Sch. G. handelt § 74 von der Bezeichnung der Güter, und versteht darunter, wie sich aus Abs. 2 sowie daraus ergibt, daß § 73 von der Mengenbezeichnung handelt, die Bezeichnung ihrer Art. Nach Abs. 1 haftet der Frachtführer für die Richtigkeit der Bezeichnung im Ladeschein, wenn er nicht beweist, daß die Unrichtigkeit bei der Sorgfalt eines gewöhnlichen Frachtführers nicht zu entdecken war. Sind dem Frachtführer die Güter in Verpackung oder in geschlossenen Gefäßen übergeben, und ist dies aus dem Ladeschein ersichtlich, so haftet nach Abs. 2 der Frachtführer nicht für die richtige Bezeichnung des Inhalts, es sei denn, daß ihm eine bösliche Handlungsweise nachgewiesen wird. — Ergibt sich aus dem Ladeschein, daß die Güter in Verpackung (geschlossenen Gefäßen) übergeben sind, so ergibt sich daraus auch, daß er den Inhalt nicht prüfen konnte, für ihn die Garantie nicht übernehmen kann. In diesem Falle bedarf es, wie Makower-Löwe hierzu bemerkt, eines die Haftung ablehnenden Zusatzes nicht. Die Beseitigung der Klausel ist eine beachtenswerte Annäherung an unseren Satz, dem Abs. 1 (mit einer nachher zu besprechenden Abweichung) entspricht. Insofern steht nicht, wie Wüstendörfer sagt (s. zu Entw. § 11) der Ladeschein des B. Sch. G. zwischen dem des allgemeinen Frachtrechts und dem Konnossement in der Mitte, sondern geht in der richtigen Richtung über dieses hinaus. Er deckt sich aber noch nicht völlig mit unserem Satze. Denn nicht stets trifft es zu, daß bei in Verpackung übergebenen Gütern ihr Inhalt nicht zu erkennen ist; z. B. wenn Getreide in Säcken angegeben, und Kartoffeln in Säcken verladen sind. Es ist nicht ersichtlich, warum in solchen Fällen die Haftung für die Inhaltsbezeichnung bei verpackten Gütern eine geringere sein soll, als nach Abs. 1 für lose verladene Güter, weshalb der Verfrachter bei diesen haften soll, wenn er nicht beweist, daß die Unrichtigkeit bei der Sorgfalt eines gewöhnlichen Frachtführers nicht zu entdecken war, in jenem Fall aber nur, wenn ihm eine bösliche Handlungsweise nachgewiesen wird. Der Absatz 2 sollte gestrichen und auch dieser Fall dem Grundsatze des Abs. 1 unterstellt werden. Unzweckmäßig ist die Abstufung des Verschuldens. Daß Absicht und grobe Fahrlässigkeit oder bösliche Handlungsweise (welcher Begriff ganz beseitigt werden sollte) der Angestellten auf die Haftung des Geschäftsherrn keinen

Einfluß üben sollte, wird bei Umfang der Haftung (Entw. § 41) ausgeführt werden. Ebenso mißlich ist die Forderung der Sorgfalt nur eines gewöhnlichen Frachtführers in Abs. 1, wobei zweifelhaft ist, ob hier unter Frachtführer der Geschäftsherr (der Verfrachter im Sinne des Entwurfs) oder der Angestellte (der Frachtführer im Sinne des Entwurfs) verstanden ist. Es sollte stets die Sorgfalt eines ordentlichen Verfrachters gefordert werden. Daß diese je nach Lage der Verhältnisse, insbesondere auch nach dem Bildungsgrade der für die fraglichen Verrichtungen zur Verfügung stehenden Leute, verschieden zu bemessen ist, bedarf keiner Ausführung.

Hinsichtlich der Mengenbezeichnung bestimmt § 655, daß, wenn das Gut dem Verfrachter nicht zugezählt, zugemessen oder zugewogen ist, er das Konnossement mit dem Zusatze „Zahl Maß, Gewicht unbekannt" versehen kann. Tut er das, so hat er die Mengenangaben des Konnossements nicht zu vertreten. Dasselbe sagt inhaltlich B. Sch. G. § 73. Er fügt in Abs. 2 hinzu, daß, wenn der Absender sich bereit erklärt, die Zuzählung etc. auf seine Kosten vornehmen zu lassen, der Verfrachter zur Aufnahme eines solchen Zusatzes nicht berechtigt ist. Das geht zu weit. Nicht allein der Kosten wegen, sondern auch wegen der betrieblichen Verhältnisse kann der Verfrachter mit Recht die umständliche und zeitraubende Arbeit einer so genauen Mengenfeststellung, die ihn in den Stand setzt, die volle Verantwortung für die angegebene Menge zu übernehmen, ablehnen. Das erkennt auch die Harter Act an, die in sect. 4 nur die Kenntlichmachung verlangt, ob es carrier's oder shipper's weight ist. Eine Mengenangabe muß im Frachtbrief oder im Konnossement stets vorhanden sein, und zwar ist nach allgemeinen Grundsätzen anzunehmen, daß für diese Angabe derjenige verantwortlich ist, von dem sie ausgeht, der die Urkunde ausstellt, also beim Frachtbrief der Absender, beim Konnossement der Verfrachter. Diese Annahme trifft aber beim Konnossement nicht zu. Der Verfrachter unterschreibt das ihm vom Absender vorgelegte Konnossement oder er stellt es nach den Angaben des Absenders aus. Dies ist in den meisten Verkehrsarten, insbesondere beim Stückgutverkehr und namentlich beim Verkehr der regelmäßigen Linien notorisch, braucht daher nicht besonders bemerkt zu werden. Aber eine Kontrolle der Mengenangaben des Absenders muß seitens des Verfrachters stattfinden. Das ist nicht allein wegen der Haftung des Verfrachters dem Empfänger und insbesondere dem Konnossementsinhaber gegenüber erforderlich, sondern auch wegen anderer Verhältnisse, wie oben ausgeführt ist. Nach der Menge wird aber die Fracht stets bedungen, wenn nicht das Schiff im Ganzen, oder etwa ein bestimmter Raum des Schiffes, verfrachtet ist. Bei verpackten Gütern erfolgt die Angabe und die Kontrolle in der Regel nach der Zahl. Diese Angabe und ihre Kontrolle genügt als prima facie Beweis, dabei bleiben Maß und Gewicht der Kolli im allgemeinen unberücksichtigt. Bei Schüttgut erfolgt die Angabe nach Maß oder Gewicht, und auch dabei hat eine Kontrolle stattzufinden. Sie ist umständlicher, als die einfache Kontrolle der Zahl, und vielfach nicht so genau, daß der Verfrachter daraufhin die absolute Haftung für die Menge übernehmen könnte, z. B. wenn so und soviel Waggons Kohlen zu einem bestimmten Ladegewicht abgeladen werden. In solchen Fällen kann es vielfach zweifelhaft sein, ob von einem Zuzählen, Zumessen oder Zuwägen die Rede sein kann, ob daher die Aufnahme der Klausel zulässig ist, oder nicht. Auch beim Zuzählen kann es, wenn es sich um eine große Zahl kleiner Kolli handelt zweifelhaft sein, ob bei der durch den Verkehr gebotenen Schnelligkeit der häufig in der Dunkelheit vorgenommenen Arbeiten eine genaue Kontrolle möglich ist, ob nicht auch bei ordnungsmäßiger Sorgfalt gelegentliche Versehen und Übersehen vorkommen können. Im Verkehr mit verpackten Gütern wird dies aber im allgemeinen nicht angenommen, und so enthalten die diesen Verkehr vornehmlich berücksichtigenden Hamburg-Bremer Konnossemente in Regel XV, und ihnen folgend der „Entwurf allgemeiner Dampferkonnossemente (ausgehend)“, über den in Hamburg Verhandlungen zwischen Reedern und Exporteuren stattfinden, in Regel XIII nur Freizeichnungen betreffs Gewicht und Maß, nicht auch betreffs der Zahl. Allgemein ist dies aber nicht zutreffend, und die Bestimmung, daß die Klausel nur zulässig ist, wenn die Ware nicht zugezählt, zugemessen oder zugewogen ist, entbehrt der genügenden Klarheit. Die Umstände des Falles müssen dabei berücksichtigt werden.

Ist die Klausel aufgenommen, und, was der Verfrachter zu beweisen haben wird, zulässiger Weise aufgenommen, so hat nach § 655 der Verfrachter die Mengenangaben des Konnossements „nicht zu vertreten.“ Das darf jedoch, wie auch Schaps zu § 655 Anm. 5 bemerkt, nicht absolut aufgefaßt werden. Wenn der Schiffer bei ordnungmäßiger Sorgfalt die Unrichtigheit der Mengenangabe erkennen mußte (wenn 50 statt 100 Kolli oder Tonnen

Kohlen abgeladen werden), so muß der Verfrachter haften. Wenn aber Schaps meint, da dem Schiffer bei der Klausel eine Kontrollierungspflicht nicht obliege, seien in diesem Falle an seine Sorgfalt keine großen Ansprüche zu stelllen, so ist das bedenklich. Der Schiffer ist stets zu ordnungsmäßiger Sorgfalt verpflichtet; sie ist der allein anzuwendende Maßstab. Ob sie geleistet ist, ist nach Lage der vorliegenden Verhältnisse zu beurteilen.

Ebenso wie mit der Mengenangabe verhält es sich mit der äußeren Bezeichnung des Gutes, den Merkzeichen, die H.G.B. und B. Sch. G. bei der Behandlung der Konnossementsklauseln unerwähnt lassen. Auf die Merkzeichen, die für die richtige Ablieferung des Gutes von entscheidender Bedeutung sind, muß der Verfrachter mit gleicher Sorgfalt achten, wie auf die Zahl der Kolli. Daher haben die Hamburg-Bremer Konnossemente in Regel XV wie die Zahl, so auch die Marken unerwähnt gelassen. In Regel IV ist sogar gesagt, daß Qualitätsmarken — die, wenn vorhanden, von gleicher Größe wie die Hauptmarken und neben diesen angebracht sein müssen — ins Konossement aufzunehmen sind, wenn sie in den vom Steuermann angenommenen Verschiffungs-Noten enthalten sind. Nach Regel II haftet der Reeder nicht „für durch ungenaue oder mangelhafte Adressierung oder durch Verwischen der Marken, Nummern, Adressen oder Bezeichnungen der Güter verursachte Versehen". Das ist selbstverständlich; genügende und dauerhafte Bezeichnung der Kolli ist Sache des Absenders. Kommt er dieser Verpflichtung nicht nach, und werden dadurch Versehen verursacht, so kann dafür der Verfrachter nicht haften — vorausgesetzt, daß er im übrigen die ordentliche Sorgfalt angewendet hat, was auch hier nach den Umständen des Falles, die der Verfrachter darzutun hat, zu beurteilen ist. Der oben erwähnte „Entwurf allgemeiner Dampferkonnossemente (ausgehend)" nimmt die Bestimmungen der Regel II auch in seiner Regel II auf, läßt die Regel IV wegen der Qualitätsmarken weg, (was wohl richtig ist, da es im allgemeinen nur auf die Hauptmarken, die Identifizierungs-Marken, ankommt), befreit aber in Regel XIII die Reeder auch von der Haftung für „Marken, Nummern". Diese Befreiung ist, ebenso wie die fernere für „Qualität" und „Wert" (wenn für diese eine Haftung des Verfrachters überhaupt in Frage kommt) in demselben Sinne aufzufassen, wie dies betreffs des Inhalts und der Menge ausgeführt ist. Damit werden sich auch die Bedenken erledigen, die Boyens in seinem Gutachten für den 28. Deutschen

Juristentag (Seite 66) gegen die Klausel „Marke unbekannt“ erhebt. Zu weit geht er aber, wenn er Seite 72 bemerkt, es müsse zwingende Pflicht des Verfrachters sein, „für genügende Merkzeichen und Adressen zu sorgen“, und er dürfe auch nicht von der Sorge für die Konservierung dieser während der Reise entlastet sein.

Mit dem Ergebnisse, zu dem wir gelangt sind, löst sich auch das Rätsel der Sphinx Wüstendörfers, die Beweisfrage, für die auch Schaps (zu § 654 Anm. 3 u. 4, § 655 Anm. 5) keine befriedigende Lösung gibt. Er sagt, durch die Klauseln werde die Haftung aus dem Konnossement aufgehoben (mit der vorhin erwähnten Einschränkung), die Haftung aus dem receptum bleibe vollen Umfangs bestehen, doch werde hinsichtlich ihrer die Beweislast umgedreht. Der Empfänger habe auch ohne Klauseln zu beweisen, daß diejenige Menge, deren Auslieferung er beansprucht, vom Schiffer übernommen sei. Während ihm aber hierfür regelmäßig das Konnossement als Beweismittel genüge, komme dieses bei Einfügung der Klausel nicht mehr in Betracht. — Wie soll denn der unglückliche Empfänger diesen Beweis erbringen, den Wüstendörfer mit Recht eine probatio diabolica nennt? Soll er jedesmal, wenn sich eine Differenz gegenüber dem Konnossement herausstellt, Beweise über die Abladungs-Tatsachen erbringen, die dabei beteiligten Arbeiter in Amerika oder Australien als Zeugen vernehmen lassen mit der naheliegenden Aussicht, daß sie sich nach Monaten der Einzelheiten nicht mehr erinnern? Da steht auch die Haftung ex recepto in den meisten Fällen lediglich auf dem Papier. — Nein. Das Konnossement liefert trotz der Klauseln den prima facie Beweis für den Empfänger. Liefert der Verfrachter weniger oder anderes aus, so muß er beweisen, daß ein Verlust oder eine Beschädigung eingetreten ist, die mit der Sorgfalt eines ordentlichen Frachtführers nicht abzuwenden war. Liegt das nicht vor, so muß er beweisen, daß er nur das Abgelieferte erhalten hat. Führt er diesen Beweis, so ist seine Haftung ex recepto erledigt, nicht aber seine Haftung aus dem Konnossement. Um sich auch von dieser zu befreien, muß er ferner beweisen, daß ihn (seine Leute) hinsichtlich der Unrichtigkeit der Konnossementsangaben, oder der Nichtbemerkung dieser Unrichtigkeit, kein Verschulden trifft. Das ist eine klare und sachgemäße Lösung, mit der auch dem Verfrachter nicht mehr zugemutet wird, als er zu leisten im Stande ist.

§§ 39, 40. **Durchfrachtverkehr. Gebrochener Verkehr.**

Eine Beförderung, an der mehrere Verfrachter beteiligt sind, kann rechtlich verschieden gestaltet sein, sowohl hinsichtlich des Verhältnisses der mehreren Verfrachter zu den Ladungsbeteiligten, als auch hinsichtlich des Verhältnisses der mehreren Verfrachter zu einander. Beschäftigen wir uns zunächst mit dem Verhältnisse der Verfrachter zu den Ladungseignern.

Der Absender kann mit dem Verfrachter einen Frachtvertrag abschließen nur über die von diesem selbst auszuführende Beförderung, und am Endpunkte dieser Beförderung selbst oder durch einen Vertreter (Spediteur) einen neuen Vertrag über die Weiterbeförderung schließen. Dann liegen mehrere selbständige Frachtverträge vor; das Verhältnis ist einfach und bietet keinerlei Schwierigkeiten.

Der Absender kann aber auch mit dem Verfrachter vereinbaren, daß dieser den Frachtvertrag über die Weiterbeförderung abschließt. Dabei macht es keinen Unterschied, ob der Verfrachter den neuen Vertrag im Namen des Absenders oder im eignen Namen schließt; jedenfalls tut er es für Rechnung des Absenders, und zwar sowohl, wenn er die neue Fracht getrennt verrechnet, als auch, wenn er die Beförderung bis zum Bestimmungsort gegen eine Gesamtfracht übernimmt, was die Regel sein wird. Dies ist der Fall des H. G. B. 468, nach dem, wenn der Bestimmungsort nicht an der Bahn liegt, bestimmt werden kann, daß die Eisenbahn als Frachtführer nur für die Beförderung bis zur letzten Eisenbahn-Station haften, bezüglich der Weiterbeförderung dagegen die Verpflichtungen des Spediteurs übernehmen soll, die sich auf die Wahrnehmung der Interessen des Absenders mit der Sorgfalt eines ordentlichen Spediteurs beschränken, namentlich hinsichtlich der Auswahl des Nachverfrachters und der Bedingungen des neuen Frachtvertrages. Wegen der Frachtzahlung kommen H. G. B. 441, 442 hinsichtlich der Wahrung des Pfandrechts am Gut durch den letzten Verfrachter für die Vormänner und hinsichtlich der etwaigen Haftung des Absenders zur Anwendung. Zweifel können bestehen hinsichtlich der Haftung der Frachtführer für Verlust oder Beschädigung des Gutes. Ist der Schaden nachweislich ohne Verschulden eines Verfrachters entstanden, so findet keine Haftung statt; ist er durch haftbarmachendes Verschulden des letzten Verfrachters entstanden, so haftet dieser. Ist er durch Verschulden des letzten Verfrachters entstanden, für das dieser aber nach seinem Frachtvertrage nicht haftet, so findet keine Haftung statt; es sei denn, daß der frühere Verfrachter haftet, weil er bei Abschluß des Vertrages die Sorgfalt eines ordentlichen Spediteurs verabsäumt hat. Wie aber, wenn nicht nachweisbar ist, welcher Verfrachter den Schaden verschuldet hat, oder wenn nachgewiesen wird, daß der frühere Verfrachter ihn verschuldet hat, und dem letzten Verfrachter die Nichtbeachtung des Schadens bei der Übernahme des Gutes nicht als Verschulden anzurechnen ist? Haftet dann auch der letzte Verfrachter unter Regreß gegen die Vormänner? Diese Haftung ist aus allgemeinen Regeln nicht zu begründen. Er hat einen selbständigen Frachtvertrag abgeschlossen und diesen ordnungsmäßig ausgeführt. Eine Haftung für fremdes Verschulden findet nur ausnahmsweise statt, wenn das Gesetz es bestimmt; an solcher Bestimmung fehlt es für diesen Fall. Hat der Vormann nachweislich den Schaden verschuldet, so kann sich der Empfänger an diesen halten. Er mag allerdings sehen, wo er seiner habhaft wird, vielleicht muß er ihn im Auslande verklagen. Voraussetzung dafür ist aber, daß der Empfänger bei äußerlich nicht erkennbaren Mängel innerhalb der achttägigen Frist des § 438 Abs. 3 seit Ablieferung des Gutes durch den Vorverfrachter an den Nachmann den Schaden festgestellt hat. Sonst sind auch wegen dieser Mängel, wie wegen äußerlich erkennbarer Mängel überhaupt, nach § 438 Abs. 1 seine Ansprüche erloschen, wenigstens in dem häufigen Falle, daß der Nachverfrachter bei Annahme des Gutes die Vorfracht bezahlt hat. Auf den noch verwickelteren Fall, daß nicht nachweisbar ist, welchem Verfrachter der Schaden zur Last fällt, und der letzte für ihn nicht verantwortlich zu machen ist, braucht nicht eingegangen zu zu werden. Schon aus dem Ausgeführten ergibt sich, daß bei dieser Art des Durchverkehrs die Ladungseigner sich in sehr mißlicher Lage befinden. Deshalb läßt auch das Eisenbahnfrachtrecht sie nur in dem Falle zu, daß der Bestimmungsort nicht an der Bahn liegt. In diesem Falle treten wegen der räumlich und zeitlich geringen Bedeutung der Nachbeförderung die Nachteile nur wenig hervor.

Die dritte Möglichkeit einer Beförderung, an der mehrere Verfrachter beteiligt sind, ist die, daß der erste Frachtführer die ganze Beförderung seinerseits übernimmt. Dieses Verhältnis sieht das allgemeine Frachtrecht offenbar als das allein sachgemäße an, dieses allein behandelt es. Es bestimmt im § 432 Abs. 1, daß, wenn der Verfrachter zur Ausführung der von ihm übernommenen Beförderung das Gut einem anderen Verfrachter übergibt, er für die Ausführung der Beförderung bis zur Ablieferung an den Empfänger haftet. Er haftet den Ladungseignern auch für das Verschulden der anderen Verfrachter, gleich als ob er die Beförderung selbst ausgeführt hätte. Erst mit der Ablieferung des Gutes an den Empfänger ist sein Frachtvertrag erledigt. Aber freilich nur er haftet so. Nicht an sich auch die Nachmänner, nicht namentlich der letzte Verfrachter. Die Nachmänner haften nur jeder für die von ihnen ausgeführte Beförderung. Der letzte Verfrachter zieht zwar die ganze Fracht ein und liefert vor deren und der Nebenforderungen Bezahlung das Gut nicht aus, der Empfänger kann aber gegen ihn Ansprüche wegen Verlust oder Beschädigung des Gutes nur geltend machen, sofern diese Ansprüche aus der letzten Beförderung herrühren.

Das wird aber anders, wenn der nachfolgende Frachtführer das Gut mit dem ursprünglichen Frachtbrief annimmt. Dann tritt er nach § 432 Abs. 2 diesem gemäß in den Frachtvertrag ein und übernimmt die selbständige Verpflichtung, die Beförderung nach dem Inhalte des Frachtbriefes auszuführen. Das hält das Gesetz für so wichtig, daß es es zweimal sagt; und in der Tat ist es so. In dieser solidarischen Haftung sämtlicher beteiligten Verfrachter, insbesondere des letzten für die Vormänner, liegt die wirtschaftliche Grundlage des Durchverkehrs.

Das Seerecht enthält keine Bestimmung über den Durchfrachtverkehr. Ritter erklärt in seinem 1910 erschienenen Kommentar zum H. G. B. mit Ausnahme des Seerechts, gestützt auf zwei Erkenntnisse, der § 432 finde nur auf den Frachtführer, nicht auf den Verfrachter Anwendung (s. oben S. 15). Infolge des Schweigens des Gesetzes herrscht über diese Frage eine große Unklarheit, und die Versuche der Theorie, Licht in das Dunkel zu bringen, haben nur zu sehr unbefriedigenden Ergebnissen geführt. So erklärt Schaps zu § 651 Anm. 20, im wesentlichen in Übereinstimmung mit der herrschenden Ansicht, der erste Verfrachter schließe mit dem Nachmann einen neuen Frachtvertrag ab, durch den der Konnossementsinhaber, sei es weil zu seinen Gunsten, sei es weil ausdrücklich oder stillschweigend in seinem Namen kontrahiert sei, direkte Rechte erwerbe. Der Nachmann hafte aber mangels anderweitiger Vereinbarungen nicht nach dem Durchkonnossement, sondern nur nach seinem Frachtvertrage bezw. seinem Separatkonnossement, während der erste Verfrachter aus dem Durchkonnossement auch für den Weitertransport verhaftet bleibe. — Auffallend ist die Ansicht, daß der erste Verfrachter im Namen des Konnossementsinhabers den neuen Frachtvertrag abschließe. Eher noch würde wohl der von Schaps angeführten Ansicht Voigts zuzustimmen sein, daß der Abschluß im Namen des Absenders erfolgt. Es scheint aber kaum zweifelhaft sein zu können, daß der Verfrachter, der die Ausführung der ganzen Beförderung seinerseits übernommen hat, den neuen Vertrag in seinem eigenen Namen abschließt. Daß der Empfänger direkte Rechte aus diesem Vertrage erlangt, entspricht den allgemeinen Regeln des Frachtvertrages. Nicht richtig scheint auch die Ansicht Sievekings (Seerecht sect. 172), daß der erste Verfrachter hinsichtlich der Weiterbeförderung nur für culpa in eligendo, also als Spediteur hafte. Das mag für die folgenden Verfrachter, wenn sie neue Verträge mit Nachmännern abschließen, zutreffen; der erste Verfrachter, der das Durchkonnossement gezeichnet hat, haftet für die ganze Beförderung als Verfrachter. — Aber das sind Nebenpunkte. Die Hauptsache ist das Verhältnis des letzten Verfrachters zum Empfänger. Dieses stellt sich nach der herrschenden Theorie und nach der üblichen Praxis, nach der die Weiterbeförderung nicht auf Grund des Durchkonnossements oder einer captains copy desselben, sondern auf Grund eines Separatkonnossements erfolgt, als ein Verhältnis nach § 432 Abs. 1, im Gegensatz zu § 432 Abs. 2, dar. Nur der erste Verfrachter haftet als solcher für die ganze Beförderung, jeder folgende Verfrachter haftet nur für die von ihm ausgeführte Beförderung und nur nach seinen Beförderungsbedingungen. Vergegenwärtigen wir uns die Folgen: Das Durchkonnossement lautet über 100 Ballen Baumwolle A. B.; es ist in Amerika ausgestellt und entspricht den Bedingungen der Harter Act. Darauf vertrauend nimmt und bevorschußt es der Bankier des Empfängers. In England wird die Ware umgeladen. Das neue Konnossement enthält nicht nur die Klauseln: „Zahl, Marken, Inhalt unbekannt“, sondern in ihm hat sich der Verfrachter auch von der Haftung für administratives Verschulden seiner Leute freigezeichnet. Bei der Ankunft fehlen 23 Ballen, 40 tragen statt der für gute Qualität bekannten Marke A. B. die Marke K. F. und enthalten ganz geringwertige, fast als Abfall anzusprechende Ware. Außerdem ist die Ware ramponiert, durch Öl aus den darüber gelagerten, leckenden Fässern beschmutzt, infolgedessen auch zum Teil innerlich verkohlt. Der Verfrachter verlangt die Fracht für die ganzen 100 Ballen, da nach § 656 die Konnossementsangabe maßgebend ist und die Klausel „Zahl unbekannt“ nicht als gegenteilige Vereinbarung gilt. Gegen die Forderung ist nichts zu machen, wenn auch der Wert der Ware die Fracht kaum deckt. Der Bankier erhebt wegen Verlust und Beschädigung der Ware Gegenansprüche und will sein Schiffsgläubigerrecht geltend machen. Der Verfrachter beruft sich auf sein Konnossement; er habe nicht mehr Ballen erhalten, für die Nachlässigkeit seiner Leute hafte er nicht. Nun will sich der Bankier an den Aussteller des Durchkonnossements halten. Aber das ist die amerikanische Eisenbahn, die nur für ihre Transportstrecke haftet. Aber die erste Reederei hat das Gut mit dem Originalkonnossement übernommen; eine deutsche Reederei. Sie hat aber ein japanisches Schiff gechartert; sie haftet also nach § 662 nicht; der Bankier muß sich an den Reeder in Japan halten. Als er diesen endlich ausfindig gemacht und ihm seine Forderung angemeldet hat, ist das Schiff kurz vorher untergegangen; persönlich kann er den Reeder nicht auf Grund des § 774 in Anspruch nehmen, weil dieser bei der neuen Inseesendung keine Kenntnis von der Forderung des Schiffsgläubigers gehabt hat. An den Reeder und Verfrachter kann der Bankier sich also nicht halten; er kann noch von Glück sagen, daß er auf den Rat seines vorsichtigen Anwalts nicht das Schiff des letzten Verfrachters an die Kette gelegt hat und dadurch vor bedeutenden Schadensersatzansprüchen dieses bewahrt ist. Zwar hat er mit dem Konnossement die Polize bekommen; diese deckt aber die Beschädigung nicht, da „frei von Beschädigung außer im Strandungsfalle“ versichert ist; auch für den Verlust und die Vertauschung würde der Versicherer nicht haften, wenn er nach dem Pariser Beschluß der Assekuradeure die Haftung für administratives Verschulden der Schiffsbesatzung abgelehnt hätte. Der Bankier hat seinen Vorschuß unrettbar verloren.

Man wird nicht sagen können, daß diese Theorie und dieses Vertragsverhältnis der Bedeutung des Konnossements, durch das das dingliche Recht an der Ware übertragen wird, das die Ware repräsentiert, das für das Rechtsverhältnis zwischen dem Verfrachter und dem Empfänger maßgebend ist — das heißt doch, wenn auch nicht vom rechtlichen, aber vom wirtschaftlichen Standpunkte aus: zwischen dem Empfänger, und dem, der ihm die Ware abliefert — daß dieses Verhältnis der Bedeutung des Konnossements, des Trägers des Weltverkehrs, in besonderem Maße gerecht wird. Es wäre in der Tat kaum denkbar, daß sich ein großer und stetig zunehmender Teil des Verkehrs auf Grund von Durchkonnossementen abspielte, wenn nicht die Gerichte der Notlage der Inhaber solcher Konnossemente in weitem Maße Rechnung trügen, wie in dem Seite 15 mitgeteilten Erkenntnisse das H. G. den letzten Reeder für das Verschulden des Vordermannes dem Empfänger gegenüber für haftbar erklärt hat, weil er dessen Fracht vom Empfänger eingezogen habe und nur er in der Lage war, wegen der auf dem Vortransport entstandenen Schäden unter Beobachtung der vorgeschriebenen Formen und Fristen Abzüge zu machen. Allein es wird sich kaum verkennen lassen, daß diese, vorwiegend vom Billigkeitsgefühl und von der Würdigung des Verkehrsbedürfnisses getragene Entscheidung namentlich gegenüber Separatkonnossementen mit weitgehenden Befreiungsklauseln keine volle Sicherheit bietet. Dies gilt auch gegenüber dem mehrerwähnten „Entwurf allgemeiner Regeln für Dampferkonnossemente", nach deren Regel I zwar der Reeder „soweit nicht in den nachstehenden Regeln Ausnahmen festgesetzt sind" für Verschulden seiner Angestellten betreffs ordnungmäßiger Stauung, Verwahrung, Behandlung und Ablieferung, nicht aber betreffs ordnungsmäßiger Empfangnahme der Ladung verantwortlich ist; nach deren Regel XIII Gewicht, Maß, Marken, Qualität, Wert und Inhalt — und zwar nicht nur bei verpackten Gütern — als unbekannt gelten; nach deren Regel II der Reeder nicht veranwortlich ist für Einwirkungen von Bruch, Hitze, Regen, Kohlenstaub, auch äußerlich erkennbare mangelhafte Verpackung, Leckage oder deren Folgen, Berührung mit oder Ausdünstung von anderen Gütern, auch wenn zum Eintritt oder Vergrößerung solcher Schäden das Verschulden der Schiffsbesatzung beigetragen hat; nach dessen Regel IX endlich „bei Gütern in Durchfracht von und/oder nach anderen Häfen oder Plätzen die Verantwortung der Reederei auf ihre eigene Linie beschränkt ist." Über die Bedeutung dieser Regel können Zweifel bestehen. Vielleicht würde der Empfänger verlangen können, daß der letzte Verfrachter sich wegen des Entschädigungsanspruchs gegen einen Vormann mit der Hinterlegung des auf diesen fallenden Frachtanteils zufrieden gibt; vielleicht würde der Empfänger dies hinsichtlich des Frachtanteils des ersten Verfrachters auch für die Schäden verlangen können, für die zwar nicht nach dem betreffenden Separatkonnossement, aber nach dem Durchkonnossement eine Haftung begründet ist. Über die Zurückbehaltung bezw. Hinterlegung dieser Frachtanteile hinaus wird aber der Empfänger gegen den letzten Verfrachter schwerlich Ansprüche erheben, insbesondere ein Schiffsgläubigerrecht gegen ihn nicht geltend machen können. Daß trotz dieser zweifelhaften und unsicheren Rechtslage ein so bedeutender Verkehr auf Grund von Durchkonnossementen stattfindet und verhältnismäßig so wenige Klagen darüber laut werden, ist ein glänzender Beweis für die Sorgfalt, mit der im Allgemeinen trotz aller Befreiungsklauseln die Ladung auf den Schiffen behandelt wird, und für das Entgegenkommen, mit dem die Reedereien auch ohne rechtlichen Zwang sachlich begründeten Ansprüchen der Ladungsbeteiligten gerecht werden. Aber dieses Entgegenkommen wird, wenigstens teilweise, veranlaßt durch die Konkurrenz der Reedereien, und sie wird mehr und mehr durch die monopolartige Gestaltung des Verkehrs zwischen den einzelnen Handelsgebieten, durch Vereinbarungen zwischen den an diesen Verkehren beteiligten Linien, ausgeschaltet. Die sorgfältige Behandlung der Ladung wird aber gefährdet durch das immer weitere Umsichgreifen der sozialdemokratischen Tendenzen unter den Seeleuten, gegen deren die Pflichttreue abschwächende Wirkungen auch die sorgfältigste Aufsicht seitens der Schiffsoffiziere keinen ausreichenden Schutz bieten kann.

In Rücksicht auf diese Entwicklung ist es doppelt wünschenswert, das Rechtsverhältnis betreffs der Durchkonnossemente klar und dem Verkehrsbedürfnis entsprechend zu regeln. Diese Regelung kann nur dahin gehen, daß für alle Beförderungsarten und zwar zwingend, vorgeschrieben wird, daß, wenn der Verfrachter die Ausführung der von ihm übernommenen Beförderung ganz oder teilweise anderen Verfrachtern überträgt, die ganze Beförderung auf Grund des ursprünglichen Frachtvertrages bezw. Konnossements zu erfolgen hat, und daß sämtliche beteiligten Verfrachter solidarisch für die Ausführung des Vertrages haften. Allerdings muß eine gegenteilige Vereinbarung nach Maßgabe des § 468 zulässig sein; solchenfalls muß aber, wenn über die ganze Beförderung ein Konnossement ausgestellt wird, aus diesem deutlich ersichtlich sein, bis zu welchem Punkte der erste Frachtvertrag reicht, und daß der Verfrachter für die weitere Beförderung nur als Spediteur haftet; z. B. „Durchkonnossement über die Beförderung von 400 Ballen Baumwolle von Galveston über Hamburg nach Reval und von dort auf Grund neuen Frachtvertrages nach Moskau.“ Für diese letztere Beförderungsart dürfte sich die Bezeichnung „gebrochener Verkehr“ empfehlen.

Es könnte auf den ersten Blick zweifelhaft erscheinen, ob die befürwortete grundsätzliche Regelung praktisch durchführbar sei, ob bei der Vielgestaltigkeit des Verkehrs die beteiligten Verfrachter gewillt und in der Lage sein werden, die Durchtransporte zu den verschiedenen Bedingungen der Originalkonnossemente auszuführen. Das Bedenken dürfte aber schwinden bei der Erwägung, daß, wenn für alle Beförderungsarten die Haftung, wie oben ausgeführt, zwingend vorgeschrieben wird, wie dies für den kontinentalen Eisenbahnverkehr seit langer Zeit der Fall ist, und wie es die Harter Act für den Seeverkehr mit den Vereinigten Staaten fast unmerklich eingeführt hat, wesentliche Verschiedenheiten in den Verfrachtungsbedingungen nicht mehr vorkommen können. Einzelne noch zulässige Bedingungen, die sich aus den besonderen Verhältnissen der Verkehrsverhältnisse oder des zu befördernden Gutes ergeben, werden unter den beteiligten Verfrachtern unschwer vereinbart werden können. Für solche Bedingungen wird auf den, durch die zwingende Vorschrift von den vielen jetzigen Bedingungen entlasteten Konnossementen genügender Raum vorhanden sein.

Auch dagegen, daß sämtliche Verfrachter solidarisch für das Verschulden ihrer Vor- und Nachmänner haften, werden keine Bedenken zu erheben sein. Praktisch kommt, etwa von seltenen Ausnahmefällen abgesehen, nur die Haftung des letzten Verfrachters in Betracht, bei Ablieferungshindernissen vielleicht daneben die des ersten. Der Nachmann wird eben nur — wie es schon jetzt in der Regel geschieht und in mir bekannten Anweisungen einer Reederei an ihre Kapitäne diesen besonders eingeschärft ist — bei Übernahme der Güter mit ordnungsmäßiger Sorgfalt (was diese verlangt, ist nach den Umständen des Falles zu beurteilen) auf deren Menge und äußere Beschaffenheit achten und bemerkte Mängel auf dem in seinen Händen befindlichen Durchkonnossement vermerken müssen. Dann ist er dem Vormann gegenüber von der Haftung für diese Mängel frei. Die Haftung für Mängel, deren Ursprung auf diese Weise nicht festgestellt wird, müssen die Verfrachter nach § 432 Abs. 3 im Verhältnis ihrer Frachtanteile tragen.

Auf diese Weise wird klargestellt, daß, dem Verkehrsbedürfnisse entsprechend, die ganze Beförderung im Verhältnis der Verfrachter zu den Ladungsbeteiligten als eine einheitliche, als auf

Grund eines Frachtvertrages erfolgt gilt. Anders ist es aber im Verhältnis der verschiedenen Verfrachter zu einander; da erfolgt die Beförderung durch jeden Verfrachter auf Grund eines besonderen Frachtvertrages, den er mit seinem Vormanne abschließt, der mit der Ablieferung des Gutes an den Nachmann erledigt ist. Die Frage ist zur Sprache gekommen in einem Erkenntnisse des Hanseat. O. L. G. vom 13. Jan. 1911, in dem für eine auf der späteren Beförderungsstrecke vorgekommene Havariegrosse die Vorfracht beitragspflichtig erklärt ist. In einer Besprechung dieses Erkenntnisses in der Naut. Zeitschr. „Hansa" 1911 Nr. 14, 15 habe ich ausgeführt, daß diese Ansicht zu unmöglichen Ergebnissen führt, daß dann nicht nur auch die Bahnfrachten und alle Nachnahmen auf dem Gute, sondern auch die verschiedenen Schiffe beitragspflichtig sein müßten, was mit dem für die hg. maßgebenden Begriff der Schiffsgemeinschaft unvereinbar ist. Die Frage würde durch Beseitigung der hg. erledigt werden.

Eine andere Frage ist die, wie es sich mit den Vorfrachten verhält, wenn das Gut auf der späteren Strecke durch Zufall verloren geht, und daher die Fracht von dem Empfänger nicht zu erhalten ist. Wie ich in der erwähnten Besprechung näher ausgeführt habe, wird diese Frage dahin zu beantworten sein, daß die Verfrachter, die ihren Frachtvertrag durch Ablieferung des Gutes an den Nachmann erfüllt haben, die ihnen in der Regel vom Nachmanne bezahlte Fracht als endgültig verdient behalten, daß aber der Nachmann die bezahlte Vorfracht vom ersten Verfrachter, der den Durchfrachtvertrag abgeschlossen hat, ersetzt verlangen kann. In gleicher Weise würden die Vormänner, die ihre Fracht bis zur Ablieferung an den Empfänger gestundet haben, sie von dem ersten Verfrachter verlangen können. Der Verfrachter, auf dessen Strecke der Verlust eintritt, und die Nachmänner haben auf Fracht keinen Anspruch. Dieses Verhältnis kann durch Vereinbarung unter den Verfrachtern geändert werden; in dieser Beziehung liegt zur Beschränkung der Vertragsfreiheit kein Anlaß vor. Diese Regelung, nach der der erste Verfrachter das Risiko des Verlustes der Fracht für die ganze Beförderung trägt, mag auf den ersten Blick hart erscheinen. Sie scheint aber nicht nur rechtlich die korrekteste, sondern auch wirtschaftlich die zweckmäßigste zu sein. Nach ihr braucht nur der erste Verfrachter die ganze Fracht zu versichern, alle anderen Verfrachter nur die Fracht ihrer Strecke. Sollten alle anderen Verfrachter, die an der Beförderung vor dem

Verlust des Gutes beteiligt waren, den Frachtverlust verhältnismäßig mittragen, so würden auch sie die ganze Fracht versichern müssen. Dazu werden ihnen aber bei Abschluß der Versicherung vielfach die erforderlichen Grundlagen fehlen, und namentlich werden dadurch viele unwirtschaftliche Doppelversicherungen veranlaßt.

§ 41. Umfang der Haftung.

Der Umfang der Haftung des Verfrachters für Verlust oder Beschädigung des Gutes ist in allen Frachtrechten auf den Wert des Guts am Ort und zur Zeit der Ablieferung, abzüglich Fracht und ersparter Kosten, bei Beschädigung auf den Minderwert des beschädigten gegenüber dem unbeschädigten Gut beschränkt, sofern nicht der Schaden durch Absicht oder grobes Verschulden verursacht ist. Dasselbe gilt nach § 652, B. Sch. G. §§ 75, 76 hinsichtlich der Haftung für unrichtige Bezeichnung des Gutes auf dem Ladeschein. Diese Regel ist in § 41 Abs. 1—3 ausgesprochen.

Eine Ausnahme von der Regel enthält § 612 Abs. 2, der bestimmt, daß, wenn der Verfrachter zur Deckung seines Partikularschadens über das Gut verfügt, und für dasselbe einen höheren, als den in § 611 bezeichneten Preis erzielt, er dem Ladungsbeteiligten den vollen erzielten Preis zu vergüten hat. Die Ausnahme tritt nicht ein, wenn der Verkauf des Gutes durch einen hg.-Fall verursacht war. Ein Grund zu dieser verschiedenen Behandlung, die die Wirkungen der oft schwierigen Entscheidung, ob ein hg.-Fall vorliegt oder nicht, noch verschärft, besteht nicht. Auch wenn der Verkauf wegen einer Partikularhaverei des Schiffes zur Fortsetzung der Reise erfolgt — und zu anderem Zweck darf der Kapitän nicht über das Gut verfügen —, geschieht es auch im Interesse der Ladung. Weshalb sollte der Ladungseigner in diesem Falle mehr erhalten, als bei sonstigem Verlust seines Gutes, oder vielmehr der Versicherer des Ladungseigners? Bekommt der Verfrachter aus dem erzwungenen Verkauf des Gutes weniger, als er ersetzen muß, so muß er den Schaden tragen; da sollte ihm auch in den seltenen Fällen, in denen er mehr erhalten kann, der Nutzen zufließen. Ein mißbräuchlicher Verkauf des Gutes zur Ausnutzung einer günstigen Konjunktur für den Verfrachter ist, da der Verkauf stets gerechtfertigt werden muß, bei den heutigen schnellen Verbindungen nicht zu befürchten.

Nach § 460 kann bei Gütern, die regelmäßig einen Gewichtsverlust erleiden, die Eisenbahn-Verkehrsordnung Normalsätze festsetzen, bis zu denen die Eisenbahn nicht haftet, sofern nicht nach den Umständen der Verlust entweder anderen Ursachen als der natürlichen Beschaffenheit zuzuschreiben ist, oder der Normalsatz den Umständen nicht entspricht. Dies ist für die Beweislast wichtig; daß die Bahn auch für weiteren Verlust nicht haftet, wenn sie beweist, daß er durch die natürliche Beschaffenheit verursacht ist, ergibt sich aus der Hauptregel. B. Sch. G. hat in § 61 Abs. 1 diese Bestimmung mit folgenden Abweichungen aufgenommen: 1) Neben Mindergewicht ist Mindermaß erwähnt; das ist richtig. 2) Der Vorbehalt ist kürzer dahin formuliert: „es sei denn, daß dem Verfrachter nachweislich ein Verschulden zur Last fällt;" das ist besser; das „nachweislich" ist überflüssig. 3) Der Normalsatz ist auf $^1/_2$ % beschränkt. Das ist unrichtig; bei gewissen Gütern kann, namentlich bei weiten Reisen, ein höherer Satz angemessen sein. 4) Die Normalsätze sind statt durch die Verkehrsordnung, durch die Zentralbehörden der Bundesstaaten oder durch den Bundesrat festzusetzen. Für ein allgemeines Frachtrecht ist die Festsetzung der Normalsätze durch eine Behörde nicht möglich, dafür sind schon die in Betracht kommenden Verhältnisse (Länge der Reise, Klima) zu verschieden. Die Festsetzung kann unbedenklich dem Verfrachter überlassen werden, wenn ausgesprochen wird, daß die Festsetzung für bestimmte Reisen erfolgen und angemessen sein muß. Eine entsprechende Bestimmung ist in § 41 Abs. 4 aufgenommen.

Nach § 461 kann für Güter, die zu ermäßigten Ausnahmetarifen gefahren werden, nach § 462 für Kostbarkeiten etc. und nach § 465 für Reisegepäck durch die Verkehrsordnung ein Höchstbetrag des im Falle des Verlusts oder der Beschädigung zu leistenden Ersatzes bestimmt werden. Diese Bestimmung ist im B. Sch. G. nicht aufgenommen. Doch scheint es erforderlich, für Waren ohne einen Marktwert (Reisegepäck, Aussteuergut, auch Maschinen und dgl.) Vereinbarungen über einen im Falle des Verlustes zu ersetzenden Höchstbetrag zuzulassen, der auch für die Berechnung der im Falle der Beschädigung zu leistenden Vergütung maßgebend sein würde, und der in das Konnossement aufgenommen werden müßte. Und ferner sollten Vereinbarungen dahin zugelassen werden, daß bei Gütern, die ein zusammengehöriges Ganze bilden, dessen einzelne Teile aber in verschiedenen Kollis verpackt sind, der Ersatz für Verlust oder Beschädigung nur nach dem Werte der einzelnen Kollis, ohne Rücksicht auf die dadurch herbeigeführte Wertverringerung des Ganzen, festgesetzt wird. Auch die Seeversicherungsbedingungen sehen für diese Fälle Sonderbestimmungen vor (Entw. § 41 Abs. 5 u. 6).

Nach § 430 des allgemeinen Frachtrechts, §§ 461, 462, 464, 465, 466 des Eisenbahnfrachtrechts tritt die Beschränkung der Ersatzpflicht auf den Höchstbetrag nicht ein, wenn der Schaden durch Vorsatz oder grobe Fahrlässigkeit, nach B. Sch. G. § 75 wenn er durch bösliche Handlungsweise des Verfrachters herbeigeführt ist. Das Seerecht enthält keine entsprechende Bestimmung. Sie wird allgemein dahin aufgefaßt, daß dem Vorsatze (der Kürze wegen wird nur er erwähnt) des Verfrachters, derjenige seiner Angestellten gleich zu achten ist. Es erscheint aber fraglich ob dies, wenigstens pro lege ferenda gerechtfertigt ist. Zwar bestimmt B. G. B. 278, daß der Schuldner ein Verschulden der Personen, deren er sich zur Erfüllung seiner Verbindlichkeiten bedient, in gleichem Umfange zu vertreten hat, wie sein eigenes. Das entspricht der natürlichen Auffassung, wenn, wie in der Regel im Vertragsverhältnis (B. G. B. 276), der zu leistende Ersatz derselbe ist, ob leichteres oder schwereres Verschulden vorliegt. Tritt aber eine Ersatzpflicht überhaupt oder in höherem Maße nur bei schwererem Verschulden ein — gewissermaßen als Buße für die Schuld —, so dürfte es nicht gerechtfertigt sein, das schwerere Verschulden der Angestellten dem Geschäftsherrn anzurechnen. Hier dürfte die Analogie des außervertraglichen Verhältnisses Platz greifen, wo nach B. G. B. 831 der Geschäftsherr für den von seinen Angestellten in Ausübung ihrer Dienstverrichtungen angerichteten Schaden nur haftet, wenn ihm selbst ein indirektes Verschulden zur Last fällt. Darüber hinauszugehen dürfte nur gerechtfertigt sein, wenn ein allgemeines Verkehrsinteresse, die sachgemäße Regelung der Verkehrsverhältnisse, es erfordert. Das trifft aber in diesen Fällen nicht zu. Für den Ladungsbeteiligten macht es keinen Unterschied, ob der Schaden durch geringeres oder schwereres Verschulden herbeigeführt ist; ihm kommt es nur auf den Ersatz des Schadens an, und wenn das Gesetz im allgemeinen den Ersatz des direkten Schadens für ausreichend und angemessen hält, so liegt kein allgemeines Interesse, ja überhaupt kein Grund vor, weshalb der unschuldige Verfrachter zum Ersatz des vollen Schadens verpflichtet sein sollte, weil sein Angestellter den Schaden grobfahrlässig oder vorsätzlich verursacht hat. Wegen des höheren Schadens kann sich der Geschädigte an den Schuldigen selbst halten. Nur für eigenes Verschulden, aber für jedes Verschulden, nicht nur für Vorsatz oder grobe Fahrlässigkeit, des Verfrachters ist dessen volle Haftung gerechtfertigt. Dem entspricht § 41 Abs. 7.

§ 42. Erlöschen des Anspruchs.

Nach § 438 Abs. 1 erlöschen alle Ansprüche gegen den Frachtführer aus dem Frachtvertrage, wenn das Gut angenommen und die Fracht bezahlt ist. Doch machen die folgenden Absätze zwei Ausnahmen von dieser Regel. Sie findet keine Anwendung 1) wenn vor der Annahme des Gutes dessen Beschädigung oder Minderung durch amtlich bestellte Sachverständige festgestellt ist, 2) wenn nach der Annahme des Gutes ein äußerlich nicht erkennbarer Mangel des Gutes sich herausstellt und a) nachgewiesen wird, daß der Mangel in der Zeit von der Übernahme des Guts durch den Verfrachter bis zur Ablieferung entstanden ist, b) die Feststellung des Mangels durch amtlich bestellte Sachverständige unverzüglich nach der Entdeckung und spätestens binnen einer Woche nach der Annahme beantragt wird. Ist der Mangel dem Verfrachter unverzüglich nach Entdeckung und innerhalb der einwöchigen Frist angezeigt, so genügt es, wenn die Feststellung unverzüglich nach dem Zeitpunkte beantragt wird, bis zu dem der Eingang der Antwort vom Verfrachter unter gewöhnlichen Umständen erwartet werden durfte. — Die Kosten der Feststellung trägt der Verfrachter, wenn ein ihm zur Last fallender Schaden nachgewiesen wird. Hiermit stimmen B. Sch. G. §§ 61, 62, abgesehen von den später zu erwähnenden Ausnahmen, inhaltlich überein.

H. G. B. §§ 608—610 regeln die Frage in mehrfacher Beziehung abweichend. Übereinstimmend darin, daß der Empfänger vor der Annahme des Gutes dessen Besichtigung durch amtlich bestellte Sachverständige veranlassen kann (§ 608); hinzugefügt wird, daß dieses Recht auch dem Verfrachter zusteht, und daß, wenn die Umstände es gestatten, die am Orte anwesende Gegenpartei zur Besichtigung hinzuzuziehen ist.

Nach § 609 muß der Empfänger, wenn die Besichtigung nicht vor der Annahme stattgefunden hat, dieselbe bei Verlust jeden Anspruchs wegen Verlustes oder Beschädigung des Gutes spätestens am zweiten Werktage (früher 48 Stunden) nach dem Tage der Übernahme nicht nur beantragen, sondern erwirken. Es macht dabei keinen Unterschied, ob der Schaden äußerlich erkennbar war oder nicht. Nur hinsichtlich solcher Schäden erlöschen die Ersatzansprüche nicht, die durch Vorsatz oder grobe Fahrlässigkeit einer Person der Schiffsbesatzung entstanden sind. — Hinsichtlich der Besichtigungskosten bestimmt § 610 dasselbe wie § 438 Abs. 4.

Die Unterschiede zwischen dem allgemeinen Frachtrecht, dem B. Sch. G. und dem Seerecht sind die folgenden:

1. Nach dem allgemeinen Frachtrecht und B. Sch. G. bezieht sich die kurze Dauer des Anspruchs auf alle Forderungen gegen den Verfrachter, nach dem Seerecht nur auf die Forderungen wegen Verlusts und Beschädigung des Gutes. Schon zu Entw. § 27 ist bemerkt, daß für das Erlöschen der Ansprüche vor der Verjährungsfrist, außer wegen Verlusts und Beschädigung, kein innerer Grund vorliegt.

2. Das allgemeine Frachtrecht macht das Erlöschen des Anspruchs abhängig von der Annahme des Gutes und Zahlung der Fracht. Das Seerecht, dem hierin B. Sch. G. folgt, lediglich von der Annahme des Gutes. Dies scheint richtiger.

3. Nach dem allgemeinen Frachtrecht und B. Sch. G. erlöschen die Ansprüche wegen äußerlich erkennbarer Mängel, wenn diese nicht vor der Annahme durch amtlich bestellte Sachverständige festgestellt sind; nach dem Seerecht kann die Besichtigung auch noch innerhalb zweier Werktage nach der Annahme stattfinden. Das letztere scheint ungerechtfertigt. Äußerlich erkennbare Mängel sollten bei der Empfangnahme festgestellt werden. Dem entspricht auch das alte hamburgische, in § 8 des hambg. E. G. zum H. G. B. von 1899 aufrechterhaltene Recht für seewärts angebrachte und zu Wasser übernommene Güter. Danach erlöschen solche Ansprüche durch vorbehaltlose Quittung; sie erlöschen aber nicht, wenn sie in der Quittung unter tunlichst genauer Bezeichnung vorbehalten sind. Hierdurch wird die Erhaltung der Ansprüche gegenüber § 609 beschränkt, gegenüber § 438 erweitert, indem der schriftliche Vorbehalt bei der Empfangnahme genügt, keine Besichtigung durch Sachverständige erforderlich ist. Dies ist zweckmäßig. Ob ein Teil des Gutes fehlt, können die mit der Ablieferung und Annahme betrauten Leute genau so gut feststellen, wie amtliche Sachverständige; die Hinzuziehung der letzteren ist nur eine unnötige Formalität, die bei der gebotenen Beschleunigung der Arbeiten meistens kaum erfüllbar ist oder den Betrieb empfindlich stört. Und was für teilweisen Verlust gilt,

gilt auch für äußerlich erkennbare Beschädigung. Die genügende Sachkenntnis, um solche erkennen zu können, müssen die mit der Abnahme betrauten Leute des Empfängers besitzen und besitzen sie stets. Handelt es sich um Mängel, die nach den Verkehrsanschauungen von den Leuten des Empfängers nicht erkannt werden können, so sind es eben keine äußerlich erkennbaren Mängel. Im übrigen handelt es sich hier ja nur um den Vorbehalt des Anspruchs, dessen Berechtigung später zu prüfen ist, ebenso wie bei der Besichtigung durch die Sachverständigen, die auch nur ein Formalakt ist. Auch die Feststellung der Sachverständigen kann nachgeprüft und widerlegt werden. Die sachgemäße Regelung des hambg. E. G. sollte aber nicht auf den Fall der seewärts angebrachten und zu Wasser abgenommenen Güter beschränkt, sondern zu allgemeiner Geltung gebracht werden. Auf Ablieferungen, die nicht im kaufmännischen Geschäftsverkehr erfolgen, und bei denen das Erlöschen aller Ansprüche für äußerlich erkennbare Mängel, die nicht bei der Empfangnahme (durch mit den betreffenden Rechtsverhältnissen nicht vertraute Leute) geltend gemacht werden, zu Härten führen würde, braucht hier ebensowenig eingegangen zu werden, wie es in § 438 geschehen ist.

4. Die Frist für die Erhaltung der Ansprüche wegen äußerlich nicht erkennbarer Mängel ist in § 438, 464, B. Sch. G. § 61 auf eine Woche, in § 609 auf zwei Werktage bestimmt. Die ersteren Rechte schreiben dabei vor, daß die Feststellung des Mangels durch die Sachverständigen unverzüglich nach der Entdeckung beantragt werden muß. Ist aber der Mangel innerhalb der Frist und unverzüglich nach der Entdeckung dem Verfrachter angezeigt, so genügt es, wenn die Feststellung unverzüglich nach dem Zeitpunkte beantragt wird, bis zu welchem der Eingang einer Antwort des Verfrachters unter regelmäßigen Umständen erwartet werden darf. — Die letzte Bestimmung ist eine unnötige Verweitläufigung. Der abwesende Verfrachter wird kaum je auf die Anzeige des Empfängers, daß er einen Mangel entdeckt habe, zugeben, daß ein ihm zur Last fallender Mangel vorliege. Nur für solche Ausnahmsfälle werden die Kosten der Besichtigung gespart. Diese mögliche Ersparung ist nicht bedeutend genug, um die Verweitläufigung der Bestimmungen und die aus ihr leicht entstehenden Zweifel und Streitigkeiten dafür in den Kauf zu nehmen. — Auch die zweite Nebenbestimmung, daß die einwöchige Frist nur gilt, wenn der Mangel unverzüglich nach der Entdeckung festgestellt wird, ist unzweckmäßig. Eine Frist sollte

gesetzt werden, dann aber keine weitere Erörterung darüber zugelassen werden, ob dem Empfänger nun auch im einzelnen Falle die ganze Frist zugute komme. — Die feste zweitägige Frist des § 609 scheint durchaus genügend, auch unter Berücksichtigung des Umstandes, daß innerhalb derselben die Besichtigung nicht nur beantragt, sondern erwirkt sein muß. Dies ist zweckmäßig, da die Vornahme der beantragten Besichtigung vom Antragsteller zu betreiben ist und daher, wenn für ihn keine Nötigung zur Beschleunigung vorliegt, leicht verschleppt werden kann. Die kurze Frist liegt auch im Interesse des Empfängers, weil er, wie in § 438 ausdrücklich hervorgehoben, aber selbstverständlich ist, nachweisen muß, daß der Mangel in der Zeit von der Annahme bis zur Ablieferung des Gutes durch den Verfrachter entstanden ist, und dieser Nachweis um so schwieriger wird, je länger das Gut aus dem Gewahrsam des Verfrachters war. Die Frist von zwei Werktagen genügt aber auch, wenn der Empfänger das Gut, wie es im ordnungsmäßigen Geschäftsgange geschehen muß, unverzüglich nach der Annahme besichtigt. Im früheren H. G. B. betrug die Frist nur 48 Stunden. Sie wurde bei der Revision dieses Gesetzbuches als zu kurz moniert, namentlich für den Fall, daß ein Sonntag oder gar zwei Feiertage in Frage kommen. Die jetzt festgestellte Frist wurde aber bei den damaligen Beratungen der hanseatischen Handelskammern für genügend gehalten und vorgeschlagen. Zu berücksichtigen ist dabei, daß, wie Schaps zu § 608 Anm. 4 u. 13 ausführt, die Besichtigung während der Frist nur begonnen, nicht beendigt zu sein braucht, und daß, wenn die Abnahme des Gutes mit Unterbrechungen erfolgt, die Frist auch hinsichtlich der früher übernommenen Teile erst von der Beendigung der Übernahme an läuft. Beides wird in der Fassung zu berücksichtigen sein.

Freilich genügt die zweitägige Frist nur für diejenigen Mängel, die bei einer ordnungsmäßigen Untersuchung der Ware, die natürlich nur eine probeweise sein kann, zu entdecken sind. Das trifft aber fast stets bei Mängeln zu, die durch Nachlässigkeit des Verfrachters oder seiner Leute entstanden sind. Für Mängel, die bei solcher Besichtigung nicht zu entdecken sind, die erst beim Geoder Verbrauch der Ware zu Tage treten, genügt auch die einwöchige Frist nicht. Solche Mängel, die nur einzelne Teile der Güter betreffen, werden meistens auf ein Vergehen der Transportmannschaft zurückzuführen sein, wie sorgfältig verdeckter Diebstahl; für diese Mängel werden die Ansprüche meistens erhalten durch die allen fraglichen Rechten gemeinsame Bestimmung, daß das Erlöschen der Ansprüche nicht gilt für Mängel, die durch Vorsatz oder grobe Fahrlässigkeit des Verfrachters oder, wie § 609 sagt, einer Person der Schiffsbesatzung, entstanden sind. Auf diese Bestimmung trifft aber das zu § 41 Ausgeführte zu, daß bei der Haftung des Geschäftsherrn im Vertragsverhältnis nur der dem Vertragsgegner entstandene Schaden, nicht aber das größere oder geringere Verschulden der Angestellten jenes maßgebend sein sollte. Weshalb soll der Empfänger, wenn er oder seine Leute bei der Empfangnahme äußerlich erkennbare oder bei ordnungsmäßiger Besichtigung erkennbare Mängel nicht bemerken, die Folgen dieser Nachlässigkeit auf den Verfrachter abwälzen können durch den Nachweis, daß der Schaden durch Vorsatz oder grobe Fahrlässigkeit der Leute des Verfrachters entstanden ist, die dieser doch nicht verschuldet hat und nicht verhindern konnte? Und, wenn diese Bestimmung einerseits unbilllig ist gegenüber dem Verfrachter, so ist sie andererseits unbillig gegenüber dem Empfänger. Denn es können auch Mängel am Gute vorhanden sein, die durch Verschulden der Angestellten des Verfrachters, aber durch ein weder als Vorsatz noch als grobe Fahrlässigkeit zu bezeichnendes Verschulden,. entstanden sind und die bei ordnungsmäßiger Besichtigung nicht zu entdecken waren. Für solche Mängel sollten dem Empfänger seine Ansprüche erhalten bleiben, sofern er nachweisen kann, daß der Verfrachter für sie zu haften hat. Hiernach ergibt sich folgende Bestimmung: Die Ansprüche erlöschen

1. wegen äußerlich erkennbarer Mängel, wenn sie nicht bei der Annahme schriftlich moniert werden,

2. wegen Mängel, die bei ordnungsmäßiger Besichtigung des Gutes erkennbar sind, wenn nicht innerhalb zweier Werktage die Besichtigung durch amtliche Sachverständige erwirkt ist,

3. wegen Mängel, die bei ordnungsmäßiger Besichtigung nicht erkennbar sind, mit Eintritt der Verjährung.

Dem entspricht § 42.

§ 43. Beschränkung der Vertragsfreiheit.

Hierfür ist auf das zu Eingang dieses Abschnittes Ausgeführte zu verweisen.

9. Pfandrechte. §§ 44—48.

§§ 44—46. Pfandrecht des Verfrachters.

Nach § 440 hat der Verfrachter wegen aller seiner Forderungen aus dem Frachtvertrage ein Pfandrecht an dem Gute, das auch noch 3 Tage nach der Ablieferung fortdauert, sofern sich das Gut noch im Besitze des Empfängers befindet. Nach § 623 dauert das Pfandrecht, unter der gleichen Voraussetzung, noch 30 Tage nach der Ablieferung fort. Der ersteren Bestimmung wird der Vorzug zu geben sein.

Nach §§ 441, 442 hat der letzte Verfrachter auch das Pfandrecht der vorhergehenden Verfrachter und Spediteure für ihre Forderungen geltend zu machen. Versäumt er dies, so macht er sich den Vormännern verantwortlich und verliert den Rückgriff gegen sie. Auch das Rückgriffsrecht der vorhergehenden Verfrachter und Spediteure gegen ihre Vormänner geht unter. Diese sachgemäße Bestimmung ist im § 45 aufzunehmen.

Nach § 625 verliert der Verfrachter, der sein Pfandrecht nicht ausübt, auch seine Ansprüche gegen den Absender, soweit nicht dieser durch den Schaden des Verfrachters bereichert werden würde. Nach § 626 behält der Verfrachter, der sein Pfandrecht ausübt, aber aus dem Verkaufe des Gutes nicht voll befriedigt wird, insoweit seine Ansprüche gegen den Absender, Beide Bestimmungen ergeben sich aus der Natur der Sache, doch empfiehlt sich größerer Klarheit wegen ihre Aufnahme, und zwar die Bestimmung des § 626 in § 44, diejenige des § 625 in § 45.

B. Sch. G. § 67 enthält die Auslegungsregel, daß wenn das Gut nach dem Frachtbrief oder Ladeschein franco abzuliefern ist, dadurch das Pfandrecht wegen der während der Reise entstandenen Forderungen (Liegegeld, Auslagen) nicht ausgeschlossen wird. Auch diese Regel wird in § 44 aufzunehmen sein.

In § 46 ist die Rangordnung unter den verschiedenen gesetzlichen Pfandrechten an Gut entsprechend § 443 geregelt.

§§ 47, 48. Pfandrecht am Transportmittel.

Dem Pfandrecht des Verfrachters an der Ladung steht das Pfandrecht der Schiffsgläubiger am Schiff gegenüber (§§ 754—777, B. Sch. G. 102—116). Wie im allgemeinen Teil des Näheren erörtert, ist in den geltenden Rechten dies Schiffsgläubigerrecht die notwendige Ergänzung der beschränkten Haftung; aber auch bei Beseitigung der beschränkten Haftung ist dieses Pfandrecht beizubehalten, jedoch wesentlich zu beschränken, nämlich einmal auf das Schiff (nicht Fracht), sodann auf die Zeit, während der das Schiff sich noch im Machtbereich des Gläubigers befindet, also so lange es in dem Hafen ist, in dem die Forderung fällig geworden ist. Aus diesen Beschränkungen ergeben sich sehr erhebliche und sehr erwünschte Vereinfachungen der geltenden Bestimmungen, deren Kompliziertheit sich in der Praxis häufig störend geltend macht.

Dieses Pfandrecht muß den absoluten Charakter des bisherigen Schiffsgläubigerrechts behalten; es muß allen privaten Pfandrechten am Schiff, und, wie jetzt im Ausrüster-Verhältnis (§ 510), nach dem Entwurf in allen Fällen, in denen Verfrachter und Schiffseigner verschiedene Personen sind, dem Eigentum und allen sonstigen Rechten am Schiff vorangehen, so daß nur die aus der letzten Reise herrührenden Forderungen miteinander in Konkurrenz treten können (siehe im übrigen Seite 22ff).

Hinsichtlich der Rangordnung mehrerer Pfandrechte sollte der allgemeine Grundsatz gelten, daß der Besitz geschützt wird. Danach würden in der Befriedigung vorgehen Diejenigen, die das Schiff infolge von Arbeiten, die sie an demselben gemacht haben, in direktem Besitz haben, die Werft, die Berger, die es eingebracht oder aus dem Fahrwasser beseitigt haben, so lange es noch in ihrem Gewahrsam ist. Dasselbe gilt von den Besitzern von Anlagen, die das Schiff benutzt (Dock-, Kaigesellschaften), so lange das Schiff sich in oder an den Anlagen befindet. Dann würden die Gläubiger kommen, die gegen Einräumung eines vertragsmäßigen Pfandrechts die Mittel zur Wiederherstellung des Schiffes oder sonst zur Fortsetzung der Reise gegeben haben. Für sie übt der Kapitän den Besitz aus. Dann würden die anderen Gläubiger kommen: Zunächst aus sozialpolitischen Gesichtspunkten die Lohnforderungen der Schiffsbesatzung, nach den Venediger Beschlüssen für die letzten 6 Monate, oder für den laufenden Vertrag; sodann die Forderungen der Ladung; dann die Forderungen aus Lieferungen für Reisebedürfnisse, Reparaturen und sonstige Kreditgeschäfte. Daß diese Forderungen hinter denen der Ladung zurückstehen, rechtfertigt sich dadurch, daß die Leistungen in Rücksicht auf den persönlichen Kredit des Verfrachters oder des Schiffseigners gemacht werden. Will der Gläubiger diesen persönlichen Kredit nicht so gewähren, so braucht er das Schiff (bei Reparaturen, Schlepperhülfe etc.) nicht aus seinem Gewahrsam zu entlassen oder kann sich ein vertragsmäßiges Pfandrecht bestellen lassen. Endlich würden, wenn entgegen den Vorschlägen des Entwurfs die Haftung des Schiffes für Schädigungen Dritter durch nautisches Verschulden beibehalten werden soll, diese Forderungen kommen. Daß sie hinter den durch Verträge begründeten Forderungen zurückzustehen haben, rechtfertigt sich damit, daß ihr Anspruch überhaupt nicht auf Grundsätzen des allgemeinen Rechts, sondern nur auf Zweckmäßigkeitsrücksichten beruht. — Dieser Vorschlag trägt auch dem Gesichtspunkte Rechnung, daß diejenigen Gläubiger vorzugsweise zu berücksichtigen sind, die durch ihre Leistung den anderen Gläubigern das Pfand erhalten haben. — Nach diesen Gesichtspunkten sind die §§ 47, 48 entworfen. Die Ausgestaltung im Einzelnen wird weiteren Erwägungen vorbezuhalten sein.

10. Verjährung. § 49.

Der Entwurf setzt die Verjährung der Ansprüche aus dem Frachtvertrage auf 1 Jahr fest, und läßt diese Frist, § 439 folgend, entgegen §§ 901—509, nicht erst mit dem Ablauf des Jahres, in dem die Forderung entstanden ist, sondern mit dem Tage der Fälligkeit der Forderung beginnen. Auch in diesem Punkte wird die Ausgestaltung weiteren Erwägungen vorzubehalten sein.

---

11. Anhang.

Im Anschluß an das Frachtrecht sind noch einige Punkte zu erörtern, die auch im Seerecht in besonderen Abschnitten behandelt sind.

a. Die Bodmerei.

Sie gehört, als ein Rechtsgeschäft, das nur bei der Ausführung der Beförderung vorkommt, eigentlich zum Frachtrecht selbst; doch würde ihre eingehendere Behandlung bei der Erörterung des Frachtrechts den Zusammenhang gestört haben. — Wie weit dieses Rechtsinstitut bei der heutigen Verkehrsentwickelung noch eine Existenzberechtigung hat, ist sehr zweifelhaft. Ein Bedürfnis liegt für die Bodmerei nur vor, wenn Derjenige, für den die Aufwendung zu machen ist, der Schiffseigner, Verfrachter oder Ladungseigner, entweder nicht rechtzeitig benachrichtigt werden kann, oder keinen Kredit besitzt; sonst wird stets eine andere, billigere Geldbeschaffung gewählt werden. Ferner kann ein Bedürfnis für sie nur vorliegen, wenn Schiff, Fracht oder Ladung unversichert sind, sonst wird der Versicherer für die nötige Geldbeschaffung sorgen, es müßte denn schon sein, daß auch er die hierfür erforderlichen Mittel nicht besitzt. So soll die Bodmerei noch in nicht ganz seltenen Fällen vorkommen und ein gewisses Bedürfnis für sie bestehen namentlich im kleinen Ostseeverkehr, wo die Reeder keinen Kredit besitzen und, um die Prämie zu sparen, ihre Schiffe nicht versichern. Ob es sich empfiehlt, für die Aufrechterhaltung so ungesunder Zustände besondere Rechtsbehelfe zu schaffen, mag dahingestellt bleiben. Jedenfalls dürfte für den Zweck die gewöhnliche Verpfändung der Gegenstände genügen. Das charakteristische Merkmal der Bodmerei, daß mit dem Untergange des Pfandes auch die durch das Pfand gesicherte Forderung untergeht, hat mit der Ausbildung des Versicherungswesens seine Bedeutung eingebüßt. Heute kann jeder Bodmereigeber seine Forderung versichern; geht das Pfandobjekt verloren, so tritt die Ersatzleistung des Versicherers an seine Stelle. Da somit der Bodmereigläubiger sich gegen die Versicherungsprämie volle Sicherheit für seine Forderung verschaffen kann, scheint eine Berechtigung für die den gewöhnlichen Zinsfuß dem Vernehmen nach oft erheblich übersteigende Höhe der Bodmereiprämie — zu deren Vereinbarung § 681, nach dem in dieser Beziehung keinerlei Beschränkung besteht, geradezu aufzufordern scheint — nicht mehr vorzuliegen. Die vertragsmäßige Vereinbarung der Zinsen ist überhaupt nur durch die Bestimmungen beschränkt, daß sie keine wucherischen sein dürfen (B. G. B § 138), und daß, wenn mehr als 6 % vereinbart sind, der Schuldner nach Ablauf von 6 Monaten das Kapital mit 6 monatlicher Frist kündigen kann (B. G. B. 247).

Das zweite charakteristische Merkmal der Bodmerei ist die Ausstellung eines Bodmereibriefes, auf dem der Schiffer seine Unterschrift auf Verlangen öffentlich beglaubigen lassen muß (§§ 682, 683). Der Bodmereibrief ist dem Konnossement nachgebildet; er ist auf Verlangen des Bodmereigläubigers an Order zu stellen (684), in mehreren Exemplaren auszustellen (686), die Zahlung ist an den legitimierten Inhaber auch nur eines Exemplars zu leisten, melden sich mehrere legitimierte Inhaber, so finden die Bestimmungen der §§ 645 ff. analoge Anwendung (§§ 688, 689). Den Bodmereibrief zum Umlaufspapier zu machen, dürfte keine Veranlassung vorliegen. Er erscheint dazu auch ungeeignet, weil die Forderung aus ihm abhängig ist nicht allein von der glücklichen Ankunft der verbodmeten Gegenstände, sondern außerdem noch davon, daß der Schiffer zur Eingehung der Bodmerei befugt, daß sie zur Fortsetzung der Reise notwendig war; § 686 Abs. 3 hebt ausdrücklich hervor, daß der Einwand, der Schiffer sei zur Eingehung des Geschäfts überhaupt oder in dem vorliegenden Umfange nicht befugt gewesen, auch dem Indossatar gegenüber zulässig sei. Und zwar hängt die Gültigkeit der Bodmereiforderung davon ab, daß der Schiffer seine Befugnis zur Eingehung desselben nachweist. Nur wenn vor der Ausstellung des Bodmereibriefes die Notwendigkeit zur Eingehung des Geschäfts vom deutschen Konsul oder der zuständigen Behörde oder in deren Ermangelung von den Schiffsoffizieren urkundlich bezeugt ist, wird die Beweislast umgekehrt (§ 685). Dies steht im Widerspruch mit § 528 Abs. 2 (Entw. § 6), nach dem die Gültigkeit eines vom Schiffer abgeschlossenen Kreditgeschäfts, insbesondere einer Bodmerei, nur davon abhängig ist, daß der Dritte nicht in bösem Glauben war; dieser aber muß stets von dem Behauptenden bewiesen werden. Aber auch dann scheint für eine Übertragung der Bodmereiforderung die gewöhnliche Form (B. G. B. 398 ff.) geeigneter, als das Indossament.

Die übrigen Bestimmungen ergeben sich entweder von selbst oder enthalten Auslegungsregeln. Wann der Schiffer Schiff, Fracht und Ladung verbodmen kann (§ 680 Abs. 1 u. 2) ist in §§ 5 u. 7 des Entwurfs gesagt. Abs. 3, daß in der Verbodmung des Schiffs die der Fracht nicht enthalten ist, wohl aber in der Verbodmung von Schiff und Ladung, ist Auslegungsregel. Daß die Verbodmung der Fracht zulässig ist, so lange sie der Seegefahr noch nicht entzogen ist, auch die Fracht des noch nicht angetretenen Teils der Reise (Abs. 4 u. 5), ist selbstverständlich. Weshalb sollte sie unzulässig sein? Daß die Bodmereiprämie im Zweifel die Zinsen umfaßt (§ 681 Abs. 2), ist wiederum Auslegungsregel; hält man sie für erforderlich, so sollte hinzugefügt werden, daß sie auch die Versicherungsprämie umfaßt. Nach § 682 hat, wenn kein Bodmereibrief ausgestellt ist, der Gläubiger nur die Rechte eines gewöhnlichen Schiffsgläubigers; d. h. nach dem geltenden Recht haften ihm nur Schiff und Fracht, nach dem Entwurf haftet der Reeder bezw. Verfrachter persönlich, der Gläubiger hat ein Pfandrecht am Schiff, so lange es im Hafen ist, in dem die Bodmereireise endet. Das Pfandrecht an der Fracht hat, wie im allgemeinen Teil ausgeführt, nur geringe praktische Bedeutung. Nur das Pfandrecht an den Gütern müßte besonders bestellt werden. Nach § 754 steht das Schiffsgläubigerrecht aus Bodmereigeschäften dem aus anderen Kreditgeschäften für das Schiff gleich.

Nach § 678 ist die Bodmereischuld im Zweifel im Bestimmungshafen (das ergibt die Natur der Sache) und zwar am achten Tage nach Ankunft des Schiffes zu zahlen. Vom Zahlungstage an sind von der Bodmereischuld einschließlich der Prämie Zinsen zu zahlen. Das entspricht nicht der Sachlage. Auf einen bestimmten Zahlungstag kann es, da die Dauer der Reise doch unbestimmt ist, nicht ankommen. Dem Wesen des Vertrages nach ist die Schuld zahlbar bei Ankunft des Schiffes bezw. bei der Entlöschung, bevor das Gut einer weiteren Gefahr (des Lagerns am Lande, in Leichtern) ausgesetzt wird, gegen die der Gläubiger, um sich zu sichern, eine neue Versicherung nehmen müßte.

Die Bestimmung des § 690, daß dem Bodmereigläubiger weder die große noch die besondere Haverei zur Last fällt, ergibt sich aus seiner Eigenschaft als Pfandgläubiger. Bleibt trotz des Schadens das Pfand zu seiner Befriedigung ausreichend, so trifft ihn der Schaden nicht; er trifft ihn aber, wie in Abs. 2 ausgesprochen, soweit das Pfand infolge des Schadens zu seiner Befriedigung unzureichend geworden ist. Die Bestimmung würde bei der vorgeschlagenen Beseitigung der hg. an sich hinfällig.

Daß jeder der verbodmeten Gegenstände für die ganze Bodmereischuld haftet (§ 691 Abs. 1), ergibt sich aus der Natur der Sache. Es ist ein Gesamtschuldverhältnis (B. G. B. 425, 1222). Nach Abs. 2 kann der Gläubiger, sobald das Schiff im Bestimmungshafen angekommen ist, die verbodmeten Gegenstände mit Arrest belegen. Dies steht im Widerspruch mit § 687, nach dem die Schuld erst am achten Tage nach der Ankunft fällig ist.

Daß der Schiffer nicht ohne zwingende Ursache die verbodmeten Gegenstände einer besonderen Gefahr aussetzen darf (§ 692), insbesondere auch nicht durch eine willkürliche Veränderung der Reise (§ 693), ergibt sich aus dem, auch in § 692 angezogenen, § 512 (Entwurf § 3); ebenso, daß er die verbodmete Ladung nicht vor Befriedigung oder Sicherstellung des Gläubigers ausliefern darf (§ 694), und sich andernfalls dem Gläubiger persönlich haftbar macht. Dasselbe gilt auch hinsichtlich § 695, nach dem der Reeder, wenn er bei Kenntnis der Sachlage dem Schiffer bezügliche Anweisung erteilt hat, persönlich haftbar wird.

Nach § 696 kann sich der Gläubiger aus den verbodmeten Gegenständen nach den Vorschriften über den Zwangsverkauf befriedigen. Dies ergibt sich aus dem Pfandrecht des Gläubigers; daß es nicht gegen einen gutgläubigen Erwerber geltend gemacht werden kann, der Empfänger aber, der die Verhaftung des Gutes kannte, dem Gläubiger schadenersatzpflichtig wird (§ 697), aus allgemeinen Bestimmungen; daß die Klage wegen Schiff und Fracht gegen den Reeder oder den Schiffer, wegen der Ladung gegen den Schiffer zu richten ist, aus der Natur der Sache.

Nach § 698 Abs. 1 kann, wenn die Unternehmung vor Antritt der Bodmereireise aufgegeben wird, der Gläubiger sofortige Zahlung der Bodmereischuld an dem Orte, an dem die Bodmerei eingegangen ist, verlangen, jedoch unter verhältnismäßiger Herabsetzung der Prämie. Bei der Herabsetzung ist vorzugsweise das Verhältnis der bestandenen zu der übernommenen Gefahr maßgebend. Wenn Schaps zu § 698 Anm. 1 sagt, der hier erwähnte Fall liege vor, sowohl wenn der verbodmete Gegenstand der Seegefahr nicht ausgesetzt wird, als auch, wenn er einer wesentlich anderen Seegefahr ausgesetzt wird, so dürfte dem nicht beizustimmen sein. Wird ohne Wissen des Gläubigers eine andere Reise ausgeführt, so findet § 693 Anwendung. Wissentlich braucht sich der Bodmereigläubiger die Ausführung einer anderen Bodmereireise nicht gefallen zu lassen; es müßte, wenn § 698 auch diesen Fall im Auge gehabt hätte, nicht nur von einer Herabsetzung, sondern auch von einer Heraufsetzung der Prämie gesprochen sein. Das Natürliche scheint zu sein, daß, wenn gar keine oder eine andere Bodmereireise angetreten wird, der Bodmereivertrag wegen Fortfalls oder Änderung einer wesentlichen Voraussetzung hinfällig oder der Kapitän und sein Dienstherr, der Verfrachter, schadensersatzpflichtig wird. Der häufigste, fast allein wohl vorkommende Fall wird sein, daß mit der Reparatur des Schiffes begonnen wird, bei derselben sich aber herausstellt, daß das Schiff reparaturunfähig oder reparaturunwürdig ist. Dann tritt der Bodmereivertrag außer Kraft, der Gläubiger kann sofortige Rückgabe des Gezahlten verlangen, außerdem Zinsen und Ersatz des Schadens, (Versicherungsprämie), den er infolge des Vertrages gehabt hat. Von einer Bodmereiprämie kann unter diesen Umständen keine Rede sein.

Nach § 698 ist, wenn die Reise in einem anderen, als dem Bestimmungshafen beendigt wird, die volle Bodmereischuld in diesem Hafen fällig, wie im Bestimmungshafen, das ergibt sich aus der allgemeinen Regel, daß der Hafen, an dem die Reise beendigt wird, an die Stelle des Bestimmungshafens tritt.

Daß die Vorschriften über die Bodmerei dadurch nicht geändert werden, daß der Schiffer Miteigentümer oder Alleineigentümer von Schiff oder Ladung ist (§ 699), ist selbstverständlich.

Es ist nicht ersichtlich, wiefern dadurch eine Änderung herbeigeführt werden könnte.

Hiernach scheinen alle Sonderbestimmungen über die Bodmerei entbehrlich; wie weit aus formellen Gründen einzelne Bestimmungen des B. G. B. über das Pfandrecht an beweglichen Sachen (§ 1204 ff.) für unanwendbar zu erklären sein möchten, ist hier unerörtert zu lassen. In das System des Entwurfs fügt sie sich ein (wie im englischen Recht) als ein einfaches Pfandrecht an Schiff, Fracht oder Ladung, zu dessen Bestellung der Frachtführer nach §§ 5 u. 7 berechtigt ist, und das zu der persönlichen Forderung gegen den Verfrachter, Schiffseigner oder Ladungseigner hinzutritt. Nur über die Rangordnung dieses Pfandrechts wäre eine Bestimmung erforderlich. Hierüber ist auf das zu §§ 47, 48 Ausgeführte zu verweisen.

b. Die Borgung und Hülfsleistung.

Sie liegt nicht im Rahmen des Frachtvertrages, schließt sich aber eng an ihn an. Sie kann stattfinden auf Grund eines Vertrages, den der Frachtführer kraft seiner Dienstbefugnisse mit dem Berger abschließt, oder auch ohne Vertrag; auch wenn ein Vertrag geschlossen ist, ist er nicht unbedingt maßgebend, sondern kann vom Richter geändert werden. Sie tritt ein, wenn entweder der Transport, Schiff oder Ladung, der Verfügung der Transportbesatzung entzogen sind (Bergung, § 740 Abs. 1), oder wenn die Besatzung mit den ihr zur Verfügung stehenden Mitteln die Reise nicht weiter führen kann (Hülfsleistung § 740 Abs. 2). Beide Fälle unterscheiden sich nur dem Grade nach; es ist daher gerechtfertigt, wenn der Entwurf einer internationalen Vereinbarung über diesen Gegenstand keinen Unterschied zwischen diesen beiden Arten von Dienstleistungen macht. Dementsprechend wird im folgenden das Wort „Bergung" im Sinne von „Bergung oder Hülfsleistung" gebraucht. Dieser in mehreren diplomatischen Konferenzen beratene und in Einzelheiten abgeänderte Entwurf gibt zu verschiedenen Bemerkungen Anlaß.

Es sollte schärfer, als im Entwurfe geschehen, hervorgehoben werden, daß der Anspruch auf Bergelohn sich nur gegen die geretteten Gegenstände, und insoweit gegen deren Eigentümer richtet: daß durch die Bergung ein persönlicher Anspruch nicht begründet wird (H. G. B. 753). Nur wenn der Kapitän seiner Verpflichtung zuwider die Ladung ohne Berichtigung des auf ihr lastenden Anspruchs ausliefert, macht er sich persönlich, und den Verfrachter nach H. G. B. mit Schiff und Fracht, nach dem Entwurf auch persönlich verantwortlich. Würde der Kapitän das Schiff den Bergern entziehen, so würde er sich und bis zu dem geretteten Werte den Umständen nach den Eigentümer oder den Verfrachter persönlich verantwortlich machen.

Was die Haftung der geretteten Gegenstände betrifft, so ist diese eine solidarische; dem Eigentümer eines in Anspruch genommenen Gegenstandes steht der Anspruch auf anteiligen Ausgleich gegen die übrigen Gegenstände zu (Schaps zu 571 Anm. 1). Hiemit steht in auffallendem Gegensatz § 753 Abs. 3, nach dem ein Empfänger, der das Gut in Kenntnis des auf ihm haftenden Bergungsanspruchs annimmt, persönlich haftbar wird, aber nicht bis zum ganzen Werte des Gutes, sondern nur bis zur Höhe des auf dieses entfallenden Anteils. Es erscheint wünschenswert, diese Bestimmungen in Einklang zu setzen, entweder den Empfänger in diesem Falle dem Berger für den ganzen Wert des Gutes haften zu lassen, oder den Anspruch des Bergers gegen jeden Gegenstand nur auf den entsprechenden Anteil am Lohn zu beschränken. Der letztere Weg scheint zu klareren Verhältnissen zu führen, namentlich hinsichtlich des Regreßrechtes. Der Schiffer, der die Güter vor Befriedigung des Gläubigers ausliefert, macht sich, und nach obigem den Verfrachter, dem Gläubiger persönlich verantwortlich. Ist unter dem „Gläubiger" hier nur der Berger und Hülfsleister zu verstehen, oder auch der Eigentümer des in Anspruch genommenen Gegenstandes hinsichtlich seines Regreßanspruches? Will man aber auch die letztere Frage bejahen, so ergeben sich Schwierigkeiten für den Fall, daß der Berger selbst einen Teil der Gegenstände ausliefert. Der Berger hat einen Anspruch von 20000 M., das gerettete Schiff ist 50000 M. wert, die aus lauter kleinen Teilen bestehende Ladung auch 50000 M. Der Berger liefert die Ladung aus und hält sich nur an das Schiff. Soll nun der Reeder die einzelnen Empfänger belangen, soweit sie die Güter noch in Händen haben? Hat er, soweit das nicht der Fall ist, einen Gegenanspruch gegen den Berger, oder kann er sich überhaupt wegen seines Regreßanspruches an den Berger halten? Vermutlich doch das Letztere. Dann ist das Ergebnis, daß der Berger gegen jeden geretteten Gegenstand nur den anteiligen Anspruch hat. Dadurch wird auch der Berger nicht benachteiligt. Er hat die sämtlichen geretteten Gegenstände in Besitz; er braucht keinen vor Berichtigung seines Anspruches auszuliefern.

Was sind aber die haftenden Gegenstände? Nur die körperlichen Gegenstände, Schiff und Ladung, oder auch die mit ihnen verbundenen Rechte, in erster Linie die Fracht? H. G. B. spricht in dem Abschnitte über Bergung und Hülfsleistung (§§ 740—753) nur von Gegenständen, was für die erstere Auffassung zu sprechen scheint. Aber nach § 754 Nr. 4 gewähren die Ansprüche der Berger Schiffsgläubigerrechte, und diesen haftet nach § 756 neben dem Schiff auch die Bruttofracht der betreffenden Reise. In dem Abschnitt über die Haftung des Verfrachters und über das Pfandrecht ist empfohlen, aus den die Beförderung betreffenden Verträgen ein Pfandrecht nur am Schiff, nicht auch an der Fracht oder sonstigen Gegenständen zu gewähren. Dem schien auch der frühere Entwurf über das Bergungsrecht zu entsprechen, der in Art. 1 u. 4 von navires et leurs cargaisons, in mehreren anderen Artikeln von choses sauvées, einmal von objets sauvés sprach. Der in der diplomatischen Konferenz vom Herbst 1909 festgestellte Entwurf spricht aber in Art. 1 von assistance et sauvetage des navires, des choses se trouvant à bord, du fret et du prix de passage und in Art. 9 von rémunération accordée aux sauveteurs du navire, de la cargaison et de leurs accessoires. Hinsichtlich des Begriffs der accessoires ist an die Definition des Entwurfs über die Reederhaftung gedacht, ob unter fret, wie in jenem Entwurf, auch loyer (Charterfracht) zu verstehen ist, ist nicht ersichtlich. Wenn nun auch der Entwurf im übrigen nach wie vor von choses sauvées spricht, im Art. 4 sogar sagt, daß der Schlepper keinen Anspruch habe pour le sauvetage du navire remorqué ou de sa cargaison, so scheint doch die Meinung zu sein, auch die Rechte, die mit den Gegenständen gerettet sein können, mit bei der Bemessung des Bergelohns zu berücksichtigen und auch gegen sie einen Anspruch zu gewähren. Aber doch nur gegen einige Rechte; freilich sind der nach deutschem Recht allein in Betracht kommenden Fracht die accessoires gleichgestellt, aber auch sie beziehen sich nur auf das Schiff. Mit der Ladung verbundene Rechte, die doch jenen gleichgestellt sein müßten (Provisionen, Maklergebühren, Konventionalstrafen und dergl.), sind nicht erwähnt. Es scheint ratsam, in dieser Beziehung zum früheren Entwurf zurückzukehren.

Dies ist auch noch in einer anderen Beziehung der Fall. Nach H. G. B. 748 Abs. 2 sind zur Teilnahme am Bergelohn auch Diejenigen berechtigt, die sich in derselben Gefahr der Rettung von Menschen unterziehen. Wie Schaps zu diesem Paragraphen sagt, eine mit Recht viel kritisierte Bestimmung. Wenn Menschen gerettet werden, aber keine Sachen, so erhalten die Menschenretter nichts, der Anspruch auf Bergelohn ist Bedingung des Anspruchs auf Menschenrettungslohn; besteht aber ein Anspruch auf Bergelohn, dann besteht der andere Anspruch auch, wenn die Rettung der Menschen garnicht gelungen ist. Gegen die geretteten Menschen besteht kein Anspruch. Wer soll nun den Lohn zahlen? Die geretteten Sachen nicht; wie sollten die Ladungseigner dazu kommen, für die Rettung ihnen ganz fremder Passagiere einen Lohn zu bezahlen? Der Bergelohn von den Gegenständen kann nicht wegen der erfolgreichen oder erfolglosen Bemühungen zur Rettung von Menschen erhöht werden. Also die Sachretter müssen den Menschenrettern einen Teil ihres Lohnes abgeben. Aber das ist doch eine Ungerechtigkeit gegen sie. Ein Dampfer ist in der Nähe der Küste in gefährlicher Lage gestrandet. Von den benachbarten Stationen eilen mehrere Rettungsböte herbei und retten unter größter Aufopferung und Lebensgefahr die an Bord befindlichen Passagiere und Mannschaften. Bald darauf kommt ein Bergungsdampfer mit Leichtern, dem es, da das Wetter inzwischen besser geworden, dank seiner vorzüglichen Einrichtungen ohne große Schwierigkeit gelingt, das Schiff ab und in Sicherheit zu bringen. Der Schaden an Schiff und Ladung ist verhältnismäßig gering. Hauptsächlich in Rücksicht auf die teuren Einrichtungen des Bergungsdampfers, die den schnellen Erfolg ermöglicht haben, werden dem Berger 50000 Mk. zugesprochen. Aber hiervon muß er den Menschenrettern einen erheblichen Teil, sagen wir 10000 Mk. abgeben. Ist das nicht ungerecht? Und wie will man den abzugebenden Betrag festsetzen? Die Rettungsmannschaften haben Leben und Gesundheit aufs Spiel gesetzt, vielleicht ist einer von ihnen verunglückt. Der Berger hat in seinem Geschäftsinteresse gehandelt. Das sind vollständig incommensurabele Größen. Bei den Bergern, die ihres Verdienstes wegen tätig werden, kann man auch die persönliche Gefahr, der sie sich dabei aussetzen, in Anschlag bringen, wie aber bei denen, die lediglich aus idealen Beweggründen sich um die Rettung von Menschen bemühen? Mit Recht beschränkte sich daher der frühere Entwurf lediglich auf die Sachrettung. Der Art. 12 sagte ausdrücklich: Les dispositions relatives à la rémunération ne concernent pas le sauvetage des personnes, sans que cependant il soit porté atteinte aux prescriptions des lois nationales à cet égard. Nur der Art. 10 sprach es als Pflicht der Kapitäne aus, sich um die Rettung in Gefahr befindlicher Menschen zu bemühen, soweit es die Sicherheit seines Schiffes erlaube, und legte auf die Einführung entsprechender Bestimmungen in die nationalen Gesetze Wert, betonte aber den nicht vermögensrechtlichen Charakter dieser Vorschrift durch die Bestimmung, daß der Reeder für bezügliche Zuwiderhandlungen des Kapitäns nicht hafte. Namentlich auf Anregung der englischen Delegierten hat aber die diplomatische Konferenz diesen Standpunkt verlassen. Der neue Art. 9 bestimmt, daß vorbehältlich der nationalen Gesetze die geretteten Personen keine Belohnung zu zahlen haben, daß aber die Retter von Menschen, qui sont intervenus à l'occasion des mêmes dangers ont droit à une equitable part de la rémunération accordée aux sauveteurs du navire, de la cargaison et de leurs accessoires, und führt in Art. 8 unter den Gesichtspunkten, die für die Bemessung des Bergelohns maßgebend sind, neben der Gefahr des in Not befindlichen Schiffes und seiner Ladung auch diejenige seiner Passagiere und Mannschaft auf. — Es entspricht unserer fortgeschrittenen Kultur, daß auf das Menschenleben ein höherer Wert gelegt wird, als es in früheren rauheren Zeiten geschah. Damit ist, wie ich früher bemerkt habe, die innere Grundlage des Havariegrosse-Rechts fortgefallen; nicht zur Rettung der Sachwerte, sondern in erster Linie zur Rettung der Menschen werden heute Opfer in Seenot gebracht. Aber das sind ideale Gesichtspunkte, die auf durchaus anderem Boden stehen, als das Vermögensrecht; ihre Verquickung mit diesem kann nur zu Unklarheit und Unbilligkeit führen; statt die ideale Gesinnung zu fördern, drückt sie sie in Wirklichkeit herab. Welchen Standpunkt die diplomatische Konferenz von 1910 zu dieser Frage eingenommen hat, ist noch nicht bekannt geworden. Dringend wünschenswert erscheint, daß bei endgültiger Regelung des Bergungsrechts zu dem früheren Entwurfe zurückgekehrt werde.

c. Wrackbeseitigung.

Sie steht der Bergung sehr nahe und unterscheidet sich von ihr im wesentlichen nur darin, daß es bei ihr hauptsächlich auf die Beseitigung der Gegenstände aus dem Fahrwasser ankommt, und demgemäß der Betrag der Vergütung den der geretteten Werte übersteigen kann. Wer hat den Mehrbetrag zu bezahlen? Der Reeder oder vielmehr der Verfrachter des untergegangenen Schiffes kann nach dem geltenden Rechte dafür nicht in Anspruch genommen werden, auch wenn der Untergang durch die Besatzung verschuldet ist; denn er haftet nur mit dem am Grunde liegenden Schiffsvermögen; höchstens könnte vorausbezahlte oder sonst während der Reise verdiente Fracht in Betracht kommen. Aber der schuldige Gegensegler, der den Untergang verursacht hat. Er würde bis zum Betrage seines Schiffsvermögens haften, und in der Tat ist noch kürzlich so erkannt worden (H. G. Z. 1910 N. 66); dem scheint auch der Entwurf des Art. 11 Abs. 2 des Entwurfs über die Reederhaftung zu entsprechen, nach dem die Bestimmungen sich erstrecken à l'obligation d'enlever l'épave du navire coulé et aux responsabilités s'y rattachant, qu'il y ait ou non faute du capitaine. Nach der im Entwurf vorgesehenen Behandlung des nautischen Verschuldens würde weder der Verfrachter für diese Kosten haften, noch auch der Kapitän, wenn ihm nicht Vorsatz oder grobe Fahrlässigkeit, zur Last fällt. Die Kosten würde demnach der Staat zu tragen haben, der die Beseitigung des Wracks ausführen läßt, und das ist durchaus gerechtfertigt, da die Beseitigung im öffentlichen Interesse erforderlich ist, und der Staat für diese zu sorgen und die dazu erforderlichen Kosten aufzuwenden hat. Wird das nautische Verschulden, der heutigen Auffassung entsprechend, jedenfalls für den Dienstherrn, dem Zufall gleichgestellt, so kann man diesen dafür auch nicht verantwortlich machen.

d. Schädigungen Dritter.

Über sie ist im allgemeinen Teile unter Haftung des Verfrachters eingehend gesprochen und die Beseitigung der Haftung, soweit sie über B. G. B. 831 hinausgeht, befürwortet worden. Glaubt man aber auf eine weitergehende Haftung nicht verzichten zu können, so dürfte zu erwägen sein, ob es sich nicht empfiehlt, diese Frage für alle Arten der Beförderung (mit Fuhrwerk, Eisenbahn, Automobil, Schiff, Luftschiff) zusammenhängend und nach einheitlichen Gesichtspunkten zu regeln. Will man das nicht, so dürfte doch der Entwurf einer internationalen Vereinbarung, wie auch bereits oben erwähnt, in mehreren Punkten zu ändern und zu ergänzen sein.

VII. Entwurf eines allgemeinen Frachtrechts.

Allgemeines Frachtrecht H. G. B. §§ 425—452
Eisenbahnfrachtrecht „ „ „ §§ 453—473
Seerecht „ „ „ §§ 474—905
Binnenschiffahrtsrecht B. Sch. G. §§ 1—130.

---

1. Verfrachter und Frachtführer.

§ 1. Verfrachter 425, 451/2. 510, 662/3. 2.

§ 2. Frachtführer 542/4.

§ 3. Haftung des Frachtführers 511/2, 515, 693/4.

§ 4. Verpflichtungen bei Unfällen 513/4, 516, 534, 632. 8—14.

§ 5. Dienstbefugnisse 526/32. 15/6.

§ 6. Rechtswirkung 533. 17, 19.

§ 7. Befugnisse über die Ladung 535/42, 680.

2. Frachtbrief, Ladeschein.

§ 8. Frachtbrief 426. 557.

§ 9. Ladeschein 444/5. 455. 642/4. 72.

§ 10. Bedeutung des Ladescheins 446. 651.

§ 11. Dingliche Wirkung 450. 647.

3. Das Frachtgut.

§ 12. Richtige Angabe des Gutes 426/7. 467. 563/4, 591. 45.

§ 13. Gefährdende Güter

§ 14. Ersatzgüter 562. 43.

§ 15. Besatzungsräume 558.

4. Beladung. Rücktrittsrecht.

A. Verfrachtung im Ganzen.

§ 16. Ladeplatz 560. 27.

§ 17. Anlieferung des Gutes 561. 41.

§ 18. Beginn der Ladezeit 567. 27/8.

§ 19. Dauer der Ladezeit 568/9, 573/6. 28/9, 42.

§ 20. Überliegezeit 567, 568, 570/2. 30/2.

§ 21. Wartezeit 573/6, 628, 634. 33.

§ 22. Reise mit unvollst. Ladung 578/9, 636. 35.

Das Frachtgeschäft.

1. Verfrachter und Frachtführer. §§ 1—7.

§ 1. Verfrachter.

(1) Verfrachter ist, wer gewerbsmäßig die Beförderung von 425.
Gütern mittelst eigener oder fremder Transportmittel übernimmt. 510, 662.
(2) Ein Kaufmann gilt hinsichtlich der im Betriebe seines 451.
Handelsgewerbes, wenn auch nicht gewerbsmäßig, übernommenen Beförderung von Gütern als Verfrachter.
(3) Die Postverwaltungen des Reichs und der Bundesstaaten 452.
gelten nicht als Verfrachter. 663.

§ 2. Frachtführer.

(1) Frachtführer (Kapitän, Schiffer, Fuhrmann) ist, wer im Auftrage des Verfrachters die Beförderung von Gütern ausführt.

(2) Der Frachtführer darf ohne Einwilligung des Verfrachters 543.
für eigene Rechnung keine Güter verladen. Handelt er dieser Verpflichtung zuwider, so hat er für die Güter die höchste am Abladungsort zur Abladungszeit für solche Reisen und Güter bedungene Fracht zu zahlen, auch dem Verfrachter einen dadurch entstandenen Schaden zu ersetzen.

(3) Belohnungen oder Entschädigungen, die der Frachtführer 544.
außer der Fracht von den Ladungsbeteiligten erhält (Kaplaken, Primagen u. dergl.), hat er dem Verfrachter in Rechnung zu stellen.

§ 3. Haftung des Frachtführers.

(1) Der Frachtführer hat bei allen Dienstobliegenheiten die 511/12, 515,
Sorgfalt eines ordentlichen Frachtführers anzuwenden. Er haftet 692/4.
für jeden durch Vernachlässigung dieser Sorgfalt entstandenen Schaden nicht nur dem Verfrachter, sondern auch jedem Dritten.

(2) Bei der Beförderung zu Wasser begründet ein nautisches Verschulden nur eine Haftung dessen, dem dabei Absicht oder grobe Fahrlässigkeit zur Last fällt. Als nautisches Verschulden gilt ein Verschulden hinsichtlich der Führung und des technischen Betriebes des Fahrzeuges, im Gegensatz zu einem Verschulden hinsichtlich der gehörigen Instandsetzung, Einrichtung, Ausrüstung (auch mit den erforderlichen Ausweispapieren), Bemannung und Beladung des Schiffes oder Floßes zur Reise, und hinsicht-

lich der ordnungsmäßigen Empfangnahme, Stauung, Bewahrung und Ablieferung der Ladung (administratives Verschulden).

§ 4. Verpflichtungen des Frachtführers bei Unfällen.

534/6, 632. Bei Unfällen hat der Frachtführer zur Abwehr oder zur Ver-
10. ringerung des Schadens die geeigneten Maßregeln zu ergreifen und auch nach Auflösung des Frachtvertrages für das Beste der Ladung zu sorgen. Er hat, wenn außergewöhnliche Maßregeln zu ergreifen sind, die Weisungen des Verfrachters, geeigneten Falles auch der Ladungsbeteiligten, einzuholen, wenn dies aber nicht tunlich war, nach bestem Ermessen zu handeln und den Verfrachter, geeignetenfalls auch die Ladungsbeteiligten, von den ergriffenen Maßregeln baldtunlichst zu benachrichtigen, auch für die Sicherung des Beweises über die Vorgänge Sorge zu tragen (Verklarung).

§ 5. Dienstbefugnisse.

526/32. (1) Der Frachtführer ist befugt, für den Verfrachter alle Ge-
15/16. schäfts- und Rechtshandlungen, einschließlich der Anstellung von Klagen, vorzunehmen, welche die Ausführung der Frachtverträge mit sich bringt und welche zur Fortsetzung der Reise erforderlich sind. Er kann, wenn es zur Erhaltung des Transportmittels und zur Fortsetzung der Reise erforderlich ist, auch das Transportmittel und die Fracht verpfänden. Zum Verkauf des Transportmittels ist er nur befugt, wenn die Notwendigkeit durch das Gericht oder eine zuständige Behörde des Ortes, im Auslande tunlichst den deutschen Konsul, notfalls in anderer glaubhafter Weise festgestellt ist. Der Verkauf muß durch öffentliche Versteigerung geschehen.

15. (2) Zum Abschluß von Frachtverträgen ist der Frachtführer ohne besondere Ermächtigung nicht befugt.

§ 6. Rechtswirkung.

528, 531, 533. (1) Durch ein Rechtsgeschäft der im § 5 bezeichneten Arten,
17, 19. das der Frachtführer in dieser Eigenschaft abgeschlossen hat, wird der Verfrachter dem Dritten gegenüber verpflichtet, es sei denn, daß der Dritte in bösem Glauben war.

(2) Der Frachtführer wird dem Dritten nicht verpflichtet, es sei denn, daß er die Erfüllung des Rechtsgeschäfts gewährleistet oder seine Befugnisse überschritten hat.

§ 7. Befugnisse über die Ladung.

(1) Der Frachtführer kann in Vertretung der Ladungsbeteiligten die Güter ganz oder teilweise löschen, verpfänden oder verkaufen, wenn es in ihrem Interesse erforderlich ist. 535/42, 680.

(2) In Vertretung des Verfrachters kann er zur Rettung des Transports aus gemeinsamer Gefahr die Güter opfern. In anderen Fällen darf er zur Ermöglichung der Fortsetzung der Reise nur über die Güter verfügen, wenn dem Bedürfnisse auf andere Weise nicht oder nur mit unverhältnismäßig größeren Nachteilen für den Verfrachter abgeholfen werden konnte.

2. Frachtbrief, Ladeschein.

§ 8. Frachtbrief.

(1) Der Verfrachter kann verlangen, daß ihm bei der Über- 426.
gabe des Gutes ein vom Absender unterschriebener Frachtbrief 557.
übergeben wird. Die Unterschrift kann im Wege mechanischer Vervielfältigung hergestellt werden.

(2) Der Frachtbrief soll enthalten:

1. Den Ort und Tag der Ausstellung; sie gelten auch als Ort und Tag der Übergabe des Gutes, wenn nicht anderes bemerkt ist,
2. Den Namen und Wohnort des Verfrachters,
3. Die Bezeichnung des Transportmittels und des Frachtführers, soweit üblich,
4. Den Namen des Absenders,
5. Den Bestimmungsort, oder den Ort, an dem Weisung über ihn einzuholen ist,
6. Den Namen des Empfängers,
7. Die Bezeichnung des Gutes nach Art, Menge und Merkzeichen,
8. Die Bestimmung über die Fracht, sowie zutreffenden Falles einen Vermerk über deren Vorausbezahlung und auf dem Gute haftende Nebenforderungen und Nachnahmen,
9. Sonstige Bestimmungen des Frachtvertrages,
10. Die Angabe der beigegebenen Ausweispapiere über die Ladung.

§ 9. Ladeschein.

(1) Der Absender kann verlangen, daß der Verfrachter nach 444, 445.
Übernahme des Gutes einen ihm vom Absender vorzulegenden 455.
642/44.
72.

Ladeschein (Konnossement, Frachtbrief-Duplikat) in der vom Absender verlangten Zahl von Exemplaren unterschreibt und ihm aushändigt. Die Unterschrift kann im Wege mechanischer Vervielfältigung hergestellt werden.

(2) Der Ladeschein soll die im § 8 Abs. 2 bezeichneten Angaben enthalten und ferner die Angabe, wie viele Ladescheine ausgestellt sind.

(3) Der Ladeschein kann an Order gestellt werden; lautet er nur an Order, so ist darunter die Order des Absenders zu verstehen.

§ 10. Bedeutung des Ladescheins.

446. (1) Der Ladeschein entscheidet für das Rechtsverhältnis
651. zwischen dem Verfrachter und dem Empfänger; die nicht in den Ladeschein aufgenommenen Bestimmungen des Frachtvertrages sind dem Empfänger gegenüber unwirksam.

651. (2) Für das Rechtsverhältnis zwischen dem Verfrachter und dem Absender bleiben die Bestimmungen des Frachtvertrages maßgebend.

§ 11. Dingliche Wirkung.

450. Die Übergabe des Ladescheins an denjenigen, welcher durch
647. den Schein zur Empfangnahme des Gutes legitimiert wird, hat, wenn das Gut vom Verfrachter übernommen ist, für den Erwerb von Rechten an dem Gute dieselben Wirkungen, wie die Übergabe des Gutes.

3. Das Frachtgut. §§ 12—15.

§ 12. Richtige Angabe des Gutes.

426/7. (1) Der Absender, der die verladenen Güter nicht vollständig
467. aufgibt oder sie unrichtig bezeichnet, der es unterläßt, dem Ver-
563/4, 591. frachter die erforderlichen Begleitpapiere zu übergeben, der Güter
45. verladet, deren Beförderung oder deren Ausfuhr, Einfuhr oder Durchfuhr in einem der auf der Reise zu berührenden Länder verboten ist, oder sonstige behördliche Vorschriften in betreff der Ladung übertritt, wird, sofern ihn dabei ein Verschulden trifft, nicht nur dem Verfrachter, sondern auch den übrigen an der Reise Beteiligten für den durch seine Handlungsweise verursachten Schaden verantwortlich.

(2) Dadurch, daß er mit Genehmigung des Verfrachters gehandelt hat, wird seine Verantwortlichkeit gegenüber den anderen Beteiligten nicht ausgeschlossen.

(3) Gefährden die Güter das Transportmittel oder die andere Ladung, so kann der Frachtführer sie ausladen oder in dringenden Fällen sich ihrer entledigen, ohne den Anspruch auf die Fracht zu verlieren.

§ 13. Gefährdende Güter.

Güter, die wegen ihrer Beschaffenheit die Sicherheit des Transportmittels oder der anderen Ladung, oder wegen einer sie treffenden Verfügung von hoher Hand die Ausführung der Reise gefährden, kann der Verfrachter, auch wenn der Absender die im § 12 Abs. 1 ausgesprochene Verpflichtung nicht verletzt hat, von der Verladung zurückweisen, oder, wenn die Gefährdung während der Reise eintritt, mit ihnen nach § 12 Abs. 3 verfahren. Wegen der Wirkungen der Zurückweisung oder Aussetzung finden §§ 22—24 Anwendung.

§ 14. Ersatzgüter.

Der Verfrachter ist verpflichtet, statt der vertragsmäßigen 562.
Güter andere ihm vom Absender für denselben Bestimmungsort 43.
angebotene Güter anzunehmen, sofern dadurch seine Lage nicht erschwert wird.

§ 15. Benutzung der Besatzungs-Räume.

In der Verfrachtung eines ganzen Transportmittels sind die 558.
für die Besatzung bestimmten Räume nicht einbegriffen, jedoch dürfen in diese Räume ohne Einwilligung des Absenders keine Güter verladen werden. Die Fracht für entgegen dieser Bestimmung verladene Güter kann der Absender beanspruchen.

4. Beladung. Rücktrittsrecht. §§ 16—26.

A. Verfrachtung des ganzen Transportmittels. §§ 16—25.

§ 16. Hinlegen an den Ladeplatz.

(1) Ist das Transportmittel im Ganzen verfrachtet, so hat der 560.
Verfrachter es zur Einnahme der Ladung an den vom Absender 27.
bestimmten Ladeplatz zu legen.

(2) Erfolgt die Anweisung nicht rechtzeitig, oder gestatten die örtlichen Einrichtungen oder die Sicherheit des Transportmittels die Befolgung der Anweisung nicht, so kann der Verfrachter, wenn ihm auf seine Anzeige nicht unverzüglich ein ge-

eigneter Ladeplatz angewiesen wird, an einem ortsüblichen Ladeplatze anlegen. Er hat bei der Wahl des Platzes das Interesse des Absenders tunlichst zu berücksichtigen.

(3) Die Beladung an mehreren Plätzen vorzunehmen ist der Verfrachter nur verpflichtet, wenn es vereinbart ist. Er hat solchenfalls Anspruch auf Ersatz der ihm entstehenden Mehrkosten. Die Dauer der Ladezeit wird durch die übernommene Verpflichtung nicht berührt.

§ 17. Lieferung des Gutes.

561. Sofern nicht durch Vertrag, Verordnung oder Gebrauch
41. anderes bestimmt ist, hat der Absender das Gut an das Transportmittel zu liefern, der Verfrachter aber es auf oder in das Transportmittel zu verladen.

§ 18. Beginn der Ladezeit.

567. (1) Sobald der Verfrachter zur Einnahme der Ladung bereit
27, 28. ist, hat er dies dem Absender anzuzeigen.

(2) Die Anzeige hat an einem Werktage innerhalb der ortsüblichen Zeit zu erfolgen. Eine später oder an einem Sonntage oder allgemeinen Feiertage gemachte Anzeige gilt als am nächsten Werktage erfolgt.

(3) Mit dem auf die Anzeige der Ladebereitschaft folgenden Tage beginnt die Ladezeit.

§ 19. Dauer der Ladezeit.

568/71, 573/6 (1) Die Ladezeit ist, wenn sie nicht durch Vertrag, Ver-
28/9, 42. ordnung oder Gebrauch festgesetzt ist, so zu bemessen, daß sie außer der für die Überladung bei ordnungsmäßiger Beschleunigung erforderlichen Zeit noch einen den Umständen angemessenen mäßigen Spielraum für Behinderungen, auch geschäftlicher Art, läßt.

(2) Bei Berechnung der Ladezeit bleiben, wenn nicht durch Vertrag, Verordnung oder Gebrauch anderes bestimmt ist, die Sonntage und allgemeinen Feiertage sowie die Zeiten außer Ansatz, während welcher der Verfrachter, wenngleich ohne sein Verschulden, die ihm bei der Überladung obliegenden Arbeiten nicht ausführt, es sei denn, daß die Ausführung in Rücksicht auf die Art der überzunehmenden Ladung unterlassen ist. Hat der Verfrachter die ihm obliegenden Arbeiten nicht mit ordnungsmäßiger Beschleunigung ausgeführt, so bleibt eine entsprechende Zeit außer Ansatz.

(3) Die Ladezeit läuft, wenn nicht ein bestimmter Tag für ihr Ende vereinbart ist, nicht eher ab, als bis der Verfrachter dem Absender eine bezügliche Erklärung abgegeben hat. Die Erklärung ist so zeitig abzugeben, daß die Lieferung, wenn auch durch außergewöhnliche Maßnahmen, wie Nacht- oder Sonntagsarbeit, noch bis zum Ablauf der Liegezeit bewirkt werden kann. Der Verfrachter ist verpflichtet, die ihm obliegenden Überladungsarbeiten entsprechend zu beschleunigen, kann aber den Ersatz der dadurch verursachten Mehrkosten verlangen. Ist die Erklärung zu spät abgegeben, so wird die Ladezeit entsprechend verlängert.

§ 20. Überliegezeit.

(1) Ist eine Überliegezeit vereinbart, so hat der Absender für jeden Tag, um den die Ladezeit überschritten ist, Liegegeld zu zahlen. 567/8, 572. 30/2.

(2) Das Liegegeld ist, wenn seine Höhe nicht durch Vertrag, Verordnung oder Gebrauch festgesetzt ist, nach billigem Ermessen unter Berücksichtigung der dem Verfrachter durch den Aufenthalt entstehenden Kosten, insbesondere der Löhne und des Unterhalts der Besatzung und der Verzinsung und Amortisation bezw. der Miete des Transportmittels, festzusetzen. Bei Berechnung des Liegegeldes werden im Zweifel angefangene Tage für voll gerechnet.

(3) Hinsichtlich der Berechnung und des Ablaufs der Überliegezeit finden § 19 Abs. 2 u. 3 Anwendung. Die Dauer der Überliegezeit beträgt, wenn nicht anderes vereinbart ist, eine Woche.

§ 21. Wartezeit.

(1) Wird die Ladezeit oder die vereinbarte Überliegezeit (Wartezeit) ohne Verschulden des Verfrachters überschritten, so hat dieser Anspruch auf Ersatz des vollen ihm durch die Verzögerung entstehenden Schadens. 573/6, 628, 634. 33.

(2) Der Verfrachter muß sich eine mäßige Überschreitung der Wartezeit gefallen lassen, wenn der Absender ihm vor Ablauf der Wartezeit eine bezügliche Anzeige macht und sich verpflichtet, die Abladung binnen kurzer, den Umständen angemessener Frist zu bewirken; es sei denn, daß der Verfrachter sich ausbedungen hat, daß die Abladung bis zu einem bestimmten Tage beendigt sein müsse.

§ 22. Reise mit unvollständiger Ladung.

578/9, 636. Hat der Absender bis zum Ablauf der Wartezeit nicht die
35. volle Ladung geliefert, oder verlangt er den Antritt der Reise mit unvollständiger Ladung, so hat der Verfrachter Anspruch auf die volle bedungene Fracht, entstandenes Liegegeld und Ersatz der ihm durch die Unvollständigkeit der Ladung entstandenen Mehrkosten; auch kann er, soweit die Ladung wegen ihrer Unvollständigkeit für diese Forderungen keine volle Sicherheit bietet, anderweitige Sicherheitsleistung verlangen.

§ 23. Nichtlieferung des Gutes. Rücktritt vor Antritt der Reise.

577, 580, (1) Hat der Absender bis zum Ablauf der Wartezeit keine
585, 628/9, Ladung geliefert, oder tritt er, bevor er den Frachtführer abge-
639/41. fertigt hat oder die Wartezeit verstrichen ist, vom Vertrage zurück,
34, 36. so gebührt dem Verfrachter ein Dritteil der bedungenen Fracht als Reugeld.

583/4. (2) Bei zusammengesetzten Reisen gilt in dieser Beziehung jeder Reiseabschnitt als selbständige Reise.

586. (3) Das Reugeld schließt den Anspruch des Verfrachters auf Liegegeld und sonstige Nebenforderungen nicht aus.

581. (4) Ist ein Teil der Ladung bereits geliefert, so muß, wenn der Absender von dem Vertrage zurücktritt, der Verfrachter sich den durch die Wiederausladung verursachten Aufenthalt gefallen lassen. Er hat aber Anspruch auf Ersatz der ihm durch die Annahme, Verladung und Rücklieferung des Gutes entstandenen Kosten und, sofern die Wartezeit überschritten ist, auf Ersatz des vollen ihm daraus erwachsenden Schadens.

§ 24. Rücktritt oder Zurücknahme des Gutes nach Antritt der Reise.

582, 634, (1) Wenn der Absender nach Abfertigung des Frachtführers
637/8, 641. oder nach Ablauf der Wartezeit vom Vertrage zurücktritt und die
37. Rücklieferung der Ladung oder eines Teiles derselben verlangt, so hat der Verfrachter Anspruch auf die volle Fracht nebst Nebenforderungen sowie auf Ersatz der durch die Rücklieferung entstehenden Mehrkosten, und kann wegen der auf dem Gute haftenden Bergungs- und Hülfsleistungskosten Sicherheit verlangen.

(2) Zum Zwecke der Wiederausladung des Gutes von der Reise abzuweichen, ist der Verfrachter nicht verpflichtet.

§ 25. Anweisungen des Absenders oder Empfängers während der Reise.

(1) Der Absender kann, bis nach Ankunft am Bestimmungsorte der Frachtbrief dem Empfänger übergeben ist oder der Empfänger gegen den Verfrachter wegen Auslieferung des Gutes Klage erhoben hat, den Verfrachter anweisen, das Gut anzuhalten, zurückzugeben oder einem anderen als dem im Frachtbrief bezeichneten Empfänger auszuliefern. 433.

(2) Der Empfänger kann vor Ankunft des Gutes am Bestimmungsorte dem Verfrachter Anweisungen für die Sicherung des Gutes erteilen. Die Auslieferung des Gutes kann er vor dessen Ankunft am Bestimmungsorte nur mit Genehmigung des Absenders verlangen. 434.

(3) Ist ein Ladeschein ausgestellt, so darf der Verfrachter den Anweisungen des Absenders nur folgeleisten, oder das Gut dem Empfänger nur ausliefern, wenn ihm sämtliche Ausfertigungen des Ladescheins zurückgegeben werden. 447. 455. 659.

B. Stückgut-Verfrachtung.

§ 26.

(1) Stückgüter hat der Absender ohne Verzug auf die Aufforderung des Verfrachters anzuliefern. Steht nach Vertrag, Verordnung oder Gebrauch bei der Verfrachtung größerer Mengen von Stückgütern dem Absender das Recht auf Anweisung des Ladeplatzes oder auf Ladezeit oder Überliegezeit zu, so finden die §§ 16—20 Anwendung. 587/9, 641. 38/40.

(2) Die §§ 21—25 finden mit folgenden Abweichungen Anwendung:

1. Der Verfrachter braucht sich eine Überschreitung der Wartezeit nicht gefallen zu lassen.
2. Der Absender kann die Wiederausladung bereits verladener Güter nur verlangen, wenn dadurch weder die Reise verzögert, noch eine Umladung erforderlich wird.
3. Das Reugeld beträgt die Hälfte der Fracht.

5. Verpflichtung des Verfrachters betreffs der Reise §§ 27—29.

§ 27. Beschleunigung.

(1) Ist über die Zeit, binnen welcher die Reise ausgeführt werden soll, im Frachtvertrage keine Bestimmung getroffen, so ist 429, 438. 516, 590. 9, 42, 62.

die Reise in einer den Umständen entsprechenden Zeit anzutreten und mit tunlichster Beschleunigung auszuführen.

466. (2) Wenn nicht anderes vereinbart ist, kann wegen verspäteter Ablieferung des Gutes Schadensersatz nur bis zur Höhe der Fracht gefordert werden, wenn nicht den Verfrachter selbst ein Verschulden trifft.

§ 28. Reisekosten.

539/41, 612, 621, 700/33. 66, 78/91. Die gewöhnlichen und außergewöhnlichen Kosten der Reise fallen dem Verfrachter allein zur Last. Wegen Bergung und Hülfsleistung s. § 50.

§ 29. Zufällige Verhinderung der Reise.

628/32, 634, 637/8. 68/71. (1) Wird das im Frachtvertrage speziell bezeichnete Transportmittel durch einen Zufall oder eine Verfügung von hoher Hand dauernd oder für eine als erheblich zu erachtende Zeit an dem Antritt der Reise verhindert, so tritt der Frachtvertrag außer Kraft.

(2) Wird in anderen, als den im Abs. 1 bezeichneten Fällen das Transportmittel durch einen Zufall oder eine Verfügung von hoher Hand dauernd oder für eine als erheblich zu erachtende Zeit an dem Antritt oder der Fortsetzung der Reise verhindert, so kann der Verfrachter den Frachtvertrag mit einem anderen Transportmittel, auch auf anderem als dem in Aussicht genommenen Wege, zur Ausführung bringen. Will er dies nicht, so hat er auch bei teilweise ausgeführter Reise keinen Anspruch auf Fracht. Er muß in diesem Falle auch ferner für das Beste der Ladung sorgen, wenn tunlich die Weisungen der Ladungsbeteiligten einholen, und geeigneten Falles die anderweitige Beförderung der Ladung zum Bestimmungsorte auf ihre Kosten veranlassen. Von den ergriffenen Maßregeln hat er die Ladungsbeteiligten unverzüglich in Kenntnis zu setzen.

6. Entlöschung. Ablieferung des Gutes. §§ 30—33.

§ 30. Entlöschung.

437. 592/605. 46/56. (1) Nach Ankunft am Bestimmungsorte hat der Verfrachter den Empfänger zur Abnahme des Gutes aufzufordern; ist ihm der Empfänger unbekannt, so hat er die Aufforderung durch öffentliche Bekanntmachung in ortsüblicher Weise zu bewirken.

(2) Hinsichtlich der Anweisung des Löschplatzes und der Zeit, binnen welcher die Entlöschung zu bewirken ist (Löschzeit), finden die §§ 18—21, 26 Abs. 1 entsprechende Anwendung.

(3) Wenn der Empfänger die Güter nicht rechtzeitig abnimmt, oder die Annahme der Güter verweigert, oder wenn sich auf die öffentliche Bekanntmachung (Abs. 1) kein Empfänger meldet, so ist der Verfrachter befugt, die Güter in einem öffentlichen Lagerhause oder in sonstiger sicherer Weise zu hinterlegen, auch, wenn die Güter dem Verderben ausgesetzt sind und Gefahr im Verzuge ist, sie gemäß H. G. B. § 373 Abs. 2 verkaufen zu lassen.

(4) Der Verfrachter hat, wenn der Empfänger nicht zu ermitteln ist oder die Annahme der Güter verweigert, wenn tunlich die Anweisungen des Absenders einzuholen, jedenfalls ihn von den getroffenen Maßregeln zu benachrichtigen.

§ 31. Ablieferung des Gutes.

(1) Nach Ankunft des Gutes am Bestimmungsorte kann der 435.
Empfänger in eigenem Namen die Rechte aus dem Frachtvertrage gegen Erfüllung der sich aus ihm ergebenden Verpflichtungen gegen den Verfrachter geltend machen, insbesondere die Übergabe des Frachtbriefes und die Auslieferung des Gutes verlangen. Dieses Recht erlischt, wenn der Absender dem Verfrachter eine nach § 25 noch zulässige entgegenstehende Anweisung erteilt hat.

(2) Der Verfrachter ist nicht verpflichtet, das Gut auszuliefern, 436, 448.
bevor ihm die Fracht nach Maßgabe des Frachtbriefes bezw. des 614/5, 624, 650.
Ladescheins, etwaiges Liegegeld und auf das Gut gemachte Auslagen bezahlt und auf dem Gute haftende Bergungs- oder Hülfskosten bezahlt oder sichergestellt sind, oder bevor im Falle des Streites über die Forderungen des Verfrachters der streitige Betrag öffentlich hinterlegt ist. Der Verfrachter kann verlangen, daß ihm die Ablieferung auf dem Frachtbriefe bescheinigt wird. Erfolgt die Ablieferung auf Grund eines Ladescheins, so ist eine Teilablieferung auf diesem zu bescheinigen und nach völliger Ablieferung der quittierte Ladeschein dem Verfrachter zurückzugeben.

§ 32. Ablieferung bei Ausstellung eines Ladescheins.

(1) Ist ein Ladeschein ausgestellt, so hat der Verfrachter 447.
das Gut dem legitimierten Inhaber auch nur einer Ausfertigung 645.
des Ladescheins auszuhändigen. Legitimiert ist derjenige, auf dessen Namen der Ladeschein lautet, oder auf den der Ladeschein, wenn er an Order lautet, durch Indossament übertragen ist.

(2) Melden sich mehrere legitimierte Inhaber, so darf der 646, 649.
Verfrachter das Gut an keinen ausliefern, muß es vielmehr in

einem öffentlichen Lagerhause oder in sonstiger sicherer Weise hinterlegen, und sämtliche Inhaber, die sich gemeldet hatten, hiervon benachrichtigen. An dem hinterlegten Gute gebührt dem legitimierten Inhaber derjenigen Ausfertigung das Vorrecht, die von dem gemeinsamen Vormanne begeben worden ist.

648. (3) Das dingliche Recht aus dem Ladeschein kann nicht zum Nachteile des legitimierten Inhabers einer Ausfertigung geltend gemacht werden, der auf Grund seiner Ausfertigung die Auslieferung des Gutes erlangt hat, bevor der Inhaber der anderen Ausfertigung Auslieferung verlangt hat.

§ 33. Nichtabnahme des Gutes.

627. Wird das Gut vom Empfänger nicht abgenommen, so ist der Absender verpflichtet, es gemäß §§ 30, 31 abzunehmen und den Verfrachter dem Frachtvertrage gemäß zu befriedigen.

7. Fracht. §§ 34—36.

§ 34. Fracht für verlorene Güter.

617/8, 633. Für verloren gegangene Güter und für Tiere, die unterwegs
64/5. gestorben sind, ist keine Fracht zu zahlen.

§ 35. Überlassung des Gutes für die Fracht.

616. Der Verfrachter ist nicht verpflichtet, die Güter, mögen sie verdorben oder beschädigt sein oder nicht, für die Fracht an Zahlungsstatt anzunehmen.

§ 36. Frachtberechnung.

619. (1) Für Güter, die ohne Vereinbarung über die Höhe der Fracht zur Beförderung übernommen sind, ist die am Abladungsorte zur Abladungszeit übliche Fracht zu zahlen.

(2) Für Güter, die über die vereinbarte Menge hinaus zur Beförderung übernommen sind, ist die Fracht nach dem Verhältnis zur bedungenen Fracht zu zahlen.

564. (3) Für Güter, die ohne Wissen des Verfrachters verladen sind, ist die höchste am Abladungsorte zur Abladungszeit für derartige Güter und Reisen bedungene Fracht zu zahlen.

620, 656. (4) Ist die Fracht nach der Menge (Zahl, Maß, Gewicht)
63. bedungen, so ist im Zweifel die abgelieferte Menge maßgebend. Für Vermehrung der Menge infolge von Seebeschädigung ist keine Fracht zu zahlen.

8. Haftung des Verfrachters. §§ 37—43.

§ 37. Haftung aus dem Frachtvertrage.

(1) Der Verfrachter haftet für den Schaden, der durch Ver- 429,
lust oder Beschädigung der Güter in der Zeit von der Annahme 456, 459.
bis zur Ablieferung entsteht, es sei denn, daß der Verlust oder 559, 565/6, 607.
die Beschädigung auf Umständen beruht, die durch die Sorgfalt 44, 58/9.
eines ordentlichen Verfrachters nicht abgewendet werden konnten.

(2) Der Verfrachter haftet insbesondere nicht:

1. Für den Schaden, der beim Verladen oder Ausladen oder infolge mangelhafter Verladung an Gütern entsteht, deren Verladung oder Ausladung durch die Ladungsbeteiligten besorgt wird.
2. Für den Schaden, der aus der Art der Verladung (z. B. an Deck, auf offenen Wagen) entsteht, wenn die Art der Verladung vereinbart war.
3. Für den Schaden, der an Gütern, einschließlich Tieren, denen laut Vereinbarung ein Begleiter beizugeben ist, aus der Gefahr entsteht, deren Abwendung durch die Begleitung bezweckt wird.
4. Für den Schaden, der an Gütern, einschließlich Tieren, durch ihre natürliche Beschaffenheit entsteht (z. B. Bruch, Leckage, Rost, Austrocknung, Ungeziefer).
5. Für den Schaden, der durch ungenügende Verpackung oder Markung der Güter entsteht.

(3) Konnte ein Schaden aus einer der im Abs. 2 genannten Ursachen entstanden sein, so wird angenommen, daß er aus ihr entstanden ist, es sei denn, daß den Verfrachter ein Verschulden trifft.

(4) Der Verfrachter haftet für Verlust oder Beschädigung von Kostbarkeiten, Kunstgegenständen, Geld und Wertpapieren, nur, wenn ihm die Beschaffenheit oder der Wert des Gutes bei der Übergabe angegeben worden ist. Das Gleiche kann für alle Güter vereinbart werden, deren Wert 2000 M. für das Packstück übersteigt.

(5) Der Verfrachter haftet nicht für einen durch nautisches Verschulden (§ 3) entstandenen Schaden, es sei denn, daß ihm Arglist oder grobe Fahrlässigkeit zur Last fällt.

§ 38. Haftung aus dem Ladeschein.

(1) Dem Inhaber eines Ladescheins haftet der Verfrachter 652/5, 657/8,
außerdem für die Richtigkeit der im Ladeschein angegebenen Be- 73/4, 76.
zeichnung der Güter nach Art, Menge und Merkzeichen. Ist aus
dem Ladeschein ersichtlich, daß der Verfrachter die volle Haftung

hierfür nicht übernehmen will, so haftet er nicht für Unrichtigkeiten der Bezeichnung, die bei der Sorgfalt eines ordentlichen Verfrachters nicht zu entdecken waren.

(2) Der Verfrachter haftet dem Inhaber des Ladescheins für die äußerlich gute Beschaffenheit des Gutes, es sei denn, daß die Mängel in dem Ladeschein angegeben sind, oder daß sie bei Anwendung der Sorgfalt eines ordentlichen Verfrachters bei der Annahme nicht zu entdecken waren.

§ 39. Durchfracht.

432, 449. (1) Wenn der Verfrachter die von ihm übernommene Be-
469. förderung ganz oder teilweise anderen Verfrachtern überträgt, so haften sämtliche beteiligten Verfrachter den Ladungsbeteiligten nach Maßgabe des ursprünglichen Frachtvertrages bezw. Ladescheins.

(2) Dem auf Grund des Abs. 1 in Anspruch genommenen Verfrachter steht der Rückgriff gegen denjenigen zu, der den Schaden verschuldet hat. Kann dieser nicht ermittelt werden, so haben die beteiligten Verfrachter den Schaden im Verhältnis ihrer Anteile an der Fracht zu tragen, soweit nicht festgestellt wird, daß der Schaden nicht auf ihrer Beförderungsstrecke entstanden ist.

(3) Geht der Frachtanspruch gegen die Ladungsbeteiligten infolge des Verlustes des Gutes verloren, so haftet, wenn nicht Anderes vereinbart ist, der Hauptverfrachter für die Fracht der Unterverfrachter, die das Gut ihrem Nachmanne abgeliefert haben.

§ 40. Gebrochener Verkehr.

468. Hat der Verfrachter außer der von ihm auszuführenden Beförderung übernommen, für die Weiterbeförderung des Gutes auf Grund eines von ihm für den Absender zu schließenden neuen Frachtvertrages zu sorgen, und ist in dem Ladeschein der endgültige Bestimmungsort genannt, so findet gegenüber dem Inhaber des Ladescheins die Vorschrift des § 39 Abs. 1 auf die Beförderung bis zum Bestimmungsorte Anwendung, sofern nicht aus dem Ladeschein deutlich ersichtlich ist, daß die Beförderung im gebrochenen Verkehr erfolgen soll.

§ 41. Umfang der Haftung.

430. (1) Muß nach Maßgabe der Vorschriften der §§ 37—40 für
457. gänzlichen oder teilweisen Verlust der Güter Ersatz geleistet werden,
611/2. so ist der gemeine Handelswert und in dessen Ermangelung der gemeine Wert zu ersetzen, den Gut derselben Art und Beschaffenheit am Orte der Ablieferung in dem Zeitpunkte hatte, in dem die

Ablieferung zu bewirken war; hiervon kommt die Fracht in Abzug und was infolge des Verlustes an Zöllen und sonstigen Kosten erspart ist.

(2) Im Falle der Beschädigung ist der Unterschied zwischen 430.
dem Verkaufswerte des Gutes in beschädigtem Zustande und dem 457.
gemeinen Handelswert oder dem gemeinen Wert zu ersetzen, den 613.
das Gut ohne die Beschädigung am Orte und zur Zeit der Ablieferung gehabt haben würde; hiervon kommt in Abzug, was infolge der Beschädigung an Zöllen und sonstigen Kosten erspart ist.

(3) Im Falle der Nichtübereinstimmung des Gutes mit der im 652.
Ladeschein angegebenen Bezeichnung ist der Minderwert zu er- 75/6.
setzen, der sich aus der Nichtübereinstimmung ergibt.

(4) Bei Gütern, die nach ihrer natürlichen Beschaffenheit bei 460.
der Beförderung regelmäßig einen Maß- oder Gewichtsverlust er- 60.
leiden, können für bestimmte Reisen angemessene Sätze vereinbart werden, bis zu denen der Verfrachter nicht haftet, wenn nicht nachgewiesen wird, daß ihn oder seine Angestellten ein Verschulden trifft. Das Mindermaß oder Mindergewicht ist für jedes einzelne Frachtstück festzustellen.

(5) Bei Gütern, die ein zusammenhängendes Ganzes bilden (Maschinen u. dergl.), die aber in verschiedenen Packstücken verladen werden, kann vereinbart werden, daß bei Verlust oder Beschädigung eines Packstückes der zu ersetzende Schaden nur nach dem Wert dieses Packstückes bemessen werden soll, ohne Rücksicht auf die dadurch herbeigeführte Wertverminderung des ganzen Gutes.

(6) Bestimmte Höchstbeträge, die im Falle des Verlustes oder 461.
der Beschädigung zu ersetzen sind, können vereinbart werden:

1. Für Umzugsgut, Aussteuergut, Mustersendungen und ähnlichen aus verschiedenen einzelnen Gütern bestehenden Gesamtheiten.
2. Für Güter, die am Bestimmungsorte keinen Marktwert haben.
3. Für Güter, deren Marktwert erheblichen Schwankungen ausgesetzt ist.
4. Für Wertgegenstände (§ 37 Abs. 4).

(7) Hat der Verfrachter den Schaden selbst verschuldet, so 429.
ist er zum Ersatz des vollen Schadens verpflichtet. 451, 461.

§ 42. Erlöschen des Ersatzanspruchs.

(1) Die Ansprüche wegen Beschädigung oder Minderung des 438.
Gutes erlöschen: 464.
608/10.
61.

1. hinsichtlich äußerlich erkennbarer Mängel, wenn sie nicht bei der Übernahme schriftlich vorbehalten werden;
2. hinsichtlich äußerlich nicht erkennbarer, aber bei Untersuchung des Gutes im ordnungsmäßigen Geschäftsgange bemerkbarer Mängel, wenn nicht spätestens am zweiten Werktage nach Beendigung der Übernahme eine Besichtigung des Gutes zur Feststellung seines Zustandes durch amtlich bestellte Sachverständige veranlaßt ist. Es genügt, wenn innerhalb der Frist mit der Besichtigung begonnen ist.

(2) Als Übernahme im Sinne des Abs. 1 gilt auch bei gebrochener Beförderung (§ 40) die Übernahme durch den Empfänger am Bestimmungsorte.

(3) Hat der Verfrachter den Schaden selbst verschuldet, so kann er sich auf die Bestimmungen des Abs. 1 nicht berufen.

(4) Die Kosten einer vom Empfänger veranlaßten Besichtigung sind vom Verfrachter zu tragen, wenn ein Verlust oder eine Beschädigung festgestellt wird, für welche er Ersatz leisten muß.

§ 43. Beschränkung der Vertragsfreiheit.

471. Vereinbarungen, durch welche die nach den Vorschriften der §§ 37—42 begründete Haftung des Verfrachters den Ladungsbeteiligten gegenüber ausgeschlossen oder beschränkt wird, sind nichtig.

9. Pfandrechte.

§ 44. Pfandrecht des Verfrachters.

440/1. 623. 67. (1) Der Verfrachter hat wegen aller durch den Frachtvertrag begründeten Forderungen, insbesondere Fracht, Liegegelder, Auslagen und auf das Gut geleistete Vorschüsse, ein Pfandrecht an dem Gute.

(2) Das Pfandrecht besteht, solange der Verfrachter das Gut noch im Besitz hat; es dauert auch nach der Ablieferung fort, wenn der Verfrachter es binnen drei Tagen nach der Ablieferung gerichtlich geltend macht und das Gut noch im Besitz des Empfängers ist.

(3) Die im B. G. B. §§ 1234, 1237, 1241 vorgesehenen Benachrichtigungen sind an den Empfänger, wenn dieser nicht zu ermitteln ist oder die Annahme des Gutes verweigert, an den Absender zu richten.

(4) Die Pfandrechte vorhergehender Verfrachter und Spediteure gehen auf den letzten Verfrachter über.

(5) Ist nach dem Frachtbrief oder Ladeschein das Gut franko abzuliefern, so steht dies der Geltendmachung des Pfandrechts für Auslagen und Liegegelder, die nach dem Antritt der Reise entstanden sind, nicht entgegen.

(6) Hat der Verfrachter durch den Pfandverkauf der Güter 626. nicht seine volle Befriedigung erhalten, so kann er sich wegen des Ausfalls an dem Absender erholen.

§ 45. Versäumung der Geltendmachung des Pfandrechts.

(1) Der Verfrachter, der die Geltendmachung des Pfand- 442. rechts versäumt, kann sich wegen der Forderungen, die ihm gegen 625. den Empfänger zustehen, an dem Absender nur soweit erholen, als dieser sich mit seinem Schaden bereichern würde.

(2) Er ist den Vormännern für den ihnen aus der unterlassenen Geltendmachung des Pfandrechts erwachsenden Schaden verantwortlich und geht, ebenso wie die vorhergehenden Verfrachter und Spediteure, des Rückgriffs gegen die Vormänner verlustig.

(3) Der Anspruch gegen den Empfänger bleibt in Kraft.

§ 46. Rangordnung der Pfandrechte.

(1) Bestehen an dem Gute mehrere nach H. G. B. §§ 397, 443. 410, 421 oder nach § 44 begründete Pfandrechte, so geht unter den Pfandrechten, die durch die Versendung oder Beförderung des Gutes entstanden sind, das später entstandene vor.

(2) Die in Abs. 1 bezeichneten Pfandrechte gehen den nicht aus der Versendung oder Beförderung entstandenen Pfandrechten des Kommissionärs und des Lagerhalters, und den Pfandrechten des Spediteurs und des Verfrachters für Vorschüsse vor.

§ 47. Pfandrecht am Transportmittel.

(1) Wegen der Ansprüche gegen den Verfrachter, die aus 510. dem Frachtvertrage oder aus Verträgen herrühren, die der Fracht- 754/77. führer kraft seiner gesetzlichen Befugnisse abgeschlossen hat, steht 102/16. dem Gläubiger ein Pfandrecht am Transportmittel und dessen Zubehör zu, das dem Eigentum und allen anderen Rechten am Transportmittel vorgeht.

(2) Das Pfandrecht erlischt, wenn das Transportmittel den Ort, an dem die Forderung fällig geworden ist, oder, wenn die Forderung unterwegs fällig geworden ist, den ersten zur Geltendmachung des Pfandrechts geeigneten Ort, den das Transportmittel nach dem Fälligwerden erreicht, verlassen hat.

(3) Das Pfandrecht erlischt ferner, wenn der Verfrachter den geforderten Betrag öffentlich hinterlegt.

§ 48. Rangordnung der Pfandrechte.

(1) Bestehen an dem Transportmittel mehrere nach § 47 begründete Pfandrechte, so gehen hinsichtlich der Befriedigung aus dem Transportmittel die nachstehend unter früherer Nummer aufgeführten Forderungen den in späterer Nummer aufgeführten vor:

1. Forderungen der Gläubiger, denen ein Zurückbehaltungsrecht am Transportmittel zusteht.
2. Forderungen aus Leistungen zur Erhaltung des Transportmittels oder zur Fortsetzung der Reise, für die ein vertragsmäßiges Pfandrecht bestellt ist.
3. Forderungen der Behörden für Gebühren oder für Beseitigung eines Wracks, die nicht unter Nr. 1 fallen.
4. Lohnforderungen der Transportbesatzung für die letzten 6 Monate.
5. Forderungen der Ladungsbeteiligten.
6. Forderungen aus Leistungen zur Erhaltung des Transportmittels oder zur Fortsetzung der Reise, soweit sie nicht unter Nr. 1 u. 2 fallen.

(2) Von den in den Nr. 2 u. 6 aufgeführten Forderungen gehen die später entstandenen den früher entstandenen vor. Im übrigen stehen die in gleicher Nr. aufgeführten Forderungen einander gleich.

§ 49. Verjährung.

439. Die Ansprüche aus dem Frachtvertrage verjähren in einem
901/5. Jahre nach dem Tage der Ablieferung des Gutes, oder, wenn das
117/8. Gut verloren oder verspätet abgeliefert ist, nach dem Tage, an dem die Ablieferung hätte bewirkt werden müssen.

---

10. Anhang.

§ 50. Bergung und Hülfsleistung. Beseitigung eines Wracks. [Vorbehalten.]

740/53. (Die Rettung des Transportmittels oder des Frachtgutes und
98/100. die Beseitigung eines Wracks aus einer Verkehrswasserstraße begründen keinen persönlichen Anspruch gegen den Verfrachter oder den Schiffseigner. Der Retter oder Beseitiger kann sich nur an die geretteten Gegenstände halten.)

Druck von J. J. Augustin in Glückstadt.

FSC
www.fsc.org
MIX
Papier | Fördert
gute Waldnutzung
FSC® C083411

Kolibri 360 GmbH
Ferdinand-Jühlke-Straße 7
99095 Erfurt, Deutschland
produktsicherheit@kolibri360.de